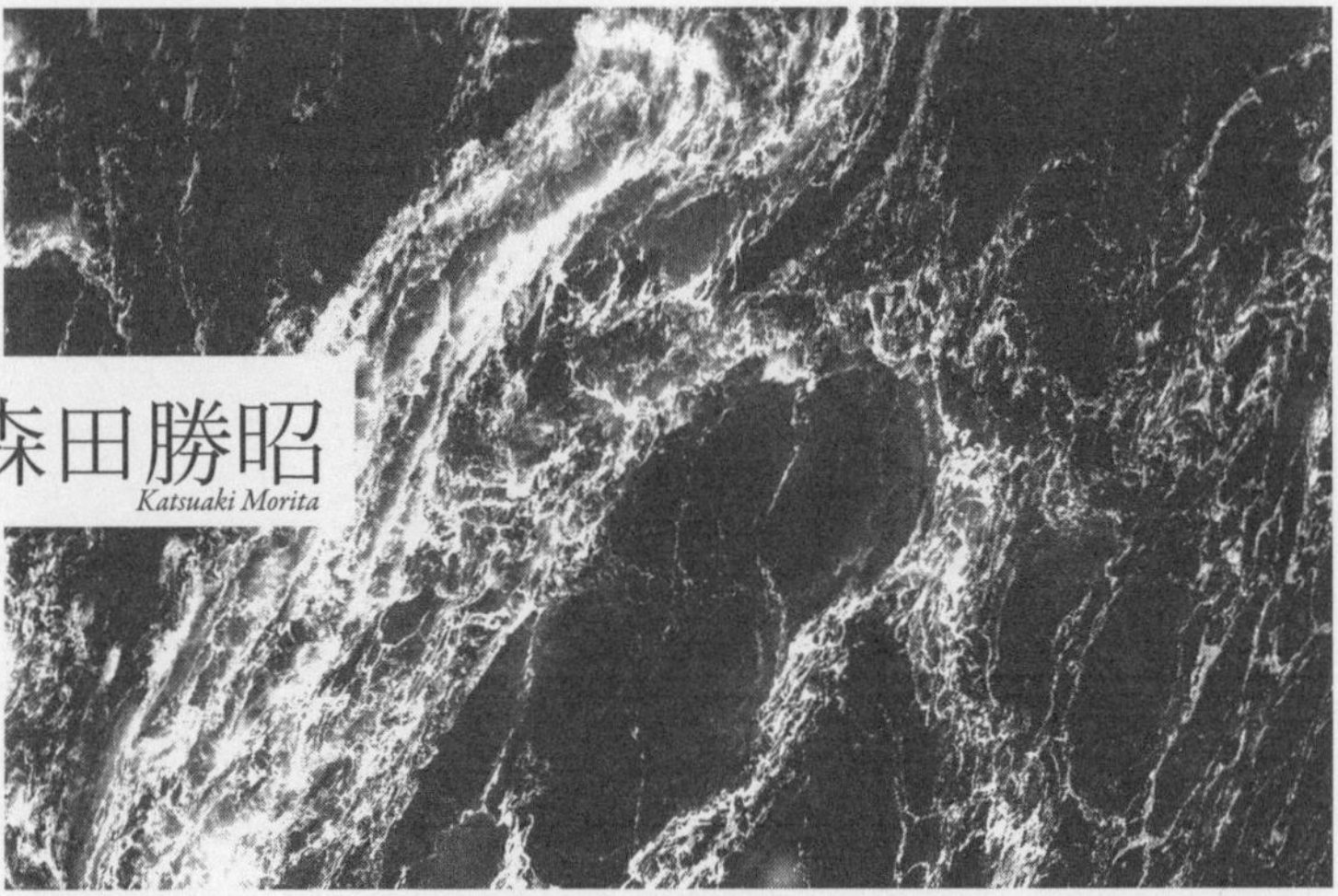

森田勝昭
Katsuaki Morita

クジラ捕りが津波に遭ったとき

生業の人類学

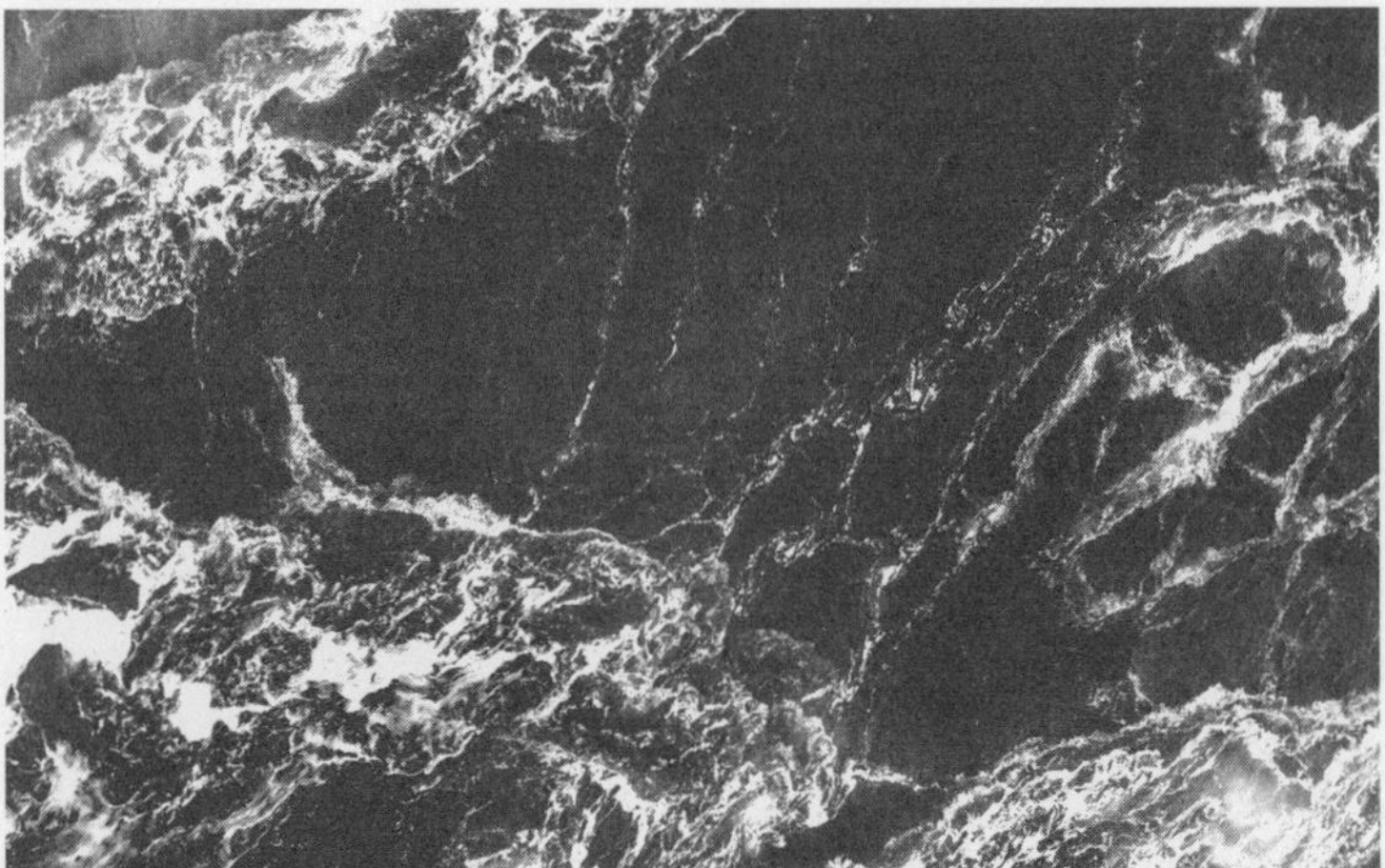

名古屋大学出版会

クジラ捕りが津波に遭ったとき

目　次

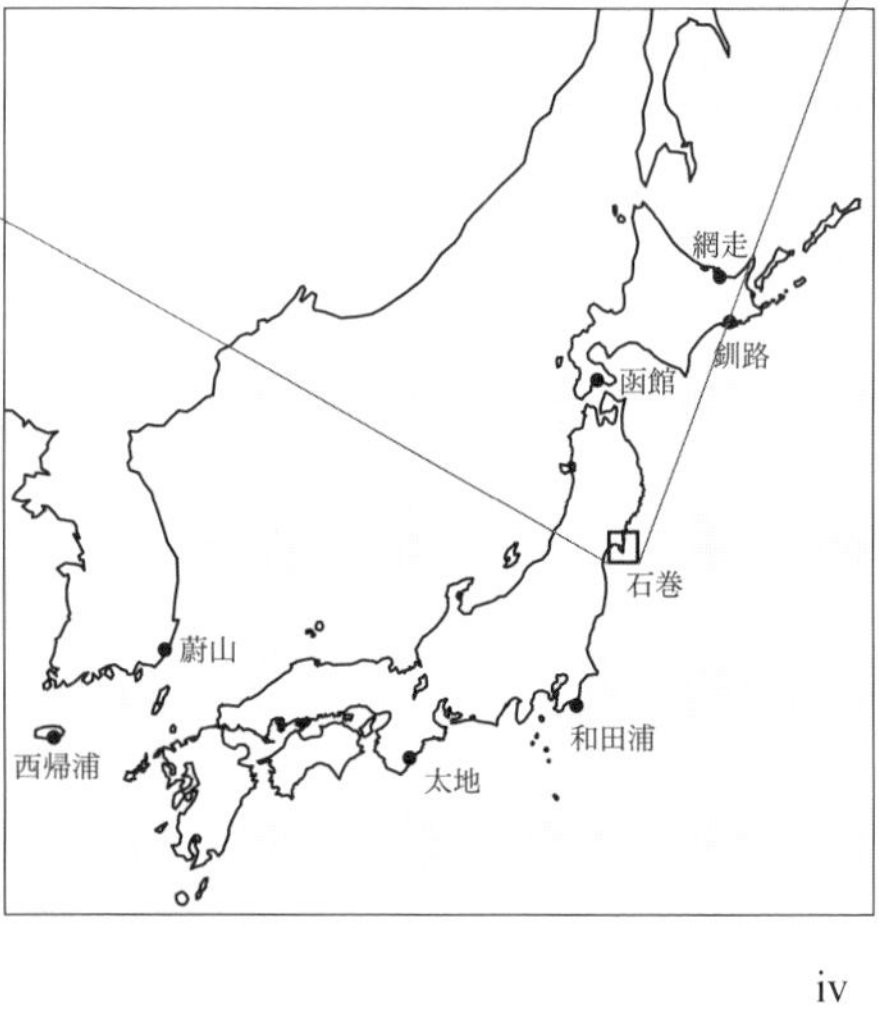

鮎川浜のある石巻（上）と
日本・韓国の捕鯨拠点（下）

序章

宮城県石巻市の南東に突き出た牡鹿半島は、リアス式の海岸線に、小さな漁業コミュニティ（浜と呼ばれている）が連なる地域だ。浜にはそれぞれ、人々が重ねてきた歴史を語る地名がついている。地名を聞けば人々は、その風景と営まれてきた生業を結びつけることができた。半島西部を貫く県道二号沿いにもそんな浜が連なっている。桃浦、侍浜、月浦、荻浜、小積浜、牧浜、竹浜、狐崎浜、小網倉浜、清水田浜、大原浜、小渕浜、給分浜、十八成浜、島嶼部の長渡浜、網地浜、金華山。そしてこの半島の最先端に位置するのが鮎川浜。本書の舞台だ。

その日、半島は経験のない激しい揺れに見舞われた。そして、しばらくして津波が襲ってきた。波ではない。荒れ狂う海が壁になって轟音とともに押し寄せる。ひとたまりもなかった。人々が希望を育んだ家や、車や、仕事に使うさまざまな資材・機材、建屋、船、生活を彩った思い出の品々。人生の楽しみや喜び、悲しみや怒りも、異様な匂いを発散する真っ黒な激流に飲み込まれて、消えた。

鮎川浜も、三回の津波で町のほとんどすべてが流された。そのとき鮎川は、最盛期の人口の四割に満たない一四〇〇人ほどの町になっていたが、それでも半島では屈指の規模だった。それに鮎川は半島の人々にとって特別な浜、いわば「こころの核」でもあった。そこは一〇〇年以上の歴史を重ねた近代捕鯨の町だったのである。牡鹿半島自体が、この一〇〇年間、数多くのクジラ捕りを輩出し、捕鯨を地域のアイデンティティとしてきたが、鮎川はその半島のだれもがシンボルと認める町だった。

二十世紀には、その半分を費やして繰り広げられた捕鯨論争があった。産業としての捕鯨（商業捕鯨と呼ぶ）の是非をめぐる議論である。それは生態学、生物学、資源学、経済学、果ては歴史学、哲学、倫理学まで巻き込んだ論争となった。論争は、生物を利用して生きる人間の、根っこに潜む矛盾に切り込むものとなるはずだった。だが、このテーマの豊かな可能性を掘り起こして持続可能な世界への道を用意する真摯な議論もあったものの、いかがわしさやごまかし、果ては威嚇、脅し、恫喝のディスクールが入り込む残念なものも多かった。

ここではその詳細には立ち入らないが、論争のための論争と政治的な駆け引きの結果、一九八八（昭和六十三）年からは商業捕鯨の一時中断（モラトリアム）が実施されることになった。そのため、大型捕鯨は廃止に追い込まれ、そのあとを継いだのが、いわゆる小型沿岸捕鯨（以後、小型捕鯨とも表記）だった。国際的な規制外の小型鯨類（ツチクジラ、ゴンドウクジラなど）を捕る捕鯨だ。

戦前戦後を通じて、鮎川は和歌山県の太地町とともに、小型捕鯨のセンターだったし、モラトリアム後も、そして震災当時も、その地位は変わらなかった。極端な過疎化に晒され続ける牡鹿半島だが、小型捕鯨は地域に確かな誇りを与えていた。しかし、津波はこの町とともに、小型捕鯨のほぼすべても流し去ってしまった。

津波の後に残ったのは、生活と生産現場のすべてをはぎ取られた人間だけだった。人々の眼前に広がったのは、泥と瓦礫が散乱し、ヘドロが匂う更地という、前例のない光景だった。工場やオフィスなど「仕事場」が流されただけではない。「生き方」そのものが流された。そして代わりに現れたのは、人間とのつながりを喪失した世界、ハンナ・アレントが「非世界（ノン・ワールド）」と呼んだ、リアリティを失った世界だった（アレント 一九七三）。

震災で、小型捕鯨にいったい何が起こったのか、この壊滅的な打撃をクジラ捕りたちはどのように受け止め、小型捕鯨をどのように再建しようとしてきたのか。それを理解するために二〇一二年から約五年間、断続的に鮎川に通って、関係する方々に話を聞いて回った。当初は不可能と思えた再建だったが、奇跡的な出来事がいくつも重なって、細い糸のようだった再建への道筋が、次第に太く確かなものになっていくのを目の当たりにした。それは、震災からの復興を象徴する挑戦であり、鮎川浜の誇りと生活世界を復興させる偉大な事業だった。

インタビューでは、可能な限り株式会社鮎川捕鯨の関係者の方々に語ってもらった。ＩＣレコーダーに声を記録させてもらい、後日それを文字に起こしながら、さらにその後も、考える作業を続けた。文献資料をはじめさまざまな資料も参照したが、なによりもクジラ捕りの声が、一次資料だった。震災も小型捕鯨という仕事も、それを経験した人々の声を通じて実践の記録となる。アンドリュー・バーシェイが分析したように、「経験」は、体験され、回想され、解釈されてはじめて、世界に現われるのである（バーシェイ 二〇二〇）。鮎川のクジラ捕りたちは経験を語り、小型捕鯨と自己の過去・

1　ウミネコの舞う牡鹿半島。2011年1月23日。撮影：大澤泰紀

現在・未来とを解釈してくれた。本書は第一に、そうした彼らの経験の記録であり、読者は本書を読みながら彼らの解釈を共有していただければと思う。

仕事の風景

彼らの生きる牡鹿半島には、美しい風景と豊かな歴史文化が織りなす観光資源がある。半島の海岸を一望する御番所公園、一千年の歴史をもち黄金境伝説と信仰をになう金華山、網地島白浜海水浴場、十八成海水浴場、捕鯨船第16利丸が威風を放つホエールランド、恒例のクジラ祭りなどが、年間一八万人以上の観光客を集めていた。

観光客は牡鹿半島を旅行し、遊びながら、自然、歴史、信仰、地元産品などを消費していく。外来者は、半島の美しい景観を眺めて感嘆の声を上げ、提供されるアクティビティを楽しみ、いくらかのお金を落として、半島を後にする。だが、漁業者やクジラ捕りはもちろんそうではない。

彼らにとって半島の浦々は、第一義的に仕事場だ。海面漁業や養殖漁業で生活する人々も同じで、半島の海と浜は価値を生み出してくれる場所、仕事と生活を生み出す実践現場なのだ。日々、朝に夕に、絶え間なく提起され、つきつけられる「人生という仕事」と向き合う現場だ。

旅行者は牡鹿半島の観光スポットを移動していく。それは、地図やガイドブックに従って移動するナビの世界であり、基本的には方位と距離と時間と提供される活動で表示される、地点と地点がつながる世界だ。旅行者は指示に従って道を辿りながらスマホの動画や静止画で記録していく。

一方、地元の人々は、指示されたルートを辿るというより、いわば道を探りながら進む。それまで重ねられた浜や海の物語や歴史を思い出し、同時に、新たな物語や歴史を作り出しながら、流れ動く。つまり、物語を探りながら、自らも物語となり道を造っていく。こうしたありかたを人類学者ティム・インゴルドは、航行（navigation）と対比させて道探し（wayfinding）と呼び、環境と人間の生存が一体となる場を風景（landscape）と呼んだ。彼はさらにこの風景に課題（task）という要素を加えながら、「タスクスケープ（仕事が織りなす風景）（taskscape）」という概念を提案する。

「課題《タスク》」や「タスクスケープ」ということばには、「仕事」はもちろんだが、オルテガ・イ・ガセットの「人間の人生とは課題」や、マルティン・ハイデガーの「住まう」ということばがこだましているのだろう。「課題」は仕事であると同時に、価値を産み出す活動、道を探す実践である。この「課題」の集合が「タスクスケープ」であり、人間が「生きてある」実践世界なのである（Ingold 2000）。

ここでインゴルドの議論の当否を検討する力はわたしにはない。ただ、重要なことは、牡鹿半島が、仕事の物語と歴史に彩られた場＝風景であり、日々、新たな仕事や活動の物語が生まれ展開されている現場だという端的な事実があることだ。まさに風景にタスクが埋め込まれているのである。そして震災後の鮎川では、「タスクスケープ」をいかに取り戻すのか、それによって「生きてあること」のリアリティをどう回復するのか、それが問われた。

それは、ガイドブックもマニュアルもない前例のない試みであり、「非世界」に投げだされたクジラ捕りたちが、自らの足で立ち上がり、流されたものを数え、被災した大地を掘り起こして埋もれた道具を探しだし、廃船となる捕鯨船の船体を撫でながら、生き残った船を海に戻して、考え、工夫し、試行錯誤を繰り返してきた実践に他ならない。「タスクスケープ」の回復はお仕着せの既製品の修復や、部品の取り換えではない。人々が主体的に働き、造っていく新たな実践だ。

インゴルドは「タスクスケープ」論を展開しながら、それを川の流れに喩えて、「川は、すでにある川岸の間を流れるのではない。流れが大地を削って岸を造り、川そのものとなりながら、流れる」と言った（Ingold 2000）。クジラ捕りや関係者のことばは、川岸を削り出しながら、捕鯨という仕事と人生の流れを造っていくプロセスを物語っている。

その意味でこの本は、震災の後、記憶や歴史を呼び起こし、知恵と、身体と、手段を使って、「タスクスケープ」再生のために格闘してきた株式会社鮎川捕鯨と地域の人々による、捕鯨を造り出す挑戦、生き残りをかけた実践の記録だといえる。世界を失った人間が、人間を失った無意味な世界に、ふたたび生きる足跡を刻み始めたのである。

「生きてあること」を考え、「他者を真剣に受け取る」

その本書では二つの課題を設けた。第一のキー・フレーズは「生きてあること」だ。四半世紀前の被災経験を持つ一人として、「生きてあること」の意味という、おそらくは解答のない人間学的問い（アレント 一九七三）に、あらためて取り組みたいと思った。鮎川に通い、人々の話に耳を傾け、考える時間を過ごした。そして「生きてあること」を考え続けた。

たまたま震災の年に刊行されたインゴルドの著作は、『生きてあること』と題されている。そのなかで、「生きてあること（Being alive）」こそを、人類学の中心課題とすべきという、ある意味で素朴な、しかし根源的な提起があった。

人類学とは、私に言わせれば、人が生きることの条件と可能性をじっくりと着実にたどっていく学問である。けれども、今までの人類学の歩みが必ずしもそうだったというわけではない。時として人類学者たちは、苦心の末に自分の理論から、生きることをそっくり抹消してしまうか、遺伝／文化、自然／社会のように区分されるパターン、規範、構造やシステムから産み出される単なる出力結果の断片として、「生きてあること」を扱おうとしてきた。……こうした見方をひっくり返したいという思いに私は導かれてきた。生きることが行き先の定まったプロセスであるという目的論的な見方に代えて、行く先が絶えず変更されていく宙に投げ出された流転として、生きることの可能性を新たにとらえなおすことはできないだろうか。……つまるところ、生きることは開いていく運動であって、閉じていくプロセスではない。(Ingold 2011)

人類学が明らかにした文化のパターンや社会の規範、構造やシステムが、人類のありかたの理解を、圧倒的に深めたことは間違いない。おかげで、わたしたちは今、さまざまな人間の現象を、以前よりもよく理解できるようになった。その努力と達成には敬意を抱いている。しかし、「生きてある」意味はどうなるのか。

人は日々、仕事をして生活する。仕事をしながら無数の物語とことばを産み出し、価値を生産し、その事実が積み重なって、人生になる。では、この人生にはいったいどんな意味があるのか。クジラ捕りたちによる「タスクスケープ」の復活に寄り添って、そのことを考えるというのが、第一の課題だった。

もう一つのキーワードは「他者を真剣に受け取る」だ。「生きてあること」は個人の課題ではない。それは生きているわたしたちの課題、「多数性」の課題だ。人は「他者と共なる存在」だからだ。人は人の中でしか生きられない(アレント 一九七三、竹田 一九七三)。だから「生きてあること」を、仕事をする人々の実践のなかで、共に考えることを第二の課題とした。方法は一つ、ことばに耳を傾けることだ。ここでもインゴルドは一つの指針を示してくれた。彼は『人類学—なぜ大切なのか—』(Ingold 2018)で、「他者を真剣に受け取る」ことが人類学の第一原則だと断言した。わたしはそのことばに全面的に同意したい。

他者を真剣に受け取ること。これが私流の人類学の第一の鉄則だ。それは単に他者の行動やことばに注意を傾けていればいいということではない。それ以上に、ものごとのありかた、わたしたちが生きている世界のすがたや、わたしたちと世界の関係についてわたしたちが考えていることに対して、他者が突き付けてくる課題に向きあわなければならないということだ。わたしたちはこの先生に同意する必要はないし、先生が正しくてわたしたちが間違っているというわけでもない。わたしたちは違っていて構わない。ただ、わたしたちは彼らが提起する課題をうっちゃっておくことはできないということなのだ。(Ingold 2018)

「他者を真剣に受け取る」ことが、わたしたちの多数性の世界を造りだす。フィールドワークでたどるべきは、「彼らの」ではなく、「わたしたちの」課題だ。だから、フィールドワークの核心は傾聴にある。傾聴は没主体的にことばを受容するだけの活動ではない。傾聴は、聴く人が主体的に関わることを要請する。それが明らかにするのは、語る人と耳を傾ける人が共に造りあげる世界の〝意味〟だ。この本で、できるだけ人々の語ることばに耳を傾け、復活の物語をたどることを心掛けた所以である。

ことばは「真」か「偽」を伝える命題のメディアにとどまるわけではない。ことばは、「真」や

「偽」をこえて、「生きてあること」を呼吸している。その呼吸に、わたしたちは共鳴していく。ことばが記号だということや、言語ゲームだということも了解できるが、ただ、それより、そのことばを使って生きられる人生とは、「生きてあること」とは、いったい何なのかを考えたい。

「名誉」を餌に、泥まみれの政治の世界に誘うハル王子に、「(名誉ということばは)空気だ!」と見抜いたフォールスタッフは、「それは空気だ」という、まさにそのことばで、「生きてあること」を強く肯定した。彼のことばは単なる空気の振動ではない。生を全うしたいという魂の呼吸だ。この調査(この活動を調査と呼ぶことに、実は、ためらいを覚えるのだが)では、人の語りが開示する、潮の満ち干にも似た魂の声を聴こうとした。そこには、四半世紀前にまとめた捕鯨に関する著作によせられた、フィールドワークが足りないとのご意見への、わたしなりの解答としたいという思いもある。

第一章　流される

二〇一一年三月十一日、午後二時四十六分、鮎川向田にて

人類が経験した地震のなかでも最大級の揺れが東日本の太平洋沿地域を襲った。当初発表されたマグニチュード八はやがて九に修正された。宮城県石巻市鮎川地区でもかつて経験したことのない揺れが小さな町を揺さぶった。明治二十九（一八九六）年の三陸地震、昭和八（一九三三）年の三陸地震、昭和五十三年宮城県沖地震など、近代史のなかでたびたび巨大地震を経験した鮎川ですら、人々がすぐさま生命の危険を感じるほどの揺れだった。

地震が来れば次は津波という知識は、人々の常識にはなっていた。ただ常識と、津波のリアリティを感得することのあいだには、微妙な人間的判断や油断があった。中小の地震では津波予報が外れることも多かった。この日も「津波なんてこねえよ」とつぶやく人もいた。しかし、今回は様相が違った。津波はまだ見えないが、確かな脅威として迫ってきた。

鮎川向田にある株式会社鮎川捕鯨にとって三月は例年であれば安らぎの季節だ。四月の漁を待ちながら、明るい予感が満ちる季節、一年で最も静かで穏やかな時間だった。

牡鹿半島の南端。太平洋に口を開けた鮎川湾の最深部、向田は、一九〇六年に、当時韓国蔚山を基地に大型沿岸捕鯨を営んでいた東洋漁業株式会社が、国内初の近代的な大型沿岸捕鯨の事業所を開設

した場所だ（東洋捕鯨 一九一〇、前田／寺岡 一九五二、近藤 二〇〇一）。それまでは東北の寒村のひとつに過ぎなかった鮎川が、以来、一躍、巨大漁業資本の注目を浴びることになり、日本のほとんどの捕鯨会社が競って事業所を開設した。鮎川湾の海岸沿いには船着き場や解剖場（「解剖」はクジラ肉の解体・調製のこと）がひしめき、各種の加工場が軒を連ねた。港には各社の大型捕鯨船が威容を競った。こうした「クジラ景気」に誘われて、全国各地から人が集まった。

明治十二年には五二戸、明治二十年には六七戸と、鮎川の人口は明治期にはすでに漸増傾向にあったが、それでも対岸の網地島の長渡《ふたわたし》浜より小さく、せいぜい網地浜や大原浜と同じくらいだった。しかし、東洋漁業が進出してきた明治三十九年以降は人口が急増し、明治四十四年には二八七九人、大正六（一九一七）年には三六一八人、大正十四年には四四一八人と爆発的増加を見た（牡鹿町誌・上）。日本各地から人々が集まった。捕鯨会社と移動してきた船員、クジラ製品加工業の作業員、突然肥大化した流通に携わる営業マン、好景気に刺激されて吸い寄せられるようにやってきた人々。それぞれの人生を抱えた人々が鮎川に来た。鮎川の昭和までの居住者出身地は、およそ二〇％が県外、牡鹿町を除く県内は四〇％におよび、出身者なしは五県にとどまる（牡鹿町誌・上）。

国内だけではない。中国や韓国出身者もいた。絶対数は少ないが、捕鯨船のかなめである砲手はノルウェー出身者が占めていた。ちなみに、後で述べることになるが、彼らの英語混じりのジャーゴンは今も捕鯨船の共通言語となっている。鮎川は「よそ者」が集まる多文化の町に姿を変えた。その伝統だろう、震災ですべてを失った直後でも、社会に漲るモビリティの精神と、多様性への親和力を感じることがあった。

冬も暖かな光が満ちる三陸の海に守られた牡鹿半島。陽光は半島に明るい影を創り出している。海まで迫る緑の山塊と、リアス式海岸が織りなす小さな浜の漁村をたどっていくと、半島の最南端部に、鮎川の町が突如として姿を現す。夢のような町だ。あるいは、だったといったほうが良いのかもしれない。鮎川出身の写真家の大澤泰紀氏は、震災前の鮎川の町の美しさを写真集『ふるさとは　今日も夢の中』に写し取っている（大澤　二〇一二）。昭和二十六年に鮎川を訪れた作家坂口安吾は「鮎川には素直に東京の風が、日本風が吹いている」といったことがある（坂口　一九八八）。捕鯨でにぎわう町に全国から集まった人々は、現代的な多様性を生み出した。人々の感覚は、内陸へ向かうより三陸の海とその外洋へ、あるいは全国の町や都会へ、さらには世界の港や海洋へ広がっていた。

震災時、すでに向田に往時の賑わいや勢いはなかった。それでも、幾多の変遷を経て鮎川に残った唯一の小型捕鯨会社である鮎川捕鯨の社屋、解剖場、製品工場には、一〇〇年を超える捕鯨の歴史のにおいが色濃く残っていた。それは捕鯨を語るとき耳にする「文化」や「歴史」とは違って、深いところで地域の人々のこころと身体を支えるなにかであり、クジラの匂いや血や脂がしみ込んだ作業場や空間、クジラとあるいはクジラのそばで働いてきた男や女たちの生活世界、家族も友人も、父母も、祖父母も呼吸してきた空気だ。鮎川では捕鯨は生活そのものなのである。鮎川にとっての「クジラ」の意味を、この本を通じて考え続けることにしよう。

さて、その日、陸上作業員たちは捕鯨という勇壮なことばからは想像できない静けさの中で、クジラ肉製品を製造する傍ら、道具の調整、解剖場や加工場の整理整頓などをしていた。皮つきのクジラ肉を塩漬けした「棒皮」を製品に仕上げる工程や、漬け込んでいたコンテナや重石の片付けもあった。漁が始まると深夜でも声がかかり作業が開始される。でも今は春の漁の開始を待ちながら心躍らせる時間だった。激しい労働や危険にさらされるクジラ捕りたちにとって、期待に満ちた風に幸せを感じる季節だ。三陸は冬も早春も明るい光が溢れる。もうすぐ漁が始まるのだ。

午後の二時四十六分。作業員たちは午後の休憩を取っていた。全国でも少数者になってしまったクジラ業に従事する人々は、苦境に立つ小型捕鯨を気遣いながら、それでも、出漁前の華やぎと不思議な厳粛を感じていた。陽光が彼らの背中を暖めていた。その時だった。突然襲ってきた立っていられないほどの長く激しい揺れは、人間の忍耐をはるかに超えて静かな時間を攪乱し、初めて経験する不気味な予兆を残して数分後にようやく止まった。

株式会社鮎川捕鯨の会長で鮎川の小型捕鯨の現代史を生きてきた伊藤稔氏（当時七十四歳）は、石巻の北上河畔の造船所ですでにドック入りしている三隻の捕鯨船の仕上がりを待っていた。捕鯨船は毎年三月初旬には定期的ドックが義務付けられている。ドックが済むと港にもどる。四月初旬には乗組み全員で金華山黄金山神社に参詣して、豊漁と安全航海を祈念してもらう。晴れやかで厳かな恒例の行事だ。

震災当時、鮎川捕鯨は三隻の捕鯨船を保有していた。一隻は鉄製の老朽船、第75幸栄丸。二隻目は第8幸栄丸。漁の効率化と燃費軽減のために千葉県南房総市の小型捕鯨会社、外房捕鯨から購入したばかりの軽量・快速のアルミ船だ。外房では第31純友丸と呼ばれていた。三隻目は第28大勝丸。これも進水後五〇年以上がたった鉄の老船だ。この船の船長兼砲手の阿部孝喜氏（当時四十一歳）は、静かな物腰の、知的で優秀な船長であり、この重い船を操って、軽量・快速船に負けない成績を残していた。乗組みの七名（現在は六名体制）は異口同音に、この船への愛着を口にする。三隻とも例年通り、北上川河口近くの石巻市川口町のS造船でドック入りしていた。

伊藤稔氏は激しい揺れの後、直感的に津波の到来を予想した。時間がない。書類や現金等が入った金庫を抱えると、会長は、休憩中の社員たちに、向田を見下ろす高台に避難するよう命じた。社員はそれぞれ車に乗りこみ、二号線が向田を見下ろしながら回り込むあたりの高台に避難した。眼下には鮎川港と社屋が見えた。その向こうには路地の隅々まで知り尽くしている鮎川の町が静かに息づいていた。町のこの風景はこれが最後になる。高さにして一〇メートルそこそこの場所だ。そこから社員たちは見たことのない光景を目にすることになる。

町はどこへ消えた

その日、そしてその時間に会社にいた人たちの記憶は定かではない。あるいはことばにできない出来事の意味の核心が、そこにはあるのかもしれない。鮎川きってのベテランの捕鯨解剖技術者、奥海良悦氏（当時七十歳）でさえ、震災の次の朝のことは「思い出せない」と告白している。奥海氏は、当日、石巻にいた。震災後は徒歩の山越えで、へとへとになりながら鮎川にたどりついている。奥海氏は驚嘆すべきずば抜けた記憶力の持ち主だが、記憶がないのだという。大きな衝撃のトラウマが記憶を妨げるのか、あるいはことばを超えたものがあるのか。多くの人へのインタビューでもその部分が極端に短いか欠落している。

一年前に入社した社員の阿部拓氏（当時十九歳）は、人懐っこく率直な青年だった。実家は石巻市内にあり、いつもは石巻から「通勤」する。彼は比較的詳しく当日のことを話してくれた。工場での作業を中断し、ちょうど休憩に入った時だった。

経験したことのない「しつこい揺れ」が続いた。初めて経験する携帯の緊急メールが、不気味な警告音を発していた。しかし不思議に津波のことは考えなかった。大津波警報が出ても、みんな半信半疑だった。津波警報なんてほとんどの人が「馬鹿にしていた」のだ。しかし激しい揺れが終わった時、会長の怒号と叱咤に促され、車を出して会社の上の高台に避難した。

しばらくして鮎川湾の入り口を押しつぶすように津波が襲ってきた。高台から見渡すと東に広がる鮎川浜の町が見えた。かつては一万人近い人々が苦楽を重ねた鮎川浜の町並みも、瞬く間に波に呑み込まれていった。津波は一波、二波、三波と押し寄せてきた。

うえから工場が流されるのを見ていた。津波が来るのを一部始終見ていた。海の底が見えるくらい水が引いたんです。一旦、水が引いて、ばぁと、二波、三波って流されていくような感じ。波がきて引くんです。引くときにやられるんです。引くときが強い。引き波が強いんです。建物が一軒、一軒なくなって。一番最初に流されるのが車で。車の次はコンテナ。なんだかんだ流されて。結構、人が亡くなったと思います。今でも映画みたいな、３Ｄ見ているような。

夢の町は文字通り夢のように海にさらわれた。阿部拓氏たちはただそれを見つめていた。人の感情など全く寄せ付けない、冷たく無機質な力。押し寄せた波、荒れ狂う海は、すべてを呑み込んで激流となり引いていく。海は人の感覚を無視し、人の理解を淡々と否定しながら、計り知れない力で凌駕し、すべてを呑み込んで無意味の世界へと戻っていった。

人は環境を見つめ、環境と交流・交換しながら（＝物質代謝）、人生や生きる意味を紡いでいく。その意味の集まりが自分であり、仕事であり、地域の生活そして人生なのである。「日常」はこうして生み出された膨大な意味が造り上げる構築物だ。人間にとってそれこそが世界であり、日々、この構築物を作り替えながら人は生きていく。造りながら変えることが生きることであり、それがこの世界にある唯一の意味、そして喜びではないのか。

造り上げた意味世界は、当初は意識に上るが、やがて意識の遥か奥深くに沈潜し、意識には上らない「あたりまえ」の世界となる。前意識的な世界が、あたりまえの日常という感覚と、安心感を生み出す（田口 二〇一四）。ただ、その日は、あたりまえが剝ぎ取られ、安定感がそっくり消えた。あとには意味を生みだせない世界が映画のように広がった。今まで累々と築き上げてきた意味の構造物の日常世界は、ヘドロと生臭いにおいを放つ真っ黒な海に破壊され持ち去られた。世界の崩壊と消滅が展開され、すべては世界の裏側に広がる未知の世界へと逆流していった。後にはなにが残るのか。

黒い海は大型船をまるでおもちゃのように軽々と回転させ転覆させた。すべてを飲みこんで沖に戻っていく得体のしれない力。引くときには水がすべてを引き連れていき、海底が姿を現す。ずっと海を見て暮らしてきた人にとっても、異様な風景が広がった。意味を剝ぎ取られた世界だ。

きもち悪くなった。……本当のことと思えない。今でも、あの時あったのかなって。

拓氏は呟いた。

意味が消え、日常が消えた。被災者はときとして、今まであったものがなぜなくなるのか、理解できなくなる。この世界にあるということがわからなくなる。あるというのは一体どういうことなのか。あるものがなくなるとは、いったいどういうことなのか。現代技術と人の知恵や工夫の集積で造り上げた構築物や建物も、なくなってみれば、そのあとには瓦礫と石ころと土が残るだけだ。数十億年の時間の中で、太陽光や宇宙線に晒され、ただあり続けたこの惑星の表面が残るだけだ。

日々の労働や無数の思考・感情、刻々と生み出され動き続ける人間関係、生産や教育や娯楽などのために造られた建物や構造物、そして町。これらはすべて人間が生み出した「意味」であり、こうして造り上げる世界こそが実在だ。それが消えた。この世界にあることの意味が目の前で消える。生きているという事実の土台が消える。残った人は何者か。生きるとはどういうことなのか。

家族を探して

拓氏は、いったんは会社の人たちと丘の上の福祉施設清優館へ避難した。そして、余震が続く真っ暗な停電の一晩を過ごした。ほとんど眠れず、疲れてもいたが、次の日、会社の人たちには黙って、石巻へ帰ることにした。石巻の家族の消息が気がかりで仕方がなかったのだ。一晩中考えていたのはそのことだった。

車は使えないと考え石巻に向かって歩き始めた。途中、通りがかりの車に乗せてもらうところもあったが、ほとんどを徒歩で県道二号線を北上していった。鮎川から石巻市内までは約三〇キロあまり。普段なら車で四、五〇分の馴染みの道だが、そのときはまるで様相が違っていた。沿道の集落と家々は姿を消し、瓦礫があちこちで山のように積み上がっていた。その山を越えて歩き続けた。

被災直後の牡鹿半島をずっと見てきた。

拓氏は記憶を絞り出して、簡潔に言う。

実家近くの石巻市中里にたどり着くまで四、五時間かかった。インタビューでは時間関係が少し混乱しているが、拓氏はまず家族を探し回っている。プレートに特徴を書いて、「こんな人探してます」と、あちこち訪ねて回ったのだという。たまたまその姿がテレビ放映され、後に会社の同僚からは冷やかしの的になったできごとだ。その過程で運よく弟に出会い、それでおそらく家族の消息がつかめたのだろう。避難所にいる家族のために、着替えを取りに実家に戻っている。

実家は一階まで完全に水没していた。水は背丈以上のところさえあった。ずぶ濡れになりながら二階へ上った。それまでは緊張で、寒さは感じなかったが、二階に上がると一気に震えが来た。家族の着替えを取り出し、板に載せて避難所へ運んだ。
避難所には津波で精神的に打撃を受け錯乱状態の人もいた。そのせいか、母親は眠れないとこぼした。津波の日、仕事に出かけようとしていた父も、「虫の知らせ」で引き返してきていた。海岸沿いの道を走って仕事場へ向かっていた。そのまま走っていれば最悪の事態だったかもしれない。まさに九死に一生を得たのだ。
母方の祖父母は車で避難の途中、津波に流され、車を捨てた。そしてその場で引き波に襲われた。

引き波が来たんだけど、何とか木にぶら下がって助かった。ばあさんは手足不自由なんです。……おばあさんは体半分水に浸かって、次の日の朝おじいさんが助けをもとめに。その状態で一晩中水につかっていた。今はおじいちゃん、おばあちゃんは元気で仮設にいます。元気だけど仮設も大変です。となりの会話から電話からみんな通って聞こえる。四年目だから「出たら」というけど、いやがってる。出たくないみたいな。家もなくなったから、行く場所がないと思ってんじゃないのかな。

祖父母は一晩中、水につかりながら不自由な手足で樹にしがみついて生き延びた。恐ろしい、壮絶な戦いだったのだ。拓氏の家族はこうして何とか合流をはたした。そしてその後、一、二週で一家は避難所を出て家に戻っている。

これまであらためて考えることもなかった意味世界。普段は意識にも上らないが、生きることのすべてを支えていた世界が突然消える。自分たちが生存する場が消滅する。生きてきた喜びも苦労も、積み上げた時間も意味も、なにもかもが消える。その喪失の衝撃は計り知れない。そうした人たちが集まるのが避難所だ。

時間の深さの中で造り上げてきた意味世界が消えたとき、人々のこころに、仲間同士の相互交流やケアの中で生存を確保してきた、人間の古い記憶がよみがえるのか。大災害の直後、社会の隅々まで、どこか解放されたようなユーフォリアの雰囲気が支配する空間、やさしさに包まれた空間が突然出現することがある。

しかし一方で、意味世界の喪失は、大きな、時に耐えがたいまでの衝撃をこころに残す。そのとき、避難所の生活は過酷なものになる。うちひしがれた人々の絶望、恐怖、強い衝撃と不可解な現実が、人々の中にしばしば強い感情的な反応を生み出す。社会的な装いを剝ぎ取られた感情は、人間存在の深さを露にする。それは拓氏の小さな弟や生まれたばかりの赤ん坊には理解不可能なものだ。大人でもそれを直視するのは耐えがたいことがある。拓氏一家は避難所を出ることにした。実家の一階部分は水と泥で使えなかったが、二階はなんとか使える。総勢八人の家族が二階で暮らし始めた。

拓氏は三月中に自転車でいったん鮎川に行き、自分の車を確保して車で石巻へ戻っている。女川廻りの道が辛うじて使えた。その後はその車を使って被災者の生活が始まった。食料や水を何とか工面して、二階でままごとのように食事をつくった。配給のおにぎりを鍋に入れておじやにして食べた。バイト先の焼き肉屋から肉を分けてもらい、三食とも焼き肉を食べたこともあった。給水車が来る場所に出向いて、水を手にいれては弟や妹の体を拭いてやった。風呂は全く使用不可能だった。インタビューのなかで、拓氏は家族の歴史について話し始めた。

ちょっと、飲みさいくべ

彼は家族思いだ。話の中にはいつも家族の姿があった。彼は大切なものを手で覆って慈しむように、家族のことを話してくれた。ここでもたっぷりその話をしたいのだが、最低限にとどめることにする。ご家族には会っていないからだ。

小学校のころ、家庭の事情で石巻から雄勝へ引っ越し、母親が一人で兄弟を育ててくれた。長男の拓氏はいわば父親代わりで、昼も夜も働く母の代わりに、弟たちの面倒を見ていた。母親の再婚話が持ち上がった時、弟たちと違ってどうしても賛成できなかった。「やなもんはいやなんだ」と言い続け、結婚を認めようとしなかった。

そのころ、高熱を出して寝込んだことがあった。その時、父は仕事に行かずに寝ずの看病をしてくれた。

お父さんのほうは働かなきゃ、生活できなかったんですよ。ぎりぎりだってとこで生きてたお父さんだったんですね。大変だったんですよ。でもそれをわかってんのに、ずっとそばについていてくれたんです。なにか飲むかとか、熱、大丈夫かとか。ずっとそばにいてくれたんですよ。どこにも行かなかったですね。飯食いにもいかなかったし、どこにも食いにいかなかった。ずっとそばにいて。

熱が下がった。看病人にとって、病人が回復したときの安堵感は格別だ。自分の熱が下がったような感覚すら生まれる。看病の緊張から解かれた父は、嬉しさとこみ上げる親の真情から、拓氏にとって生涯忘れられないことばを発した。

ちょっと、飲みさいくべ。

「オレ、中学生だったんですよ」と拓氏が笑う。拓氏が耳にしたことば。それは本物の人間のことばだ。父が好きな焼鶏屋があった。頑固オヤジが焼いている変わった店で、気分次第で開いたり閉めたりする。その店に二人で「飲みさ」いった。

店では、拓氏は前の父の行状を告げて、同じことをしたら、母と別れるという言質を取った。それ以来、養父は父になった。弟が何気なくいった「血がつながってねえから」ということばに涙する本物の父だ。拓氏はこの父に深い愛情と敬意を抱く。震災の時一番に思いやったのは、この父と母との間に出来た妹。震災当時は生まれてまもない赤ん坊だった。拓氏はその家族をさがしに、津波の次の日、鮎川を出て、歩いて石巻へ向かったのだった。

拓氏は震災の前の年に鮎川捕鯨に入社している。鮎川捕鯨には可愛がってもらった高校の先輩もいた。捕鯨船の乗組員として入社した同級生もいた。千葉和田浦の外房捕鯨の鮎川工場に入った同級生もいた。高校時代にはクジラとはまったく無縁の生活をおくるが、高校卒業時の就職活動の過程で、最終的に鮎川捕鯨に入社した。この地域ではクジラ捕りがまだ普通の仕事で、数は少ないが高校に求人情報が入るのである。求人票を見ながら、就職指導の先生から、先輩が働いていると聞いた。

それまで拓氏の人生はクジラとは何の関係もなかった。彼にとって、クジラは全く存在しないものだった。クジラという生物がいることすら、にわかには信じられなかった。青年たちの中には、こうして就職活動を通じてクジラと出会う人がいる。今では全国で、漁協経営を含めて五社になってしまった小型捕鯨業界だが、牡鹿半島では水産加工や運送業、販売業あるいは建築業などの会社と何ら変わらない。生きるために選んだ仕事がクジラ関係だったに過ぎない。偶然なのである。

拓氏は就職試験の日のことをよく覚えていた。雨の降る日だった。同級生と二人で会長と社長の話を聞いた。そのあと、会社を案内してもらう予定が、雨が降っているのでできないと告げられた。それで終わった。クラスメイトは船を選んだ。拓氏は陸上の作業員を選んだ。理由は簡単だ。

船酔いするから、船だけはダメなんです。

人生の重大な選択がそれで終わった。小型捕鯨の従業員がこうして誕生する。偶然だった。偶然を受け入れ、気負いもなく、見たことも想像すらもできなかったクジラの世界へ入った。流れるように運命を受け入れ、ツチやミンクの匂いの世界へ飛びこんだ。こうして人生を選び取る。偶然にみちびかれて一人の青年が人生の道を探りあてる。美しささえ漂うその生き方は潔い。こうして人はクジラ捕りになるのだ。

ああ、終わったな

鮎川捕鯨で将来を期待され、陸上グループのリーダー格の中堅の事業員がいた。彼も当日のことに関してはことば少なだ。かろうじて話してくれたのは、過酷な現実の非人間的な瞬間だ。

ここの建物は地震では立ってましたけど、津波で流されたんです。ずっと上でみていたんです。全部、津波で流されたんです。ここにある冷凍コンテナもそうですし。ここに事務所があったんですけど、全部流されて。そこに加工場と、倉庫あったんですよ。並んで。それも全部、津波で流されて。こっちにも倉庫あったんですね。それも流されたんです。かろうじて残ったのは鉄筋の、今たっている（工場）だけだった。枠だけのこったんです。

——三〇分たって津波来襲。その間、高台から一部始終を見つめていたんですね。

そうです。ずっと見てました。会社の者全員無事でしたからよかったですけど。何回来たんだろう。三回目かな。大きいのが来たんですよ。最後まで残ってた倉庫がそれで持ってかれて。ああ、終わったなって。

何かが終わった。会社か、それとも自分の人生か、あるいは捕鯨産業か。この事業員はその年、五十歳。クジラの仕事に進んでから二〇年が過ぎようとしていた。技術的にも人間的にも鮎川捕鯨を背負って立つと嘱目された社員だ。

彼の父親は昭和のはじめに生まれた典型的な鮎川の人間だった。父親は大きくなると当然のようにクジラの世界に入った。ここ鮎川では、中学校の同級のほとんどがクジラの世界へ入る時代があった。父親は解剖専門で、大手の「大洋漁業」から新興の「日本捕鯨」へと、戦後の大型捕鯨を経験した。捕鯨全盛期の勢いと充実を享受し、それを血肉とした世代だ。

商業捕鯨ができなくなったモラトリアム（一九八八年）以降、父親は鮎川を象徴する伝説の小型沿岸捕鯨会社、戸羽捕鯨に勤めることになった。モラトリアム以前は南氷洋操業が中心で、日本捕鯨時代には小笠原や和歌山の太地にもいった。事業員が子どものころ、普段、父親はほとんど家にいなかったという。捕鯨の町の多くの子どもたちに共通する記憶だ。

二〇一一年の震災のとき、父親は鮎川で母親とふたり暮らしだったが、震災後に腎臓を悪くし、震災の年の十二月に他界した。それまで父親は身もこころもクジラでできているかのような、クジラに憑かれたような人だったという。

親父なんかもそうです。ここでずっと仕事しているときからうるさかったですから。クジラ、クジラって。ほんとクジラ。元気いい人でしたから。病気一つなかった人ですから。クジラ、クジラって。それだけ仕事が好きだったんでしょうね。
現場に来ている年配の人ですよね。あの人たちも元気いいんですよね。若い人たちにくらべたら。疲れたってことば、聞いたことがないですよね。なんて人たちなんだって思いました。私たちのほうが疲れた、疲れたって。不思議ですね。それだけ体にしみこんでいるんでしょうね。南氷洋だと、レンチャンですからね。ここだと捕っても一日二頭ですから。

クジラ捕りの家系だが、この事業員が極端な斜陽産業の捕鯨を捨て、違う道を歩んだのは、当然といえば当然だった。高校卒業後すぐに石巻市内のガソリンスタンドに就職し、以来一三年間、車とガソリンの世界で働き、ようやくその仕事なりの面白さもわかり始めていた。そのとき、父親に鮎川にこないかと誘われたのだ。

結局後継者の問題だったと思います。

捕鯨では後継者不足が深刻さを増していた。あまり気乗りしない転職だった。
まず入ったのは大洋A&Fの子会社で「星洋漁業」という小型捕鯨の会社だ。この会社はやがて二〇〇八年、鮎川生え抜きの戸羽捕鯨やクジラ肉販売専門の大洋A&Fと統合されて、株式会社鮎川捕鯨となる。この鮎川捕鯨こそ二〇一一年震災当時、鮎川に唯一残っていた小型捕鯨会社であり、この本の中心テーマなのだが、それは後ほどゆっくり話そう。いずれにしても星洋捕鯨から彼のクジラのキャリアが始まった。

入社当初は事務職のようなものだった。しかし、今の鮎川捕鯨もそうなのだが、事務職も漁が始まると解剖や処理作業の手伝いをする。社員全員でクジラを迎え、全員で解体し、調製して製品にする。そうして普通の人間がクジラの専門職となっていく。

星洋に入ったのは事務職みたいな感じですね。漁が始まると解体に入る感じですね。最初はまず、「鍵引き」ですね。肉を引っ張って運ぶ。それを三年くらいやって。それからいろいろ教えてもらって。大包丁もって一人前になるまでにはやっぱり一〇年くらいかかるんです。大型捕鯨の時代は何百頭の世界ですから。沿岸捕鯨は何十頭の世界です。捕ってるのはツチとミンクだけなので。

大型の場合は、ナガス、イワシ、ニタリ、マッコウと、種類が多いですよね。種類によってずいぶん解剖の仕方も違ってくると思います。今は定置網に入ったマッコウとかイワシなんかが出ますけど、数年に一回といった程度なんで。わかんないですね。昔の人はちがう種類のクジラの解剖法を覚えているわけですから。すごいですね。でもできれば、正直言って、私も覚えたいのは覚えたいですね。でもモラトリアムで捕れないですからね。自分たちの海なのに。

クジラと向き合ってもう二〇年。彼の脳裏にはすでに、何百というクジラの部位の名称や色や肉質、その処理法が刻み込まれている。商業捕鯨停止措置（モラトリアム）で捕獲禁止となったナガス、イワシ、ニタリ、マッコウなどは、今では望むべくもないが、少なくとも年間の捕獲枠二八頭のツチクジラと、調査で捕獲するミンククジラに関しては隅々まで熟知するようになった。

面白味が出てきたガソリンスタンドを離れ、気乗りしない斜陽の捕鯨会社に就職し、ツチクジラとミンククジラの解剖を繰り返すうち、その深い世界に魅せられるようになった。すると別の思いが生まれているのに気づくことがあった。

数年に一回、偶然、定置網に引っかかるイワシクジラやマッコウクジラを、許可を取って譲り受け解体することがある。その意味では、往年のクジラ捕りには及ばないが、ある程度こうした大型クジラも経験している。今はもう捕れなくなったはるかに大きなクジラの偉大な体躯に埋め込まれた、さまざまな肉と筋と骨。その世界をもっと知りたい、それを解体して価値を生み出したい。プロとしての欲だ。

彼はガソリン業界とは全く別の世界に飛びこんだ。そして知れば知るほどその世界の大きさや深さが見えてきた。自分たちの故郷の海の向こうには広大な世界がある。相手にするクジラが暮らす海のように、自分の世界が深くなるのを感じていた。

手の記憶

この事業員が従事する解剖場での作業は、無数の技術の集積だ。チームとしての経験と記憶、個人が習得した技術が、いわば「組織の記憶」を創り上げる。個人の技術は一〇年以上の経験で手が覚えたもの、いわば「手の記憶」だ。「手の記憶」と「組織の記憶」は連続した全体を構成し、複雑な捕鯨技術体系を形成する。小型沿岸捕鯨は百年足らずのうちに、クジラから肉製品を作りあげる膨大な技術知と手技を集積してきたのだ。もちろん、その背後にはおそらく、数百年、数千年の技術知の集積があったに違いない。少しわき道にそれることになるが、二〇〇九年、函館でツチクジラの解剖現場を見せてもらったときの印象を紹介しておく。

当時、函館操業では一〇頭のツチクジラを捕獲し、生肉製品として仕上げ、翌日には函館市場へ出荷していた。ツチクジラは函館漁港に水揚げされ、トレーラーで三〇分ほどの解剖場へ運搬されたあと、解剖と肉の調製が行われる。特別に入れてもらった、解剖場を見下ろすキャットウォークからは、総勢二〇人ほどのチームが動き回る様子が見えた。

何か大きな力に促されるように、よどみない作業が続く。蜜蜂のダンスを彷彿させる秩序ある動き。厳格に定型化された作業と、周りの人への配慮に満ちた、創意あふれる活動の組み合わせだ。見る人に畏敬の念すら呼び起こすほど無駄がなく、一種の美学すら感じる。

作業員は滑り止めのあるゴム長靴を履いてはいるが、解剖場のコンクリート床はクジラの脂で滑りやすく、大型の刃物を使うので危険性は極めて高い。鋭利な刃は間違えば致命的だ。作業中、スリップによる事故防止のために、誰いうとなく頻繁にホースから放水し、血や脂を洗い流す。全員がすべての人の動きに目を凝らし、耳を澄ますのである。

さて、こんな現場だから、まだ解剖経験の浅い新米の阿部拓氏にとって危険も大きいものだった。拓氏は危険と隣り合わせの職場をこう説明する。

普段は声がけする。そこ危ないよって。滑るよって。上に上がる人はスパイクはいてます。ミンクだとはかない。普段は、普通の長靴をはいている。ダブルストーン（作業着ショップ）とかで売ってるような長靴。怪我したことあります。指なんか何回も切ってますね。小包丁でひっかけたりして。血が商品についたら、あれなんで、一回絞って、洗って、消毒して、絆創膏巻いて。手袋新しいやつに変えて、戻る。でも滑ったとか、何かがなければ怪我はしない。

静かに、しかもスピーディに進む解剖作業には、当然、ことばのコミュニケーションがある。声かけは、作業の効率を上げ、危険を低減する技術だ。同時に声がけを裏打ちするのは、さまざまな経歴を持つ事業員たちが、それぞれ積み上げてきた技術の経験知だ。例えば、先の事業員が言ったように、「大包丁」を使いこなすには十年の経験がいる。十年の経験は蓄積されて、やがて身体の習慣となる。習慣となった技術は意識からは消え去り、解剖現場でのほぼ自動的とも思える動きになって、効率的な仕事を生み出していく。それはいわば、身体の奥深くに形成される記憶、現場の状況に呼応して手が「思い出す」記憶だ。

二〇人にもなる現場では、それぞれの「手の記憶」が動き始める。巨大なクジラを解剖するプロセスに従って、手の記憶が呼び起こされて配列されていく。あるいは、手の記憶が複雑なプロセス自体を生み出していく。手の記憶が組織の技術を生成し、それはやがて組織の記憶となっていく。メルロ＝ポンティが身体の現象学で分析してみせた、習慣の根源的な働きが作動する現場だ（メルロ＝ポンティ 一九六七、鷲田 一九九七）。

捕鯨会社の従業員たちの前職や経歴は多様だ。戦後の捕鯨全盛期を経験して、南氷洋や北洋の過酷な操業で習得した「手の記憶」が、「組織の記憶」に統合される状態を描ける人から、昨日までクジラという生物を見たこともなく、手の記憶など全くない高校新卒の若者まで様々だ。それでも、この「組織の記憶」への統合が解剖員たちのあたりまえの日常を支え、生活世界をかたちづくる。

この事業員は捕鯨界全体の持続可能性を思い、このままでは次第に手の記憶が消えると心配する。

これから鮎川捕鯨も若い人が入らないと。結局今二十歳代は三人だけなんですね。そん子たちが解剖を覚えないとあと続かないんですよね。それで終わっちゃうんですよね。若い子が入って覚えてやっていかないと。私も以前インタビュー受けたときに話したんですけど、解体にしても食べ方にしても、若い子が入って覚えていかなければだめになるだろうなって思いますね。食べ方も、こういう方法がありますよとか、こういう食べ方もあるんですよとか。教えられますよね。解体の仕方にしても、こういう方法でやるんだって他人に教えることもありますよね。私も五十ですから。どうなるか。

入社後は解剖場で肉を引いて運ぶ「鍵引き」を三年勤め、やがて小包丁を持たせてもらい、それから解剖の主役の大包丁を使えるようになっていった。彼はインタビューの中で、解剖技術者としての難しさとともに、やりがいを何回も口にし、その技術を伝承していくことの大切さを繰り返し語った。そして、それが消えるかもしれないという恐れも。

後継者不足で父に勧められて入ったクジラの世界。二〇年がたち、手や足や全身に傷をうけながら、解剖の技術を身につけた。その技術は、今や、身体の動きと融合した実践、「身体化された実践」（レイヴ／ウェンガー 一九九三）となった。

人類学者インゴルドは熟練技術者の道具使用を、物語るという行為と比較して説明したことがある（Ingold 2011）。彼はまず道具の機能を、それについて道具使用者が語る物語だとする。物語は過去の伝統から、出来上がった状態でやってくる完成品ではなく、語られたものとよく似た状況に遭遇したとき、進むべき方向を、物語をさかのぼりながら発見するものであり、道具の機能も、過去とつながった現在の状況での位置づけを通してその意味が再生産される。

したがって道具の機能とは、物語の意味に似て、現在の仕事の状況と過去に起こったことを連結することで、たち現れてくるのである。いったん現れてくると、作業者はこの機能を使って作業を進めることができる。つまり、あらゆる道具使用は、端的に言って、その使用法を思い出すことであり、過去の活動の脈絡を思い出し、今の状況へと送り込んでいくのである。（Ingold 2011）

解剖技術者は、込み入った物語を、変化し流動する状況に対応して思い出しながら、未来に向けて再生産していく。それはチームの物語であり、会社の、そして鮎川の物語だ。
骨を分かち、肉を截割する技は、この世界の深部に向かって実践者の道を切り拓き、生活世界を創っていく。自ら生きてある意味を生み出し、会社に命を吹き込み、鮎川を、そして世界を創る実践だ。だから今は後継者がいないことに強い危惧の念を持っている。この技術が消えれば世界も消えるという、恐怖にも似た感情だ。そして津波は、その恐怖を実現するかのように、一気に、その世界を流し去った。

学ぶ

捕鯨の現場では、以前は「見て覚える」が当たり前で、今もベテランのなかにはその仕事哲学を貫く人がいる。「見て覚える」、「見て盗む」。捕鯨だけではない。伝統的な職人の世界では、よくある学び方だ。もちろん一方で、積極的に技術を伝えようとするベテランもいる。作業の最中に若手の仕事ぶりを見て、「今のやり方はこうだよ」と素早く伝える。ほとんどゼロから始めたこの事業員も、見よう見まねで実践の世界へ入っていった。まずは伝統に従い、自分の眼で見て覚えながら、次第に積極的にベテランに教えを乞うようにもなる。

(超ベテランの員長の)奥海さんも一緒に、やってますからね。別々のところを、やってますから。腹やってるのと、背中やってる人もいるので。ここどうしたらいいかって話したり。それとベテランが来ていますので、私も以前はずいぶんいろいろ聞いて覚えたんですよね。もっともっと聞いてもらったほうがいいんじゃないですかね。若い人たちは、聞いて覚えて。見たってわかんないことがあるから、聞いて吸収して、身になって。また次の新しい人たちが来た時に、それを教えられるようになんないと。

つながっていかないと。建物ばっかりいいのができても、教える人がいなければだめですよね。加工場にしてもそうですよね。加工場で働く人たちのことも覚えないと。私たちの場合、解体だけじゃなくて加工場の手伝いに行くわけですから。調査捕鯨（南氷洋）ですと、解体と肉を仕立てるのとは別々ですよね。私たちの場合は解体して、仕立てることもやるわけですから。両方、知ってることになりますから。若い人たちがはいってきたらぜひ教えていきたいと思います。

鮎川で捕鯨に従事する人々にとって、学ぶという行為は、実は、仕事を作り上げること、あるいは生きるという事実を造る実践そのものだ。トップダウンで降ろされる知識を覚えることが学びなのではない。「教科書」をまる暗記して、それで終わる学びではない。そもそも教科書などどこにもない。新人は捕鯨という物語をみずから創り上げていく。それが学びなのだ。

一九九〇年代に、学習理論にパラダイムシフトをもたらしたジャン・レイヴによれば、学習とは、外にある知識や情報を、個人が内側に取り入れていく活動ではなく、学習者、実践、世界が相互に関係しながら、学習者自身や世界を再生産していく活動ということになる（レイヴ／ウェンガー 一九九三）。

小包丁、大包丁の何百、何千もの技を学ぶことは、学習者のなかに新たな可能性を生み出しながら、解剖チームの動きにも新たな何かを付け加え、チームの力を強化していく過程だ。レイヴが言うように、新人社員は周辺からおずおずと解剖の世界に足を踏み入れ、次第にチームの動きに同期し始める。こうして新米は仲間になっていく。それが解剖チームに新たな命を吹き込んでチームを再生産し、会社を動かしていく。

この事業員も拓氏も、捕鯨を学ぶ。それが鮎川捕鯨という技術の集積体を再生産する。そして彼らも人になる。捕鯨会社では、人は単に人間（Human being）としてあるだけではない。実践の中で技術を身体化し、世界を生み出しながら人間になる存在（Human becoming）だ。「一人前になる」のだ。パスカルが「偉大」と感嘆した習慣のちから、学びながら身につけた習慣のちからが、捕鯨社会でも「人間を造り上げた」（パスカル 二〇一八：八〇）。

今やほんのひと握りの人たちだけが継承している捕鯨技術は、無形の文化財といっても過言ではない。マスコミでは〝文化〟が捕鯨に関するディスクールの常套句であり、結語でもある。でもそれは、つきつめれば、都市のグルメ文化などを前提とする消費者の文化と言わざるを得ない。一方で、捕鯨会社の社員たちが学び覚えて習慣とし、日ごろの生活の糧とするのは、確かな「手の記憶」に裏付けられた生産者の文化であり、生産を習慣とするありかただ。生産は人間としてあること、その根底にある秘密だ。この本に最大の刺激を与えてくれたティム・インゴルドを引用しておこう。

一八四六年の『ドイツ・イデオロギー』で、マルクスとエンゲルスは、生産と人が生きてあることとを同一視し、すべての生産様式は生存様式であると考えた。生産しながら自分の生存を表現することで、人はあるのだ。マルクスとエンゲルスによれば人のありかたはその生産と一致する。人が生産したものや生産のしかたと一致するのである。

(Ingold 2011 : 6)

これを受けてインゴルドは「生産する」ということばは、何かを生産するという意味の他動詞ではなく、自動詞的であり、それ自体で生きてあることを創ることなのだという。

生産する人は……前もって作ったデザインを自然の物質的な表面に押し付けて世界を生成していくというより、世界の生成のなかで役割を果たすといったほうがよい。世界の中に成長していきながら、世界は自らの中で成長するのである。

(Ingold 2011 : 6)

さて、「手の記憶」を蓄積し、それが会社や集落の「組織の記憶」に浸透し、その基底に沈み込んでいくのは、何も捕鯨に限ったことではない。震災と巨大な津波で、どれだけの生産者の文化が流されたのだろう。どれだけの「手の記憶」が流されたのだろう。日本列島で、世界のあちこちで、人間が積み上げた技術や「手の記憶」が途絶する瞬間を、人間はどれほど経験してきたのだろう。
三陸の山塊と海が複雑に交差する場所に、寄り添うように営まれたいくつもの美しい、本当に美しい集落には、数限りない手の記憶があった。無数の「身体化された実践」があった。それらを津波の濁流が奪い去った。
この事業員も今は教える側として、積極的に若手に生産の文化を伝えようとする。入ったばかりの拓氏はそれをどう見ているのか。自分の学びをどう見ているのか。拓氏はこう証言する。

自分がわかんないところ、(この事業員は)ちゃんと丁寧に教えてくれるんで。いくら間違っても、ここはこうだよって。同じところで間違っても、やっぱりこうやんだよって。できれば褒めてくれるし、それで褒められたときに、あ、嬉しいなって。できたとき褒められて嬉しいなって思うと、やっぱり、やる気出てきますね。
他の人だと、何回やってんだ、とか、何年やってんだって、なるんですけど。この人だけは、ちゃんとできるまで教えてくれます。細かいとこもありますし、頭とか、関節外すのに、間に入れなきゃないとか、ここにこうやって刺さなきゃなんないんだよ。外し方はこうだよって、細かいとこまで。ミンクだったら大体やれるかな、まだまだわかんないところあります。そこを教えてくれて。

解剖現場はOJTのフィールドだ。実験室ではない。失敗が許されないプロたちの仕事の流れに乗りながら、同じスピードで投げられるアドバイスを呑み込み、手に覚えさせる。まだおぼつかない手や足の動きも、鯨肉を生産する本物の仕事なのである。教えてもらい、実践する。それは商品を生み出すリアルな仕事だ。教える、そして、教わるという関係だが、そこには商品を生産する責任と緊張した人間関係がある。でも結局、すべて自分のためなのだ。

尊敬する先輩の事業員が嫌な仕事も進んで黙々とこなす姿を見て、拓氏は思わず「なんでそんなひどい仕事ばっかりするの」とたずねたことがある。その答えはこうだった。

人には頼んねえんだ。頼ったらわかんね。自分が楽な思いするだけで、自分が楽《らく》して、もうちょっとしたらついていけなくなんだぞ。楽しちゃだめなんだ。

今度の津波では、港に近接して立ち並んでいた戸羽捕鯨の解剖場、クジラ関連の研究所、鮎川のシンボルだったホエールランドも呑み込まれていった。濁流、舞い上がる砂埃、異様な海の匂い。牡鹿半島の突端に夢のように栄えた町は、続く三度の津波で壊滅した。鮎川の百年の近現代史は、破壊されたコンクリートの基礎構造、むき出しになった鉄骨、無数の残骸やごみ、そしてヘドロの混じった土と砂になった。近代の捕鯨史の中で営々と築き上げた「手の記憶」と「組織の記憶」も流された。そして、かつて鮎川の地元資本で創立した株式会社日本捕鯨のフラッグシップ、第16利丸だけが残った。

震災からの復興はハードやインフラの問題だ。それとともに、手の記憶を拾い出し、組織の記憶を再び作りあげ、生産者の文化を復活させるプロセスでもある。鮎川、牡鹿半島、あるいは三陸が取り戻そうとしたのは、この「手の記憶」、「組織の記憶」であり、身体化された実践、身体化された世界だ。

鮎川で小型沿岸捕鯨に携わる人たちの、複雑に細分化されながら一つのゴールに向かって統合される実践（仕事）は、日本列島でも世界でもごく少数の人だけが経験する特別なものだ。普通の人ならおそらくは生涯目にすることもない巨大生物を仕留め、解体し、肉を生産する。しかし、五年間のフィールドワークで感じたのは、多くの関係者が捕鯨関係の仕事を必ずしも「特別な仕事」とはみなしていないということだ。むしろ彼らは捕鯨を「普通の仕事」ととらえている。でも、それは考えてみればあたりまえのことかもしれない。すべての仕事は、実践を重ねるうちに「あたりまえ」のことに成熟していく。そして「あたりまえ」が積み重なって、私たちに安定感と平穏をもたらす馴染みの世界、フッサールのいう「生活世界」が生まれていく（田口 二〇一四）。

ただ、実践前の世界と実践を通じて生成して来た世界との「隔たり」がある。これが大きければ大きいほど、生成への自意識が強くなることは想像できる。鮎川の捕鯨者は、大きな「隔たり」を経験してきたのだろうか、実践の中で、自分の経験が「隔たり」を埋めながら現場の共同作業に同期していく感覚、すなわち、経験を重ねることで、捕鯨社会とそこで生きる自分をつくっていくという感覚を持っていると感じることが多かった。

だからだろうか、クジラのこと、解剖のこと、肉のこと、自分のことや周囲の人のことを彼らは語る。饒舌に語る。そして、生業と人生が分かちがたく生成するプロセスを語る。彼らは自分たちのボキャブラリーとジャーゴンで、流れるように、人生と世界を話すのである。

津波の海に船を出す

三月十一日の出来事をタフな精神力と記憶で鮮明に覚えている青年がいる。津波の中、会社のプレジャーボートを「逃がす」ために沖に出た平塚航也氏（当時二十一歳）だ。一見こわもてで、高校時代は「ワル」だったと自ら言うが、それも照れ隠しの手段だ。人は彼に会った瞬間、こころ根が優しく冗談が好きで、なにより人間として賢いことを知る。会社でも一番の人気者だ。彼は鮎川捕鯨の休憩室で、長時間のインタビューに心よく応じてくれた。笑いながら語ってくれたのは、津波の日の夜を、海と磯で生き抜いた壮絶な経験だ。

その日は加工場の塩蔵タンクから肉を引き上げる「塩蔵上げ」にかかっていた。捕獲があれば昼夜おかまいなしに招集される漁期の緊張感がまるでうそのように、三陸には静かな時間が流れていた。日常の何気ない話題や冗談で過ごす仲間との時間は、牡鹿半島に生きる喜びそのものだった。そのとき、経験したことのない地鳴りが始まり、不安に耐えられなくなるほど長く続いた。

くつろいでいた人たちがみんな一瞬黙り込み、ことばにならない何かを待ち受けた瞬間、どんと来たのだ。何か、とてつもないことが起こったらしいが、そのこと自体、どこか別の世界の出来事のような「遠い感覚」で、起こるはずがないという「正常化バイアス」が頭をもたげた。しかし、その場を支配した茫然自失に鉄槌を下すように、携帯から聞きなれない警告メッセージがけたたましく流れると、みんな、「ビビり始めた」。

「オレは高台へ行くぜ」という会長の怒号に促され、みんなは工場裏の高台へ避難した。県道二号線が向田に向かって降りていくカーブだ。航也氏も靴からサンダルに履き替え避難しようとした。そこへ、「船逃がさなくていいのか」という声が飛んだ。会社のプレジャーボート、ハピネス号だ。震災からの復興に人生をかけることになる遠藤恵一社長も釣りを楽しんだ船である。

降ってわいた出来事から逃げることなく自分ごととし、気が付けば取り組んでいる人がいる。航也氏はそういう青年だ。声と同時に後先考えず、走っている自分がいた。同僚と二人、そのボートに飛び乗り、ロープを切って沖に逃がした。女川の海の男だ、船舶免許は持っていた。海水はすでに「きもちわるい」くらい大きく引き、海底が見えた。津波の第一波がやってきていた。

鮎川湾の入り口には、ほかにも沖に逃がそうとしている船が一〇隻以上いた。荒れ狂う海に翻弄されながら、どの船も津波の反対方向へ船首を向けようともがいていた。普段の海とは全く様子が違う。異様な臭いの激流がうねりながら押し寄せる。抗いがたい力だ。それでも何とか沖に出ると、薄暗い空から雪が降ってきた。

すこし余裕ができたのか、航也氏は陸の仲間に電話をいれている。ようやくつながった携帯からは「会社が流される！」という叫びが聞こえ、すぐに「ぶちっと切れた」。

これで陸との連絡は途絶えた。

船の無線で沖に避難している船と連絡を取りあい、ひとまず鮎川港へ向かうことにした。午後六時ころだと記憶している。早春の海はすでに真っ暗だ。ライトを喪失したうえ、ＧＰＳが効かず、方向がつかめない。アルミ製のボートは激しく回転させられ、津波でもみくちゃになった。

それでも先頭の船に続いてなんとかボートを進めた。懐中電灯で海面を照らすと、陸にあったあらゆるものが流れているのが見えた。工場、民家、車、漁具、あらゆるものが流されてきた。生活や仕事そのものが流れているような気がした。生活世界のありとあらゆるものが、バラバラになり、大きな潮となって、どことも知れぬ世界へ怒濤のように流れていく。茫然としているうち、ふとコンテナが流されているのに気が付いた。はっと目を凝らすと、そこには馴染みの文字が書かれていた。

「鮎川捕鯨」。

真っ暗な渦巻く海でもがきながら、いったんは鮎川港へ入った。同僚とともに陸に逃げようとしたが、再び波が上がってきたので、もう一度船を沖へ逃がした。そのときプロペラにロープが絡まり、沖合で動けなくなった。漂流物が絡んで動けなくなった船がほかにもあった。

八時ころだ。「ガッコン」という音とともに船が傾いた。岩場に「刺さった」のである。緊急用の直通無線で海上保安庁へ連絡するが、「救出には行けない。ライフジャケットを着てください」とのレスポンスがあった。無線からは「塩竃近くで一〇〇名が乗った船が……助けには……」あとはわからなくなった。無線を切って、もう一度エンジンを掛けると、今度は、ボートの警告音がけたたましく鳴り響いた。

次の波が来て船はようやく水平を取り戻した。近くの海面に生け簀のいかだが漂っているのが目に入った。そのいかだに飛び乗ってその場から逃げよう。しかし、これも失敗。また船にもどった。陸が近いのは分かったので、ついに二人は決意した。一か八かで海に飛びこみ陸へ向かおう。暗黒の海の上で覚悟した。

次の潮でいくべ！

ジャンプして真っ暗な海へ飛び込んだ。不気味な得体のしれない黒い海が、残った唯一の生き延びる道だった。夢中で海を泳ぎ、陸へ向かった。正しい方向なのか、それもわからなかった。突然、手が岩に触れた。陸だ！　その岩場を手でつかんだ。黒崎の岩場だ。全身の力を込めて、岩場に這い上がった。死を覚悟してたどり着いた岩場。そのまま、体が麻痺して全く動けなくなった。三月十一日の夜の出来事だ。

二人はほとんど動けないまま、濡れた体で岩場の一夜を過ごした。ようやく明るくなったころ、岩場の崖をよじ登った。そこは馴染みの場所。知り合いの畑もあった。もとの懐かしい世界に戻ったのだ。なんとか畑の上の道路にでて、ふたりは座り込んでしまった。しばらくして、同僚の家が近くだったのでいったんはそこへ立ち寄り、着替えを借りて、ストーブで体を温め、それから向田の鮎川捕鯨に向かった。

戻ると、会社の跡地では缶詰を拾う社員の姿があった。伊藤会長はその日の早朝から航也たちを探しに行けと社員に命じていた。あちこちにたくさんの船が打ち寄せられていた。「あの中に航也たち、いっぺ！」でも、手分けして探しても見つからない。役場に行方不明届を出す出さないというところで、二人が戻ってきたのだ。
会長は一気に力が抜け、涙が出るほどほっとした。生還した二人の顔を見ると、今度は無性に腹が立ち、航也たちを殴ったのである。会長はこの出来事をこう回想する。

本当はとめなきゃなんなかったな。一瞬、二人で行ったら大丈夫だろうと思ったんです。心配しましたですよね。津波が終わったとき、沖へ出ていた連中がかえってくるんですよね。車がないので、あっちいったりこっちへいったり。聞いたんですよ。誰もわかんないちゅうんですよね。夕方になってから上がってたというんですよ。従業員にも探そうといって。二人がのこのこ歩いてきて。あいつらの顔見たら二人とも涙ぐんでいましたですけどね。岸にあがって、一晩寝なかったですね。つかれたんですね。あの二人殺したら、会社立ち行かなくなる。

まる一日の行方不明だった。伊藤会長は津波の後、流された鮎川捕鯨があった場所に佇み、まだ見つからない二人と息子の信之氏を思いながら、父からひき継ぎ、人生をかけてきた生業の小型捕鯨をたたむ覚悟をした。何も残らなかったのだ。伝説の戸羽捕鯨の終焉だ。百年の鮎川の歴史はこれで終わり、捕鯨は完全に姿を消す。
実際、会長は社員たちに解雇を口にしていた。そこへ二人が生還したのだ。二人が生還すると、息子の信之氏も無事帰ってくるという希望も生まれた。「あの二人殺したら、会社立ち行かなくなる」会長はこの出来事をこう表現したが、それは途絶えかけた希望が息を吹き返した瞬間だった。二人を殴ったこぶしは、自分の心に打ちおろしたものでもあった。航也氏はこう記憶している。

会長に殴られたのは、痛かった。無事でよかったから、グーで殴ったか何だか知らないけど。すごい痛かったです。心配かけたからだと思いますけど。朝、もう明るくなってたんで、夜は暗かったんで見えなかったので。明るくなると、わあ、凄かったんだって。

牡鹿半島の突端でクジラから糧を創り出す仲間たち。職位は会長と社員だが、そこには強い絆がある。すべて流された会社がかつてあった場所。その瓦礫のなかで、会長は九死に一生を得た社員を殴った。数年たった今でも航也氏はその痛みの意味を考えることがある。会長も殴った時の手の痛みを噛みしめる。鮎川捕鯨の再建は、この痛みから始まった。

どこかいこうなんて、これっぽっちも思いませんでした

伊藤信之氏は会長伊藤稔氏の息子で、震災当時は鮎川捕鯨の課長だった。三月十一日の午後、信之氏は石巻市の中心街、千石町の税務署にいた。ちょうど税申告の時期だった。巨大な揺れが止まったとき真っ先に浮かんだのは、鮎川にいる妻と幼い子どものことだ。

牡鹿半島への入り口の渡波から万石橋を渡り、一刻も早くと急く気持ちを抑えながら、県道二号線を南下していった。しかし、鮎川までまだ半分の荻浜まで来たところで津波に捕まり、完全に封じ込められてしまった。前も後ろも津波で家が流されている。

信之氏はこのとき生涯忘れることができない恐怖を味わった。車を捨て山へ逃げるとき津波に追いかけられたのである。

私も追っかけられましたから。車で行って、止まっているから、なんだかなと思って、車おいていったら、荻浜のバラックが津波で荒らされているじゃないですか。それで、だめだ、大変だって、車で戻ったんですよ。来た道を。そしたら数分前に来た部落がなくなっていました。初めて、足、ガタガタ震えました。時間がずれていたら危なかった。ほんとタッチの差ですね。それで車おいて、近くに鮎川の人いっぱいいましたから。やっぱ、逃げてくるの、同じなんで。知り合いもいっぱいいましたから。

第一波ひいて波がなくなって、じゃ、鮎川にみんなで帰るかって。歩き始めて数分もしないうちに、第二波が来たんですよ。音でわかるんです。上から見ていた人が、上さあがれって、おっきい声で叫んでいる。わかるんですよ。みんな海のほう見ないで、みんなでのり面、こうやって上がりましたよ。

もう必死でしたね。本当におっかなかったですね。だって後ろ見たら、ないんですもん。そこまで来てんですもん。その第二波で全部持ってかれましたね。そういう思い、どっか心の中に残ってんですよね。まあ、直接もまれて流されたわけじゃないですから。まだいいとしても。あの場面は一生忘れないですね。

夢に見るという。今でも津波に追いかけられる夢を見て大声で目が覚める。追いかけられるという恐怖の経験は、トラウマとなって今も課長を苦しめる。

信之氏は伊藤会長の長男として鮎川に生まれている。祖父は伝説の捕鯨者で、鮎川の小型沿岸捕鯨のシンボル戸羽捕鯨の創業者の戸羽養治郎氏だ。父の稔氏は一九三七（昭和十二）年生まれで、「クジラを見て育った」世代だ。当時、同級生は五〇人近くいたが、そのうち四〇人以上が捕鯨関係に就職した。「鮎川の人はクジラ以外にはあまり目をくれない」のだった。

稔氏は学校を終えて仙台の無線専門学校へ進学した。予定より「大きな免許」が取れたので、まず川崎汽船に入社した。やがて汽船では食えないと日本水産に入社を決意し、キャッチャーで捕鯨人生を始めた。南氷洋へは都合六回出漁した経験をもつ。その後はトロール船に乗り換えた。

小型捕鯨協会の「小型捕鯨事業成績報告書（以後、「事業成績報告」と表記）」では、一九九六（平成八）年に、戸羽捕鯨は戸羽養治郎氏と伊藤稔氏の共同経営となっている。モラトリアム施行後、遠洋大型捕鯨や大型沿岸捕鯨が消え、小型沿岸捕鯨もツチクジラとゴンドウなどで必死の延命を試みていた時代、トロール船からホテル経営に転じていた稔氏は、とうとう戸羽捕鯨の家業を継ぐことにしたのだ。信之氏はそのホテルで営業マンとして働いていた。

業績不振のホテルを売却したとき、信之氏は父に誘われて戸羽捕鯨に入った。震災から一〇年ほど前のことになる。

それから初めてクジラの仕事携わらせてもらって、やはりあの商売の肌が違うんですけど、ああ、やっぱり凄いなと思いましたね。長年の伝統というか、技術というか、そういうのをみんなこう。男同士の世界ですから。まあ客商売っていうのは、女性が表に出る仕事ですから。そのなかで私、いたもんですから。

最初、なかなか中に入っていけない部分があったんですけど。ただこう、阿吽の呼吸でやってるその姿を見て、ああやっぱり凄いな。うちのおじいさんも、うちの親父も、凄いんだなって。クジラもそれをやっている人たちも、やっぱり鮎川に根付いているんだな。そこからがクジラのはじまりで。

あとで詳しく述べることになるが、二〇〇七年の秋に、株式会社鮎川捕鯨の結成が合意されている。戸羽養治郎氏はそれを見届けて安心したかのように翌年の一月に世を去った。

亡くなってから分かるというのがありまして。墓前で誓いましたし、自分は孫代表で話させてもらったんですけど。遠藤社長についていてクジラやっていくよってことで、じいちゃんの前で誓いましたから。それは絶対守んなきゃなんない、これからの自分の人生かなって。そこまで思っていなかったかもしれません。でも今回の震災でそれがもう決定的なものとなりましたね。

信之氏の思いはおそらく、過去と現在と未来がないまぜになった人間の思いだ。時間は過去から現在そして未来へとリニアに流れるわけではない。多くの出来事の意味は幾重にも重なり、新たな意味を生み出しながら、現在の人間の存在にとどまる。それが人間の時間であり歴史だ。

津波に追われて山をよじ登り、津浪がおさまった荻浜で、車のラジオから流れる恐ろしい情報に血の気が引き、ただただ祈るような思いだった。見上げると三陸の夜空に星が煌めいていた。

でおかしな話ですけど。あんときほど星空、綺麗なことはなかったですね。電気、なんもないですから。真っ暗。星が綺麗なんですよ。雪も降ってるし。あんな綺麗な星空みたことなかったすね。町なくなって、どうこうしてるなかで。いろんな経緯があったんですけど。もう自分が本当に鮎川、好きなんだなって。あらためて思いましたね。絶対、死ぬまでここ動かないって。ここに家建ててやる。どこかいこうなんて、これっぽっちも思いませんでした。

恐ろしいほど美しい星空の夜を車の中で過ごした。ラジオからはあちらこちらの浦や集落の様子が流れていた。流れてくる数（それは人の命の数）は人の想像をはるかにこえる現実の破壊的な力そのものだった。ニュースは牡鹿半島も鮎川も壊滅と伝えていた。信之氏は「壊滅ってなんだべ」と繰り返した。子どもたちが通う小学校は高台にある。二時四十六分だからまだ授業中。だから大丈夫だと言い聞かせていたが、地震で下校させた後だったとある人が言いはじめた。血の気が引いた。震える体で覚悟を決めるよう自分に納得させようとした。無理だった。

翌日、信之氏たちは車を置いて鮎川に向かって歩きはじめている。道路が寸断されているところでは山を歩いた。車なら二、三〇分の距離だが時間がかかった。途中、給分浜で、鮎川捕鯨の再建にとって象徴的で驚くべきことが起こるが、それは後述することにしよう。

ようやくたどり着いた鮎川の様子は「ことばにならない」ものだった。社屋はすべて流されていた。故郷の町も姿を消していた。

すぐもどって、会社見て唖然としましたけどね。なんもなかったんで。全部、あのとおりだから。全部なくなってるなと思ってたんで。自分の故郷も全部なくなっていましたからね。あれはもうことばにならないですね。それでまあ、うちの親父が会社のとこでうろうろしてたんで。多分、何してたのかって、私を探してたんですね。私だけが行方不明だったので。その前の晩は寝てなかったみたいですけど。

そこで私の家族も子どもも元気だからって。そこで、安否確認できて。震災の前に中古で買ったうちも(全部流されました)。ちょうど十二月に買ったんですよ。自分の実家も流されて。もう、なんもなくなっちゃいましたね。うちは湊川です。警察のまん前。ここまっすぐ行くと橋ありますよね。橋の手前、左のほうです。目の前、海でしたから。

自分たちで新しい町つくっぞ！

信之氏の奥さんも鮎川捕鯨の社員だった。凄まじい揺れの後、会長の激しいことばに促されて社員たちは高台に避難した。しかし、彼女は避難どころではなかった。一番下の男の子が保育所にいたからだ。ちょうど昼寝の時間に当たっている。すぐに車で保育所に向かったが、そこにはもう誰もいなかった。頭が真っ白になった。無我夢中で、津波に襲われる直前の鮎川の町を探し回った。まさに、信之氏が荻浜に向かっている頃だった。

最後に高台の石巻市役所支所に飛び込んだら、そこに園児たちは避難していた。奥さんは涙を流してわが子を抱き上げた。命の温かさが身体に伝わった。それから、子どもの暖かさを感じて泣きながら、自宅があっけなく津波にさらわれるのを見つめていたという。購入したばかりの希望の建物だった。

鮎川に大沢鮮魚という店があった。魚や鯨肉を扱う店だ。震災直前の地図では、湊川を挟んで鮎川捕鯨が立地する向田の東向になっている。その若き店主も、当時、子どもを保育所に預けていた。尋常ではない揺れが収まった後、彼は津波の襲来を予感した。子どもたちが危ない。すぐに保育所に駆け込み、保育士たちとともに昼寝の最中だった子どもたちを揺り起こして、支所へ避難させた。その直後、津波は保育所もすべて海へ持ち去った。

素早い機転と判断が子どもたちの命を救った。吶々と話す物静かな青年だが、断固としたこころ根を持っている。信之氏は今もこの青年を命の恩人と呼び、深い感謝を忘れない。私にも記憶がある。

調査を始めた二年目に行われたクジラ祭りの復活祭の時のことだ。鮎川捕鯨提供の鯨肉を焼きながら、出会う人ごとに私を紹介してくれた。

鮎川捕鯨きってのベテランや社員たちは津波の翌日から、向島にやってきては瓦礫をかたづけたり、道具類を拾ったり、食料とするためのクジラの缶詰を泥の中から掘り出したりしていた。すべてを流されたこの鮮魚店の青年も向島にいて、一緒に泥を掘り返していた。彼は生きるというこころを支えるために、向島の泥を掘っていたのだ。社会が流され未来が見えない時に、社長の遠藤氏はこの青年を雇った。ここではクジラ関係の仕事、「これしかない」のだ。

鮎川捕鯨は自社の存立すら危うい時期に、もうひとり、やはりすべてを流された自動車工場経営者も雇用している。厳しい時期に批判する人もないではなかったらしいが、これは社長の強い責任感であり現実認識だった。流された鮎川捕鯨は会社再建の見通しも立たないまま、被災者を雇用した。

全盛期に比べれば捕鯨で生計を立てる人の数は圧倒的に少なくなっている。数千人の従業員を吸収した全盛期に比べると、今はたかだか三、四〇人の雇用力という規模にまで落ち込んでいる。それでもすべてを流された鮎川で新たな雇用を創出できるのは、やはりすべてを流された鮎川捕鯨しかない。それは何を意味するのだろう。復興はすでに始まっていた。

心が折れてしまいそうな現実の中で人々は希望を探す。希望が見つかるかどうかより、まず、希望を探す気持ちそのものが希望なのだ。信之氏は震災後数日して、行政の指針や指導もないまま、独自の判断で動き始める人たちを何人も目撃している。

震災から三日後、次の日か、戻ってきたときには地元の土木屋さん動いてましたから。あれは町からどうこうってんじゃないですよ。道路なければ何もできないですから。自分で考えて動いたんですよ。瓦礫を横によけてやってましたよ。あのお父さんの姿とか。私の野球仲間なんですけど、うちの子どもの野球仲間の奥さんが、みんな下向いている中で、「自分たちで新しい町つくっぞ！」って。お母さんがですよ。こぶし振り上げてんですよ。そういう姿見て、やっぱ奮い立ちますよ。そういうなかでそういう仲間と一緒にいる。今の自分があるなって思いますよ。凄いな人って、思いますよ。

すべてを壊され、すべてを失った被災地には、ほんの短い間だが透明で純粋な人間の思いが満ちる瞬間がある。人との距離が極端に短くなり、人の思いに素直に入り込む、そんな瞬間がある。ヘドロのにおいが充満する乾き始めた瓦礫の中に響いた「自分たちで新しい町つくっぞ！」という声は、「荒野で呼ばわる」希望の声だった。

信之氏がこの間に、衝撃にも近い共感を覚えた人物がいる。木工職人で、三人のお子さんを津波で亡くした。信之氏の子どもたちと同じ年代だ。彼はこの三年間、なぜ助けられなかったのかという焼けつく思いで、自分を責め続けてきた。その思いは「自責の念」という月並みなものではない。こころと肉体を焼く尽くす業火だ。最愛の人を失うこと、その衝撃と悲しみの意味は、人類が何万年も見つめてきた謎であり、いくら目を凝らしても見通せない虚空だ。

この三年間は、何で助けられなかったんだって、自分を責め続ける毎日だった。でもいろんな人の思いで、「オレ、人の思いで生きてきたんですよ」って。いろんな人がかかわって励まして、その人もだんだん前向いてきて。それで、自分でNPO、ボランティア立ち上げて。それで、みんなのために、町の復興のために、頑張っていかなきゃねって、奮い立っている人、いるんですよ。

「人の思い」を糧に、生きる意味と意欲を再構築していったこの人と、信之氏はずっと連絡をとりあい、ときには直に会ってお互いの思いを吐露しあってきた。「人の思い」以外に何があるのか。三人の子どもを亡くしながら、ボランティア活動に奔走するひとりの被災者を、メディアは取り上げた。体を焼き尽くす記憶を語り続けるのを見て、信之氏は「なんで、辛い思いしてそんなテレビに出なきゃなんないのか」と尋ねたことがあった。

そしたらその人が、震災を忘れてほしくないから、……自分の子どものことをいって、みんなの前でいって、自分の子どものようにさせたくないって思いで、(テレビに)出てんだ。そういうふうに話し聞いたときに、もう何にもいえないですね。もう凄いですよ。その子どもたちが自慢する父親になって生きたいって、この前、電話来ましたけどね。ほんとに泣きましたよ、二人で。そういう偉大な人、いるんです。私の周りには。あんたみたいな人がいるって、(みんなに)いってっからねって。分かりましたって、いってました。

被災地に立つと、人が百年かけて、この半島の端の土地に、この列島に、この星に何を創ってきたのかを考えることになる。聖人でも君子でもない、普通の人生を生きた人々が、生きるために営々と造り続けてきた構築物、有り余る物語と記憶に彩られた構築物が姿を消した。衝撃の喪失感。しかし、鮎川やそのほかの被災地でも、津浪の翌日から動き始めた人たちがいた。それは雄弁な政治リーダーではない。牡鹿半島の浦で生きてきた人たちだ。記憶を糧にしてふたたび意味を生み出し、偉大な構築物を造ろうとする名もなき人たちだ。消えたものの記憶を利用して人は立ち上がる。小さく偉大な人たち。津波は人間としての誠実さを生き抜こうとする無数の人たちを生み出した。

第二章　拾う

戦後の鮎川の現代史を生きた人物がいる。一九四一（昭和十六）年生まれで、震災当時、鮎川捕鯨の陸上班のリーダーである「員長」を務めていた奥海良悦氏だ。津波の年には七十歳だった。

一九五八年にクジラの世界に入り、捕鯨船員として五〇年を過ごした。有効期限一〇年の「船員手帳」五冊と、几帳面な文字でつづられた膨大な操業ノートがその人生を物語る。彼の人生は大型遠洋捕鯨から小型沿岸捕鯨まで、そのまま鮎川の捕鯨現代史だ。そのキャリアは後で詳しく追うことにするが、まず被災前後の彼の動きを話してもらおう。

もし歩けなくなったら、山においてってもいい

三月十一日二時四十六分、奥海氏は石巻市内にいた。自分でも長年の船員生活で、危険への感性はきわめて高いと自負している。この日の尋常ではない地震の揺れで、間違いなく津波が来ると確信した。記録によれば激しい揺れは一六〇秒続いている（私が経験した阪神淡路大震災の約五倍の長さだ）。

身をすくめ、息を凝らして、無言で激しい揺れに運命を任せる時間は、三〇秒でも長い。一六〇秒は人間が耐えられる長さではない。多くの被災者がおそらく、いつもは他人ごとのように、遠い未来と考えていた「最後の日」が、「今日」だったと思ったはずだ。奥海氏のいた建物の大きな天井もま

さに落ちんばかりに揺れた。

奥海氏には一九六〇年五月二十四日のチリ津波の記憶もあった。大型沿岸捕鯨業に着手したばかりの新興会社「日本捕鯨」に入社した直後で、朝、目が覚めると防波堤も赤灯台も流されていた。会社の施設や用具も流出した。エンジン無しの船で道具を集めて回った。支倉常長がスペインに向け船出したという月浦で泥掻の手伝いも経験した。チリ津波は一万数千キロ離れたチリで三日前に発生したマグニチュード九・〇の地震の惹き起こした津波だ。午前四時ころ、ほとんど何の事前情報もないまま、まったく揺れもなく、突然、異常な引き潮が起こり、海底がむき出しになった。そのあと海が流れ込んできたという。

さて、一六〇秒の揺れが収まるか収まらないかのうちに車に飛び乗り、奥海氏はすでに電気を喪失して信号が機能しない町を走った。渡波から風越トンネルまでくると倒木が目に飛び込んできた。破壊された道路にハンドルを取られながら、やっとのことでたどり着いた桃浦と荻浜の中間地点で、動けなくなった。道路は瓦礫で通行不能となり、車を断念せざるを得なくなったのだ。そこには鮎川に戻る人たちがかなりいた。行き場を失った人々の中には、瓦礫の中を鮎川まで歩こうと言い出す人もいた。

荻浜には役場の支所が高台にあった。すでにそこに避難した人から、大津波がきたという知らせが入り、急いで奥海氏も支所の裏山に向けて避難した。そこから荻浜の集落や漁業施設など、あらゆるものが流されるのを見ていた。高台の学校へ一時的に避難しようという声が上がったが、それでも若い連中の中には、歩いてでも鮎川へ戻ることにこだわるものもいた。

高台に学校あるんですよ。みな、学校さ避難しようっていったんだよな。ところが顔なじみでもないんだけど、若い連中が帰るって言うんだよな。鮎川に山越えして。それに雪降ってきてんのにさ。オレもこういう性格だから、自分の齢考えないで、オレとこも連れてってくれろっていってさ。その若い連中に、オレとこ、もし歩けなくなったら、山においてってもいい。コートと懐中電灯とライターともって、山さ下りたら、置かれたら、置かれたでいいな。

お陰でこの若い連中、手を引っ張ってくれたり。こんな坂上がって、あとコバルトラインさ下りて、ほんでも倒れなくってさ。歩《ある》ったんだね。あの山までずっと。そしてコバルトライン、歩ってたら、車が来て、道路の真ん中さ立ってるから、車、停めてさ。乗せてもらって。

こういうときは昔の悪《ワル》になっちゃう。裏のほうの漁村に下がれなくて、道路がなくなって、行ったり来たりしてたんだ。行けるとこまで乗せてってくれ。鮎川の近くまで乗せてってもらったの。だから夜の九時だか十時に帰ってきた。町に入ったら、もう歩けないっちゃ。山のところにずっと、むかしけもの道あったんですよ。上のほうにあるんですよ。小さいとき歩ってたから。

若いころ捕鯨で鍛えた強靭な体力で、荻浜から鮎川まで通れる県道や山道を歩いた。町に入るとすでに市中は歩くことはできず、子どものころに歩いたけもの道を這うように進んだ。鮎川の町を見下ろす高台の自宅にたどり着いたころには夜も更けていた。

奥海氏は二〇〇二（平成十四）年十二月三十一日に、株式会社共同船舶を退職。悠々自適を夢見てこの自宅を新築した。竣工は二〇〇三年二月二十八日。地震から一〇時間かけて築八年の自宅にようやくたどり着いた。今度の地震でも自宅は無事だった。

玄関横の倉庫の床にカーペットを敷き、石油ストーブに火をつけ、冷蔵庫から食物を出して口に入れた。驚くべき記憶力の持ち主の奥海氏だが、前章で触れたように、次の日の朝のことはよく覚えていないという。自宅は助かったが、故郷の町がない。鮎川がない。不思議な衝撃が体を貫いた。しかし、まず何といっても気がかりは鮎川捕鯨だった。

共同船舶を辞めたとき、いったんは捕鯨を離れるつもりでいた。当時、小型捕鯨はモラトリアム以降の漁業政策の犠牲となり、経営不振が続いていた。従業員も高齢化が進み、技術の承継もままならない状況だった。そのとき奥海氏は、伝説の戸羽養治郎が立ち上げた小型沿岸捕鯨のシンボル「戸羽捕鯨」に誘われた。当時はすでに伊藤稔氏が社長を務めていたが、稔氏からは当時いた員長の退職を受け、新しい員長として迎えたいという依頼があった。考えたが、捕鯨を選んだ少年時代と同じように、ある意味で決意したのだ。だから稔氏には強い縁を感じている。実は、荻浜で徒歩帰宅を選んだとき、学校に避難する人の中に伊藤信之氏がいたのを見かけている。まずは何よりも稔氏に、息子の信之氏は無事だと伝えたかった。

クジラ、やめませんから

津波の直後、ニューヨーク・タイムズの記者が鮎川に入っている。地震直後を報じる記事では、津波で洗われた泥の中からクジラ缶を掘り出し、大切そうに撫でている人の写真が大写しになっていた。見出しは、「日本の町が捕鯨なしの未来を考えている」。奥海氏はその記者のインタビューを受けている。

数日後に、何日かたってから、外国の記者が取材にきたんだよな。早い時期にね。クジラやれんのか、やれないのかって。やれない方向に話すのさ、この連中は。ニューヨーク・タイムズね。記者は日本語、話してきた。必ず復興させるっと。ただ老人と子どもを助けてください。クジラ、やめませんから。老人とこどもを助けてください。世界にアピールしてくださいっていったもの。フランスの人も来たったな。その記者も来たし。この外人の連中も来たんだよな。

この記者は原発事故後の福島の報道で、ピューリッツァー賞候補になったこともある辣腕だ。東アジア専門のジャーナリストで、記事は被災直後の鮎川を淡々と伝えている良質のものだ。記事では、確かに津波は捕鯨を壊滅に追い込んだように見える、それは長年の国際的反捕鯨運動もなしえなかったことだ、と報告を始めている。

しかし一方で、捕鯨が町の魂であり、捕鯨なしの鮎川はないこと、町の運命は捕鯨と分ち難く結びついていることなど、記者の直感は鮎川における捕鯨の意味を理解していた。何人かの住民の、捕鯨は終わったという意見を紹介しながらも、伊藤稔氏の「船さえ救出できれば、捕鯨が再開できる」という決意も取り上げている（New York Times：24th March 2011）。被災から一〇日後のことだ。当時保有の三隻の捕鯨船は津波の被害を受けていたが、このとき稔氏はすでに、うち二隻は復帰させられるかもしれないと、考えていたはずだ。

すべてを亡くした鮎川の瓦礫の中で問われていたのは、「捕鯨をやるか、やめるか」ではない。見出しにあるように「捕鯨なしの未来を考える」ことでもない。少なくとも奥海氏にとっては、それが課題だったわけではない。奥海氏や伊藤稔氏にとって、「捕鯨をどうやって再開するのか」が問題だったのであり、捕鯨なしの鮎川はあり得なかった。

五年間の調査で感じたのは、鮎川捕鯨の関係者にとって捕鯨にまつわる実践が、こころと身体をつくっているというごく当たり前の事実だ（Ingold 2018）。奥海氏は捕鯨の町に生を享け、クジラ会社で人生をスタートさせ、クジラを介して人間関係をつくり、自らの生き方を調整し、自分自身を変えながら、捕鯨船の解剖甲板や沿岸の事業所で、人生を作り上げてきた。捕鯨は彼にとって仕事には違いない。しかしそれは、自分のどこか外にあって、彼を待ち受けているもの、時間と給与に換算できるものにとどまってはいない。奥海氏にとってクジラの仕事は、そのまま「生きる」ことであり、生きるための業、すなわち生業なのだ。もっといえば、生きることと日々の業は同じことなのだ。この世界にあることが仕事と過不足なく一体化し、環境を造り出している。詩人の長田弘氏がいう「人生という仕事」だ（長田 一九九三）。

生業は彼と環境の交流の中で生まれ、ともに成長し、それが新たな自分と環境を造り出す。日々刻々奥海氏は成長し、また、ときには後退しながら、それが人格と呼ぶものや、生きるのに必要なセルフ・エスティーム（誇り）を生み出した。生業は彼の人生に埋め込まれたエピソードではない。彼の人生（生きること）が生業の中に埋め込まれている。あるいは不可分な全体を造り出している。だから、やめるという選択肢はない。生業（livelihood）は世界（lifeworld）そのものなのだ。

砂の中から拾い集める

課長の信之氏を荻浜で見かけたこと、小学校へ避難したはずだから大丈夫だと稔氏に伝えたあと、奥海氏は鮎川捕鯨があった向田で、孤独な戦いを始めている。彼は次の日から毎日向田に来て、泥や瓦礫に埋もれた道具を探し始めた。そして、比喩ではなく、実際に、鮎川の捕鯨が泥の中から姿を現してきたのだ。津波の後しばらくはほかの社員たちも合流して、敷地から捕鯨用具を拾った。鮎川の捕鯨は泥や砂の中から掘り起こされた。

震災から一〇日ほどたったころ、当時の小型捕鯨協会会長の下道吉一氏が鮎川を訪ねている。網走で捕鯨会社下道水産を経営する下道氏は、航空便を乗り継いで網走から山形空港へ入った。下道氏は誰よりも鮎川のことを分かっているし、心配もしていた。必要なら、世界中どこへでも、気軽にふらりと出かけるような一本気な人だ。ただ、これは物見遊山ではない。モラトリアム以降、命運をかけて戦ってきた仲間なのだ。今回は彼の奥さんも一緒だ。ちなみに彼女は韓国蔚山の出身で、韓国捕鯨とも強い繋がりがある。この日は小型捕鯨協会事務局の木村親生氏も同道した。三人は空港でタクシーを雇い、震災で荒れた道路をたどった。何とか鮎川に到着したとき、目の前には想像を絶する光景が広がっていた。町がないのだ。

呆然とする下道氏の目に一人の姿が映った。その姿は今も下道氏の眼の裏に焼き付いている。鮎川捕鯨があった向田の敷地で、地面を見つめたまま行ったり来たりする奥海氏だ。すべてがなくなった三陸の大地を見つめ、行き来するひとりの人間。下道氏はその異様な姿に胸が熱くなるような「執念を感じた」と述懐する。早春、三月のことだ。荒れ地を往き来し、ヘドロがこびりついた大地から捕鯨道具を探す奥海氏は、下道氏には三陸の「修羅」と映った。

捕鯨用具はもちろんだが、鮎川の人々は津波のあと、いろいろなものを拾って歩いた。泥を被った各種の缶詰は避難所での食料となった。代々クジラの骨を材料に印章を彫ってきた職人は、店があった更地で、クジラの骨を見つけて商売の継続に希望をつないだ。奥海氏が探しまわったのは、長年なじんだ捕鯨用具、彼の捕鯨人生を造り上げた部品や破片、あるいは修復を待つ人生の断片だったが、これは鮎川捕鯨の復興にとってきわめて象徴的な行為だった。

彼にとって捕鯨は、潮と波に消されていく「砂の表情」（フーコー 一九七四）などではない。捕鯨は現実の、そして唯一の実在世界なのだ。それはすべてを流した津波のあとも残り、砂や泥や瓦礫の下に「埋もれている」なにか、百年前に東洋漁業株式会社が買い取った土地のなかに埋もれ、そして見出されるなにかだ。

絶対復興させる。だから毎日、オレ、このクジラの道具を探した。解剖用具ね。いろいろあんのさ。それ特製だから、どこにも売ってるものじゃないから、長年積み重ねてきた道具、いっぱいあんのさ。だから今鮎川捕鯨にある道具の九五％はオレが拾ったんだ。瓦礫のなかから。砂のなかにうもれたやつ。それを探すのに、毎日、鮎川捕鯨のところさ行って、探したよ。全部。ワイヤーでもなんでも。解剖用具の九五％はオレが拾った。みんなそこまで眼がいかないでしょう。私の場合、家あったし、一人だから。私の場合、ここにブロックでクド（簡易かまど）つくって、なべでお湯沸かして、シャワーかぶって、風呂で。被災した人から見たら、贅沢。食い物はいっぱいあるし。クドで毎日クジラ汁作って。南氷洋の生活や戦前のひもじい生活でしょう。なんでも対応できる。探した道具は全部家さもって来て、鮎川捕鯨のテッポウ（砲手）さんの資材置き場あったんですよ。そこ持ってったり。……道具、錆びたのがどうのこうのじゃないのさ。あとから遠藤社長にいって、ブロックとか全部もってって整備させたの。オレは釧路にいってるし。釧路では下道さんところの道具を使う。鮎川から持っていく必要ない。

奥海氏の捕鯨用具へのこだわりと愛着は並々ならぬものがある。鮎川の自宅横の物置には、彼が使う包丁などの用具が綺麗に手入れされ整然と並んでいた。すべて長い経験と思いが染みついた用具だ。インタビューの中で彼は一つひとつを手に取りながら、それぞれの用具の長い物語を語ってくれた。このことはまた後で述べよう。

2　瓦礫の鮎川。2011 年 4 月 16 日。撮影：大澤泰紀

彼のナラティブは穏やかに、そして緩やかな抑揚を見せながら、辿ってきた厳しい人生を描いていく。語りながら生業の世界が生まれてくるプロセスを再現して見せてくれる。五〇年の捕鯨人生を語りながら、五〇年をもう一度生きなおし、自らの存在を浮き立たせてくれる。インタビューの中で、ひとの人生がどのようにつくられるのか、あるいはひとがどのようにこの世界に「ある」のかを垣間見る思いだった。

ここでマルクス主義人類学のモーリス・ゴドリエや社会人類学者ピエール・ブルデュー、ティム・インゴルド、あるいは哲学のハイデガーやマルクス・ガブリエルなど、存在と世界を考え続けてきた人たちを参照してもいいのかもしれない。牡鹿半島という世界の片隅で、クジラをはじめ様々な魚介類や海藻を採って加工し生計を立ててきた人々の多くは、生計を立てる業（生業）を習い覚えながら環境との関係を創り上げ、自分というものと生きる世界を生み出してきた。それが牡鹿半島に、三陸に「ある」ということなのだ。津波で流されたのは、家や建物、コンテナや、冷蔵庫や、車や、ぬいぐるみや冬物のセーターだけではない。こんな人たちの生活世界と存在が流されたのである。

オレが泣いてやんで

地震の日の夜、津浪に荒れ狂う海での命がけの格闘を淡々と語ってくれた平塚航也氏にもう一度登場してもらおう。鮎川捕鯨のボートを逃がすために沖に出て、危うく遭難を免れ、九死に一生を得た青年だ。

彼は女川生まれで女川高校出身。女川の清水三区に実家がある。女川高校出身者は鮎川捕鯨では大きな人流だ。インタビュー当時の二〇一四年には二十三歳になっていた。こわもての若者だが、率直で誠実、こころ根はとてつもなく優しい。自称だが、高校時代はそうとうな「ワル」で、先生にはしょっちゅう叱られていた。その先生は情け容赦なく、蹴りやパンチを入れてきた。いつもジャージを着ている華奢で小柄な女性だったという。

先生はここ（鮎川捕鯨を）知ってたみたいです。先生が書類を書いてくれて、そのまま伊藤会長と面接して。で、その日合格通知送っとくからって言われて。先生が「航也、どうだったの」「今日合格通知来るそうです」っていったら爆笑してました。オレが入ったときが初めての新入社員だった。

面接はちょっと怖かったんで。会長、二時間くらい捕鯨の話をして。面接らしい面接はしなかったんで。「捕鯨ってなんだか知ってるかい？」「いや知らない」っていうと二時間くらい捕鯨の話をしてくれたんです。捕鯨の歴史ですね。

面接では、家族構成とか、学校で、授業でどんなことを学んできたのかってことを聞かれるって先生に言われてたんで。学校で本つかって、先生と面接の練習して。七時くらいまでやったんですかね。入室するときと、出方をすげぇビシビシやられて。入ってといわれるまで入ったらだめなんですからね。ビシビシ言われて。

先生は彼の卒業と同時に、「仙台だかどっか」へ転勤した。「教頭になる学校だか、大学だかに行って、えらい先生になる」のだという。彼は、恩師たちの思い出を話す。別の先生から勧められたウェイトリフティングで優勝したこと、ウェアが「パッツン、パッツン」で恥ずかしかったこと、バイク通学や友人との高校生活。彼はたばこをくゆらせながら、思い出を慈しむように語る。美しかった女川。懐かしい町の風景や人々、「バカばかりやっていた」仲間たち。自由だった高校時代。ほとんどの人が顔見知りのコミュニティなのだ。

はじめはすげぇ景色よかったんすよ。女川も。コンビニ、あって。中学生になって駅にたむろして。自由だった。足湯につかってました。「ゆぽっぽ」ってとこに、足湯があったんで。（震災後）こんな町になりますって、絵があるんですけど。みんな「うーん」って。女川行けば看板、立ってるんです。近代的すぎるっていうか、ビルがいっぱいあってつぅか。なんでそこまで高いものを作るのかなって。

女川は車で一時間ほどの距離にある。航也氏は震災後、辛うじて通じていた半島内陸部を貫くコバルトラインで、女川まで戻っている。被災直後の女川は足の踏み場もない状態だったが、まず病院で捜索者名簿に母の名前を記入した。女川清水三区の自宅に母親がいなかったのだ。避難所をあちこち駆け回り、必死で母親を探したが、どこにも見つからない。当時、父は船の仕事で東京暮らし。姉も東京で就職し、普段は母親と二人きりだった。実は、母親は東京の父と姉のところに行っていたのだが、そのことはすっかり忘れていた。結局、母親は震災後二週間ほどたって石巻経由で女川へ戻ってきた。

豪胆に見える航也氏だが、震災と津波の衝撃はこころに大きな負担をかけた。地震後は全く眠れない日がつづいたという。しばらくは「外房捕鯨」の鮎川工場勤務の先輩の車で避難生活をしたが、それでも眠れない。ばらばらになっていた同級生たちも震災で女川に戻ってきていた。今度は彼らと一緒に中学校で寝たが、やはり眠れなかった。そのとき「外房」に勤めている先輩の、行方不明だった母親の遺体が見つかった。

おふくろだけ探すべって。最初に、先輩のおふくろさん、見つけちまったんです。亡くなってました。長栄水産ってとこで。その中はいって、だれか持ってきてくれたんですね、先輩のお母さん。とにかく運ぶべって。あんときはきつかったですね。あれはもう味わいたくないっすね。先輩の母ちゃん、ガキの頃から世話してくれたんで。目の前で身内亡くなって、先輩、泣かないで、オレが泣いてやんで。

ずっと世話してくれた懐かしい人の遺体を泣きながら運んだ。優しかったその人の思い出と、遺体の重みが手に残った。航也氏はそれから何人もの遺体を泥の中から掘り出している。遺体は毛布で丁寧にくるんであげた。それが精いっぱいだった。みんな女川の人だ。どこで見つけたのか、そして男か女かを紙に記して毛布に結び付けておくのだという。

最初、総合運動場で寝泊まりしてたんで。結構同級生とか集まってきて。なんだかんだと食料なんかさがしているとき、結構出てくるんですよ。そのまま置いといてもダメだなって。掘ってみるべって。親戚かもしれないしって。顔とかわかんなかったですけど、親戚かもしんねぇって。掘ってみっぺって。とにかく女川の人だべってことになったから、とにかく出すだけ出そうって。でもみんなよくやったと思うすよ。後輩なんか。結構バカやってきた仲間だったんで。

「バカやってきた仲間」がみんな、血相を変えて泥を掘った。彼らが探りあてたのはすべて女川という町を生きた人々の人生と歴史だ。喜びも悲しみも、優しさも怒りも、嘘も誠も、正直も偽善も、すべてまとった本物の人間たち。美しい女川で人生を紡いできた人々。恐怖の中で息絶えた泥まみれの顔をみて、航也氏は涙を流した。

甘くなってる。たるんでる

震災直後、地元とＮＰＯ法人の連携で仮設商店街「おしかのれん街」が立ち上がっている。二〇一一年十一月のことだ。鮎川浜で商売を続けてきた小規模店が、最大で一六店舗入居し、被災後の鮎川での商売を維持してきた。のれん街はその後、二〇二〇年三月に、再建されたホエールランドおしかに完全移転している。その中に、クジラの骨と歯を材料にした工芸品を制作販売する「千々松商店」がある。当主の千々松正行氏はインタビュー当時六十二歳。印章を専門とする彫士だ。

百年の捕鯨の歴史は、クジラのあらゆる部位を利用し、経済価値を生み出す商売人や職人を吸収してきた。千々松家はもと佐賀県唐津の出だ。唐津半島の北端には、江戸期の捕鯨基地で鯨組が活動した呼子がある。「中尾様には及びもせぬが、せめてなりたや殿様に」と謡われた巨大鯨組「中尾組」の土地だ。クジラには縁がある。クジラの歯や骨を材料に細工物を始めた祖父伊三郎はやがて鮎川へ渡ってきた。鮎川では豊富なクジラの骨と歯でさまざまな彫り物を作って販売した。正行氏はその三代目だ。

親父はこの仕事をずっとやってきた。親父が二代目で、私が三代目。初代が伊三郎というんですけど。出身が唐津なんです。小学校時代から親父はやってんじゃないのかな。親父は、最初、おじいちゃんに認めてもらうまで大変だったみたい。唐津ではクジラとそれ以外のものもやってた。だからこっち来て専門にやりだしたころは、たばこ吸うためのパイプだとか、判子もそうだけど、ステッキとかそういうものを作ってた。ステッキというのは結果的にクジラの骨を使ってるんですよ。歯じゃムリなんで。親父もステッキ作ってんのを覚えているけど。オレは作ったことないから。

父親は実直な職人で、苦労して彫りを身につけていった。ただ、先代には認めてもらえない時代が長く続いたという。苦労して技を身につけ家業の重みと喜びを感じ始めたころ、家業継続のため、機会があればクジラの骨や歯を買い求めるようになった。「だから貧乏した」と正行氏は笑う。金に糸目はつけなかった。捕鯨会社は時々、倉庫に保管している骨や歯を売りに出す。そんな時、父親は借金をしてでも買い求めた。「材料がなければ何もできない」が口癖だった。正行氏は、インタビュー当時八十八歳となっていたそんな父への感謝を忘れない。

材料は鮎川の捕鯨会社、特にマルハが多いと思いますよ。マルハでも極洋でもどこでも、日本捕鯨でもどこでもそうだけど、日東なんかもそうだけど。とにかく歯を販売するというときには、どっからでも買ってた。女川にある日水なんかからも。会社のほうでは歯は歯でとってあるから、それを販売するかたちです。

むかし歯を買うにしても、大、中、小って分け方があったけど、キロで買ってるから。われわれ、こういう風に（歯の組織が）詰まってるのほしいって言ったって、歯を見て買うということできなかったから。詰まってるのは、判子作る材料です。親父たちにしてみれば、中身見て買いたかったと思うんだけど。

詰まってるのがいいのかというと、一概に言えない。作るものにもよる。ただ、詰まってる歯というのが全体に少ないんです。マッコウをとって、その歯を調べるかぎり、この詰まってるのはごくわずかちゅうのかな。だから価値ずいぶんあったと思います。判子というのが実用品だったでしょう。ちょっと高価だけど。むかしみたいに歯がいっぱい入る頃つうのは、うちあたり、親父もそうだけど、判子、主力にして売ってるから。だから使ってる歯というのは凄い貴重ですね。これは本来の色です。私ら乳白色っていうんだけど。これが使ってると、朱色になる。これは地元の人の判子だけど。震災でちょっと欠けたんです。

一口にクジラの歯や骨といってもさまざまだ。種類によっても違ってくるし、おそらく個体差も大きい。職人の正行氏はクジラの骨や歯の材質について詳細を語ってくれた。それは彼の世界を織り上げている経糸《たていと》と緯糸《よこいと》であり、彼が生み出す世界の原材料なのだ。このインタビューの後、正行氏に制作してもらった認印はマッコウクジラの歯製で、見事な琥珀色をしている。それが数年で朱が徐々に上がってきた。今は印章の二センチばかりを美しい朱色が染めている。

震災前は、父親が一階で、印章が彫れる正行氏は二階で仕事をした。お互い、ほとんど喋らない生活だった。津波の中、九死に一生を得た父親は、今は引退して体力も落ちた。地元では有名だった父親をモデルに、「親子鷹」の番組を作りたいとテレビ局から申し出があった時、「親父がこんな状態なのでだめなんだ」と断ったことがある。今も印章を彫り、細工物を作ることができるのは、父親が買い求めた骨や歯のおかげだから、父が衰えたのは「ショックだった」。テレビには出したくなかったのだ。

正行氏は大学を終え、家業を継ぐ決心をしたとき、父親ができなかった印章の彫士を目指すことにした。以前、父親の時代には印章の注文がはいると、山梨の彫士に仕事を出していた。その彫士が川崎の武蔵小杉に店をだしたのをきっかけに、弟子入りした。月給三万円。土日には、鶴見の印章彫を教える訓練学校へも通った。三年間の修業で二級の免許を取って帰郷し、父親と店を張った。

武蔵小杉の師匠は五分で印章を彫ることを売り物にし、中原区役所前の店には「五分で三文判彫ります」の看板が掲げてあった。「日本でも数えたら一人いるかいないかの技術」で、客からいただいた苗字を、一センチくらいの判面に逆さ字で書いて彫る。本当に五分で見事に仕上げる。小さな判面にすべての神経を注ぎ、手業を凝縮させて生み出すのが、「三文判」だ。安く、早く仕上げる印章。でもそれは実は、彫師の技術の結晶なのである。

師匠が留守のとき客が来ることもあった。師匠に代わって彫るのだが、八分が限界だったという。正行氏は今も師匠への尊敬の念を忘れない。

師匠にはかなわない。今は、逆に遅い。震災のあと完全に遅くなってる。齢も関係してるのかもしれないけど。たとえば、クジラの歯、一本頼まれるでしょう。三、四時間あれば。クジラの歯は本当は彫りにくいんです。大変なんですよ。三時間、四時間、それくらいで彫った記憶あるから。昨日初めて一本仕上げた。朝からやって出来たのが六時十五分。十時ころからやってるから八時間。遅くなった。

職人世界は集中力だから、何にもないところでやりたい。そういう習慣でやってたから。自分でがっかりしている。何でこんなに時間かかるんだ。甘くなってる。たるんでる。今なんだかんだいって、六十二だけど。五十前後あたりはいい仕事してたと思う。ここに来て老眼、老眼鏡使うようになってからだめになった。二時間、三時間使ってると、目が疲れてくる。それが一番の遅い原因かな。眼鏡はひとつ弱め、ひとつ強めと、ふたつ用意してやってる。今はその繰り返しで。

クジラ景気で沸き立つときも、商業捕鯨が後退して大型捕鯨が撤退を続けた時期も、一九八八年のモラトリアム以降、小型沿岸捕鯨だけがツチを主力として命脈をつないでいた時代も、父が集めたクジラの骨や歯で家業を続けることができた。正行氏は父親とともにクジラの骨や歯と向き合い、息を凝らして判面に集中する職人の時間を生きてきた。そうして自らの人生や家族の世界を、この環境に彫り込んできた。小さな判面に大きな世界を刻み込んできたのだ。

お前、この歯で頑張れ。そういわれたような気がして

震災前、千々松商店は鮎川の中心部、鮎川漁港に面した鮎川浜丁にあった。二〇一一年の住宅地図を見ると、おしかのれん街で最後まで営業した中華「上海楼」と同じ町内にある。一帯は津波ですべてを流され、何も残らなかった。震災当日やその後の日々について、正行氏の記憶も定かではない。覚えているのは次の日から自宅の店と工場があった敷地に立って、泥の中からクジラの骨や歯を掘り出し始めたことだけだ。

ヘドロの匂いを嗅ぎながら、なかば夢遊病のように泥を起こした。今まで小さなモノに神経を集中し、彫刀で小さな文字を刻みながら人生を作り上げてきた。その生涯がすべて流れた。店があった場所に立っても、どのような意欲が湧くというのか。しかし、その時だ。ヘドロの中からなじみ深いものが「顔をだしてんのよ」。思いもかけないことが起こった。それは泥の中に埋もれていた。

私はその当時何を考えたか思い出せないんだよ。ボーっとしたようなもんだよね。どうやったらいいか、将来のこと。（当時の写真を見ながら）ただ家の跡地に、そっち側のとこなんだけど。これが、家があって、工場があった。工場中心に写しているから。……そうそう、この前にあった。それで、その周辺。

ちょうどオレが震災の次の日からか、親父とか家族で材料を拾い集めた。土の中さ埋まってた。もう点々と。凄かったもん。ただほら、どういうかたちであれ材料が助かったでしょう。マスコミの取材によく言ったけど、神様のお告げじゃないけど、お前、この歯で頑張れ。そういわれたような気がして。

馴染みの「顔」を掘り起すと、続いて一〇本、二〇本と骨や歯がでてきた。やがて夢中になって骨や歯を掘り出し、乾き始めたヘドロの上に並べた。歯は二〇キロ、三〇キロとまとめて南京袋へ詰めて保管していた。歯はもともと重いうえ、水を吸収しやすい性質もある。そのために流れずに済んだのかもしれない。

ほんとうに、あの当時はあまり振り返りたくないけど。それでやっと仕事やる気が出た。その歯を見たときね。

千々松商店と鮎川捕鯨の距離は数百メートルだ。そして同じころ、向島の鮎川捕鯨では奥海氏が捕鯨道具を拾っていた。

そのときです。人間不信に陥ったのは

「生きる意欲」を掘り起した正行氏だが、この敷地の中でつらい経験もしている。この本でその出来事を取り上げるかどうか、ずいぶん悩んだ。私は五年間で鮎川の人々の真情に触れ、その人間性とひたむきさに感動し敬意を抱いている。しかし、どこかで被災地で生きる人々を、特別な人々とみなしていなかっただろうか。彼らを「被災地に生きる聖人」というナイーブな型に押し込めていなかっただろうか。被災地にいるのは、「聖人」、「鉄人」あるいは「善人」でなければならないのか。あるいは「われわれ」には無い経験と知恵を有する「賢人」、「異人」、「超人」でなければならないのか。人間を等身大で理解するとは一体どういうことなのか。正行氏はその経験を語りはじめた。

ただ、そのときです。人間不信に陥ったのは。何でかって言うと、家、全部やられてるでしょう。そうするとしまう場所がない。材料、一箇所に集めるしかない。次の日も、次の日も、拾いに行くでしょう。次の日、朝行くと、オレがこう置いたとこが、かたちが変わってんだよ。それでがっかりして。こんな、鮎川にこんな人がいるのか。だからね、そのとき人間が信じられなくなった。ただオレだけじゃなかったんで、そういうふうにやられてたのは。今でもこころの片隅に、どっかそういうのありますよ。信じてた人が、そういうことやってたから。それを見たもんで。えーと思ってしまってね。

これだけではない。敷地にコンクリートで固定されていた万力を盗まれたことさえあったという。「人間不信」ということばで、正行氏はこれらの出来事を語ってくれた。親しく、心許せると思っていた人が見せる人間の闇は、確かに私たちを不安にし、恐怖すら覚えさせる。しかし、この闇は一体何なのだろうか。

序章で紹介したように、ティム・インゴルドは人類学の第一原則として「他者を真剣に受け取る」

を挙げている（Ingold 2018）。彼によれば人類学とは、人間存在について現地で共に学ぶ哲学であるという。従来の人類学では、現地で語られたことが資料や情報となり、それを基盤として理論や構造が抽出される。世界には構造や理論があり、人間はいわばその巨大なオーケストレーションのなかで音を出す楽器というわけだ。

若いころは、知の巨人たちが見出したこうした「理論」や「構造」に大きな衝撃を受けたものだし、人間理解が深まったことも確かだ。理解できなかったことが、霧が晴れたように「わかった」と実感したこともあった。夢中になって読み続けたレヴィ＝ストロースの研究書と人類学に対する痛烈な反省を語った『悲しき熱帯』、目もくらむような牛の世界を描いて見せたエヴァンズ・プリチャード、壮大なドゴンの宇宙をビッグバンのように語ったマルセル・グリオール、クリフォード・ギアツ、モーリス・ゴドリエ。今もその知見や業績には深い敬意を抱いているし、出会った時の感動も消えてはいない。ただ、しかし、人間が、たとえば楽器に過ぎないのであれば、人間の人生や生活世界、存在は消えてしまうのか。鮎川の人々の生活世界の事実はどうなるのか。それは幻想なのか。

インゴルドが取り組む人類学は、人間の存在を世界へ開いていく協働の作業であり、構造主義とは逆の方向を向いているように思えた。たとえば、ことばが共同体の中で学ばれて伝えられ、ことばを得て成長した人間が共同体の中でことばを発する。そのことばは共同体のことばでありながら、共同体が初めて聞くことばでもある。こうして共同体から受け継いだことばが共同体を新しく生まれ変わらせる。ことばで世界は成長し、人間は世界に開かれていく。

鮎川のクジラに関わる人々とのインタビューで、善と悪、優と良、上と下などの枠を越えて、人間存在あるいは生きる世界を考え続けた。やがて語ることになるが、緊密な労働共同体を形成する捕鯨会社の中でも、被災後の極限的な環境の中で、実は、裏切りや背反行為とも呼べることが発生した。むしろ緊密であればこそ、そうした行為の背徳性が増幅されたのかもしれない。

これも後に述べるが、急逝した社長に替わり、鮎川捕鯨二代目の社長に就任した伊藤信之氏は、「人間、こんなことまでするのかな」と述懐したことがある。あえてその事情を詳しくは尋ねなかった。それは、信之氏や鮎川に失礼だと感じたからだ。津波に流された敷地のヘドロから、彫師の正行氏は生きていく意欲や希望と、人間や故郷への苦い思いを掘り出した。世界を理解するとはそういうことなのだ。これ以上は正行氏にも尋ねなかった。

正と邪は限りなく連続し、曖昧な中間領域が広がっているのだろう。人間はその中で選択する。大きな区別があるわけではない。人間的判断の、ほんのかすかな違い。人を価値づけするわけではないが、同じ環境の中で小さな責任を全うする人がいることも、この震災は示してくれた。そこには深い謎があるのだ。信之氏や正行氏はその淵を見せてくれた。極限環境の中で、社会的な責任を全うし、基本的な正邪の選択をする能力。すべての人間に備わる能力だが、ギッタ・セレニーが追求し続けたように、その起源は謎に包まれている（セレニー 二〇〇五）。

正行氏は高台の市役所牡鹿総合支所に三か月間ほど避難していた。五月ころからはようやく仕事を考える気力が出てきたという。被災者には様々な手続きや罹災証明に印鑑がいる。支所にいると、しきりに声がかかるようになった。連休の五月二日になり、神奈川の登戸から兄弟子が彫りの道具や材料を手に尋ねて来てくれた。ちょうど鮎川捕鯨が釧路へ到着し、船なしの捕鯨を始めようとしていたころだ。

早く仕事をしてあげたいという思いで、支所内をあちこち探してみたら、三階に格好の小スペースがあった。支所長に掛け合うまでもなかった。彼は地元のために二つ返事で了承してくれ、正行氏はそこで判子を彫り始めた。「おしかのれん街」の店に移ったのは、それから半年後の十一月だった。小さな判面に全神経を集中させ、人の人生と鮎川の未来を彫り込んでいく日々が始まった。

第三章　ふるさとの港

三月十一日は鮎川の人々にとって経験したことがない長い一日だった。多くの人たちが眠れない真っ暗な夜を過ごした。地震発生から数時間で、一四〇〇人の人々が暮らしていた町がそっくりそのまま姿を消した。町とともに世を去った人もいた。壊滅。人々の生活世界を造りあげていたあらゆるものが、黒い海とともに太平洋へ消えた。

鮎川捕鯨も緑の捕鯨砲と工場の鉄骨だけを残して、消えた。長く続いた反捕鯨の国際世論、混乱する日本政府の捕鯨政策、モラトリアム、環境保護を標榜する圧力団体、人々のクジラ離れ。あらゆる困難を何とかしのいできた小型捕鯨だった。

生き延びるために誇りを胸に押し込めて、屈辱に耐えたこともあった。そして何とか生き延びてきた。しかし、今回はだめかもしれない。社員たちはそれぞれそう思った。伊藤会長と遠藤社長も捕鯨会社解散を考えざるを得なかった。会長は被災後早々と、社員に解雇を口にした。しかし、地震の翌日、奇跡が起こった。ここではその話から始めよう。

（第28）大勝丸は安全ですよ。大きいし

前述のように震災当時、鮎川捕鯨は三隻の捕鯨船を保有していた。老朽船の第75幸栄丸。この船は

震災で北上川河川敷に打ち上げられて横転し、やがて廃船となった。二隻目は外房捕鯨株式会社から購入した第31純友丸で、現在の第8幸栄丸。アルミの快速船だ。震災の時には新しい船名を書き込むところだった。そして最後の三隻目が古い鉄製の第28大勝丸だ。会長の伊藤稔氏は、「28大勝も8幸栄も、私と同じポンコツ」と笑う。鮎川捕鯨では船での活動は会長、肉の調製と営業販売は社長と、仕事を分担している。船担当の稔氏にとって船はこども同然だ。

稔氏が経営していた戸羽捕鯨は、鮎川の伝説的捕鯨者戸羽養治郎の創業になる。創業は一九五五（昭和三十）年（牡鹿町誌・上）。創業から半世紀が過ぎた二〇〇八（平成二十）年三月に、ほかの四社と統合して「株式会社鮎川捕鯨」となり、鮎川最後の小型捕鯨会社として震災を迎えている。派手な大型遠洋、大型沿岸にくらべ、地味で目立たない存在だったが、鮎川の捕鯨を常にリードしてきた象徴的な会社の伝統を受け継ぐ、直系の会社だ。

小型捕鯨。あるいはミンク船。戦後の食糧難の時期、全国で小型捕鯨業者が急増した時期があった。伊藤会長の話だ。

もともと戦後はね、ここにミンク船が一杯しかなかったんですよ。昭和二十年。ここの町長さん、鈴木良吉さんがやってたんですよ。それからうちの親戚、二瓶さんとか。それから、どんどんどんどん全国的にも増えていったんですね。軒並み、みんな潰れたんです。船は新しくミンク用に造ったものもあったし、漁船を転用したものもあった。そうしたものはうまくいかなくて、倒産してみんな止めてしまった。

ここは定置網で成功した人がいないんですが、それと同じで小型捕鯨も成功した人がいないんです。残ったのはうちだけなんです。戸羽捕鯨とこっちの会社（日本近海）とだけなんです。みんな一年や二年はやっているんですよ。いい時もありますから。水産庁に許可をとるんです。

この辺は遅いほうなので。和歌山とか千葉とか、そういうところから権利を買ってくるんです。廃業したところはその権利を売って。小型の権利をまとめて大型を造ることもできたんです。大型の船造るのに小型のトン数まとめて代替になった。戸羽捕鯨も倒産していく人たちの権利を買ってんです。


戸羽捕鯨が使用した捕鯨船の歴史は複雑だ。その履歴は日本列島の捕鯨現代史そのものといってもよいくらいだ。小型捕鯨とはいえ捕鯨船一隻の値段は現在で数億円。戸羽捕鯨でも、以前は漁船を転用したり、同業者同士で借りたり、売買したりしてきた。船では苦労をしてきたのだ。


船は、第3幸栄は中古。第5幸栄、これは自分で造ったんですがね。それがだめになったので第6東海丸を千葉から借りてきて。これもダメだったので、第7幸栄丸をプラスチックで造ったんですけどね。それからこれと同じ船を、巻き網の運搬船を買って、それが第48幸栄丸。親父の時代から五隻を使ったんですね。

そのうち新船が二隻。幸栄丸の代船を造る予定だったんですね。漁協と話して、県まで行って、水産庁まで行って、駄目だったんです。その見積もりが三億七〇〇〇万。決断がつかなかったですね。うまくいってもそれでも、一億の借金抱えるからかえって苦しいかもしれないですよ。大勝丸はもう新船にしたいですけどね。

小型捕鯨協会の「事業成績報告」によれば、一九六八年に戸羽養治郎が第6東海丸で操業したことが確認できる。戸羽捕鯨はそれ以降、一九七一年に第7幸栄丸を投入し、一九八六年まで同船で操業する。一九八七年、商業捕鯨が停止される最後の年に第75幸栄丸が登場し、ミンククジラ三九頭捕獲の記録がある。モラトリアムに入った一九八八年は、第75幸栄丸でツチクジラ一三頭、ゴンドウクジラ二二頭、シャチ二頭だった。第75幸栄丸で鍛え上げられて震災当時は第28大勝丸の船長だった阿部孝喜氏によれば、大勝丸は一九五五年造船だから、震災当時すでに五十歳を超えていたことになる。

捕鯨船は毎年冬季にドック入りし、船全体をチェックする。鮎川捕鯨ではこの季節、北上川河川敷の「S造船」でドック入りするのが恒例だ。五年に一度の大規模な定期ドックと中間ドックも義務だ。通常、船を上げてペンキを塗るだけでも四、五〇〇万の仕事だという。この年は第28大勝丸が中間ドックで、エンジンを外して分解し、徹底的に点検した。そうなると費用は一〇〇〇万を下らない。震災当日は、通常ドック、中間ドックともほぼ終えたタイミングだった。船は美しく仕上げられ、鮎川港へ戻る準備をしていた。捕鯨船はもともと清潔で美しい。伊藤会長によれば「汚れ仕事はしない」からだ。

小型捕鯨協会の「事業成績報告」によると、第28大勝丸は「日本近海捕鯨」が、それまでの第2大勝丸に替えて投入した船となっている。モラトリアム発効から数年たった一九九一年のことである。社長の遠藤氏は懐かしそうに振り返る。

大勝丸は安全ですよ。大きいし、時化たときなんかでも。そのかわり遅い。ほかのは、アルミ船なんで。アルミというのはミンク捕ってたんだ。大勝丸は沖から引っ張ってきても速力落ちない。用途が違うんです。値段的には、鉄のほうがちょっと安いのかな。燃費は悪い。油は食うし。船に乗ってる人たちは、今のアルミ船よりは過ごしやすいんじゃないかな。船は大きいし、寝室だってゆったりしているし。船、出して、捕れないっていうと、沖合でそのまま流して、次の朝待って。朝、三時、四時に起きて。あとそのまま操業です。捕ったらそのまま戻ってくる。捕れないときは、沖合いで一週間とか、食料がなくなるまで頑張る。

重い。油をよく食う。だがその分、力強く安定感がある。でも、残念ながら、脚が遅い。一方、船室は広く暮らしやすい。一途な頑固さがにじむ武骨。やさしさにも似た安堵がある。そんな船なのだ。第28大勝丸の船内を案内してもらったことがある。甲板と同じ高さにまず狭い食堂がある。とても七人が暮らす船の食堂とは思えない。それでも小さなキッチンがあって、そこで食事を整え、あわただしく掻きこむ。そんな沖合の生活が何日も続くことがある。それでも団欒の居間だ。船底に向かって降りていくと大きな空間が現れる。寝室だ。危険な仕事に就く男たちはそこで、クジラと同じ海の響きを聞き、潮の香りを呼吸しながら、眠り暮らす。遠藤社長は続ける。

大勝丸の寝室は広いですよ。ベッドがあって、畳一畳くらいの広さに布団敷いて寝てます。前に第2大勝丸というのがあったんですけど、ベッドに入るのに（狭くて）大変だったんですよ。しゃがんでもぐりこむような。今と昔とは違いますね。大勝丸の場合、どれくらいあるのかな。天井そんなに高くないけど。背丈くらいかな。そこにベッドが六つ七つ並んでいます。船長は別の部屋がある。四人下に寝て、そこに広いスペース。飯食べるとこは上で。飯食べるところは狭いですけど。朝五、六人で食べる。オレたちの弁当よりいいな。まともな飯、食ってるな。昼とかは上で、クジラ探しやってるんで。おにぎりとか食べてやってるんだろう。

この船は憎めないところがあり、乗組員たちも口々にこの船への愛着を語る。機関長の鈴木昭利氏もその一人だ。元牡鹿漁協職員で、そこを辞めてしばらくは父親と漁に従事し、結婚後は、鮎川港を見下ろす場所で民宿を経営してきた。たまたま、捕鯨船に空きができたとき遠藤社長が声をかけ、第28大勝丸の乗組員となった。

鈴木氏は独学で機関士の免許をとり、震災当時は機関員、インタビュー当時は機関長を務めていた。重くて遅い大勝丸だが、阿部船長の手腕のおかげで、他の船に負けず捕獲数を稼ぎ成績を上げている。優秀な船長なのだ。金華山を見晴らす山のホテルでのインタビューで鈴木氏は嬉しそうに話し続けた。

探鯨中は自動操縦に切り替えて、機関長の自分もデッキに上がりクジラを探すが、追尾に入れば操舵室で船の速度を調整するという。方向を定めて船を走らせると、クジラの浮上と「ドンピシャ、合うことがある」。その瞬間が機関長の誇り。この船でクジラを捕ることが好きなのだ。この船の頑固さと船長の勇敢さを支えること。それが鈴木氏の誇りだ。

さて、二日目の奇跡物語に戻ろう。

あれ、大勝丸じゃねぇか？

震災の当日、当時の課長伊藤信之氏が、半島のほぼ中間地点の荻浜で津波に襲われたことはすでに述べた。恐ろしい津波の唸り声を聞き、迫りくる恐怖を背後に感じながら、車を降りて道路わきの傾斜をよじ登って高台へ避難。辛うじて難を逃れた。圧倒的な力の、得体のしれぬ不可解なものに追いかけられる。戦慄で足がすくむ。もつれる足のもどかしさが恐怖を増幅する。その経験を今も鮮明に思い出すという。

やがて津波が引いて荒涼とした風景が広がると、その日の帰宅は断念し、車中で夜を過ごした。すぐには理解できない、いや、理解したくないニュースが一晩中続いた。壊滅、消滅、遺体ということばが、次々とラジオから流れてきた。家族を思って胸が張り裂けた。眠れなかった。次の朝、車はあきらめ、昨夜そこで夜を過ごした人たちと鮎川へ向かって歩き始めた。瓦礫を避け、時には山を登り、壊滅した牡鹿半島の集落をいくつも通り抜け、ようやく、鮎川まであと五キロの給分浜へたどり着いた。そのとき信之氏たちは信じられないものを見ることになる。

朝は車置いてみんなで歩いてきたんです。何キロくらいあるんでしょうね。こっから車で三十分から二十分くらいですから。その間をずっと歩いてきたんですね。道路を歩いてきました。まあ、道路なかったですけど。道路避けて山歩いたり。また出て。そうこうしながら、給分浜まできたら、どっか見たような船あるな。ちょうど自分と歩いていたのは叔父だったので、叔父とは途中で合流なって。信行、あれ、大勝丸じゃねぇかって。まさか大勝丸あるわけないでしょう。今、北上川の河口の造船所でドックして、どっか流されてなくなっているって。いやいや違う。近くまで来たら第28大勝丸って。うそでしょう！　どうやってきたんだろうね。（きれいに陸に乗っかってるのを見て）あれは感動的ですね。

第28大勝丸は北上川のドックから流され、津波にもまれながら、無人で五〇キロ近い海を漂って、母港鮎川まで五キロの給分浜に乗り上げた。全くの無傷で陸に上がったのである。そして元気な時と全く同じ姿で、ドックを終えたばかりの美しい船体を誇るように、荒涼とした被災地に凛と立っていた。船首には真新しいペンキで、第28大勝丸の船名が輝いていた。

前の日、戦慄の脱出劇を経験し、どうしても脳裏を去らない最悪の事態を必死で打ち消しながら眠れぬ夜を過ごし、さらに早朝から瓦礫の牡鹿半島を歩き続けた信之氏の目に飛び込んできたのは第28大勝丸。沈黙する瓦礫を組み敷くように直立し、おい、信之、元気出せよ。クジラ、捕りに行こうぜ！　そう言っているかのようだった。

3　給分浜に打ち上げられた第28大勝丸。2011年3月12日。撮影：高橋裕一

当時の小型捕鯨協会会長の下道吉一氏は、電話で大勝丸は故郷に帰ったと思わず口にしたが、それは感傷ではない。実際に、第28大勝丸は、津波で荒れ狂う海を故郷の母港鮎川へ向かった。大勝丸の帰還は、鮎川捕鯨にとって計り知れない大きな意味があった。大勝丸はすべてを失った人々に勇気を奮いおこさせた。また捕鯨ができるのだ。

大勝丸は、どこさいった？　どこさいったべ？

第28大勝丸を語るとき、忘れてはならない人が船長の阿部孝喜氏だ。一九七〇年生まれで、インタビュー当時は四十四歳。愛すべき老朽捕鯨船の若き船長だ。彼との三時間に及ぶ長いインタビューは、いまも忘れ難い。

彼と話したのは二〇一五年の二月。ドック中の第28大勝丸の食堂だ。三人も座ればいっぱいになるような狭い空間。ドック中の大勝丸は北上川に船体を浮かべ、ゆったりと潮に身を任せて、穏やかに軋み、揺れていた。大勝丸は、不思議な懐かしさにつつまれていた。

この船がクジラを追尾し、追い詰め、クジラと対峙し、クジラを仕留めてきたのだ。いままでたくさんのクジラがこの船の舷側に抱かれて、鮎川港までの最後の旅をした。乗組員たちはツチ漁の時期になると沖合一〇〇マイルの海域で、船を流しながら眠ることがある。船のゆったりと揺れるリズムは人の眠りに合わせて、安らぎすら伝えてくる。人も船もクジラの夢をみるのだ。

さて、三月十一日当日、阿部船長はS造船でドック中の第28大勝丸にいた。千葉和田浦の外房捕鯨から購入した第31純友丸（第8幸栄丸と改名）、第75幸栄丸も一緒だ。大勝丸には船長のほか、機関長と機関員の三人もいた。午後三時前だったので、コーヒーを飲むために幸栄丸の乗組員も集まってきていた。

三時だからコーヒー沸かしてってって。幸栄丸の人たちもここに来て、ここで一服して。そのとき携帯がなった。オエー、オエーって。携帯がなっていたから。ドコモの携帯。「たかよし君、携帯なってたぞ」「そいつ、おっきな地震来るとき鳴るやつだぞ」「そんなのあんの」といったとき、カタカタカタって、船揺れはじめて。「ほれほれきたべ」「一回、出ろ、出ろ。外に。階段を下りろ」。

階段が（壊れた）。それで二人、船に取り残されて。そんで後ろのマストに、右左に一人ずつ、振り落とされないように。船が倒れると思った。一瞬緩くなったときに「さがれ！」また、それで何分か続いた。足の下、地割れしていくし、生きた心地しなかった。地震の途中で、ゆるくなったときがあって、今だ！　降りろ、降りろ！　それで、何とか降りてきた。倒れないように足広げて。足の下、靴の下、地割れして。上下に動くから、そこが分かる。口が開いたり。

阿部船長は、地震の動きをそのまま記憶していた。激しい揺れのなかで、なんとか生きるための人の動き。大きく揺れる捕鯨船。刻々変化する海と地面のすがた。飛び交う声。それらをすべて記憶している。揺れる捕鯨船で巨大な生物と対峙してきた経験の力だろうか、彼は環境変化そのものを脳裏に映像のように刻みこむ。驚くべき記憶の力。

船長はこの後、揺れが少しおさまった時をつかまえて、全員に逃げるよう指示を出した。大急ぎで船の各部屋の鍵を閉め、それぞれの考えで、それぞれの方角へ逃げた。「津波てんでんこ」というやつだ。船長は保育園の子どもが何より心配だったので、駐車場を出てすぐ、保育園へ通じる右へ向かった。その時、船長の視界には、浮かんでいた第75幸栄丸が大きく傾くのが映った。彼を育ててくれた船だ。つぎの一瞬、船長の眼は、潮が引いて北上川の川床がのぞいている異様な光景を捉えた。第75幸栄丸は川床に船底がついてしまったのだ。こんな引き潮は初めてだ。一瞬、次に何が起こるかも見えた。津波だ、津波が来る。それも大きな。

たどり着いた保育園にはすでに誰もいなかった。次に向かったのが小学校。そこでようやく奥さんと娘を見つけた。全身の力が抜ける。しびれるような安堵感。小学校は避難してきた人でごった返し、緊張と混乱が入り乱れていた。やがて、津波が来ているぞという声が上がった。船長はいったん自宅にもどり、持てるだけの防寒着をつかみ、妻と娘の手を引いて山へ逃げた。山からは津波は見えなかったが、強烈なドブの匂いがした。

船長はそれから、車で逃げるときの恐怖や混乱、高台に避難した人が下界の車に逃げろと声を嗄らして叫ぶ様子、車なら安全と確信した人が津波に遭遇した悲劇、九死に一生を得た船長の母親と姪たちの、壮絶な生還などを話してくれた。全身で環境の変化に同期してきた阿部船長の鮮明な記憶だ。そして、しばらくして第28大勝丸の話になった。

津波の翌朝、船長は北上川のS造船へ駆けつけている。前の日、必死で逃げる目の端でゆっくり倒れるのをとらえていたが、案の定、第75幸栄丸は打ち上げられて、横倒しとなっていた。

実は、捕鯨の世界に入ったとき、初めて乗ったのが第75幸栄丸だった。この船で船員から船長まで上り詰めた。だから思いは強かった。船体には大きな穴が口をあけていた。穴は断末魔に水を求める口に見えた。静かに横たわった幸栄丸は、最期を迎えた人のようだ。廃船すら覚悟していた老朽船だが、思いがこみ上げ、胸が詰まった。一方、右舷に傾いてはいるものの、第8幸栄丸（元31純友丸）は嘘みたいに、岸に「ぽんと上がって」いた。この船は海へ戻せると直感した。しかし、第28大勝丸の姿はどこにもなかった。

次の日、ここにきたら、大勝丸は、どこさいったべ？　75幸栄はここに打ち上げられて、こんな風になって、穴、開いてた。今の（第8）幸栄丸は、むこうにぽんと上がって、無傷みたくして。

いねぇな。沖に流されたんだな。したら、その日のうちに、鮎川からこっちに来た人がいて、聞いたら、給分浜に大勝丸、あがってたぞ。次の日にはすぐわかった。お昼前にはわかった。大勝丸のいどころが。津波の次の日にはわかった。やっぱね。そこに流れ着くまでに、避難してた船が大勝丸をみつけて。あ、ミンク船だなって、寄ってって。あがって、コーヒーでももらうかっていう人いて。そしたら、だれも乗ってねくって。あぁ流されたんだな。ほぼ無傷。不思議だ。びっくりした。

その日の昼頃、鮎川から来た人が、大勝丸が給分浜に打ちあがっていたと知らせてくれたのだ。そして震災から三日後、船長は給分浜まで大勝丸を確かめに行っている。

確かに上がっている。しかもほぼ無傷で乗り上げている。阿部船長はすぐに大勝丸を動かすと決意した。まず必要なのは乗組員だ。それから乗組員の安否確認が始まった。避難所を回った。知り合いを尋ね歩いた。三日で、一人を除いて確認できた。残る一人は一番若い青年だった。心配した。家族同然なのだ。探しながら一日中心配していた。そのとき、携帯が鳴った。

この辺の避難所は、だいたい、行った。行って、それでいよいよあっちの蛇田地区の避難所さがそうかって思って。車でそこの端までいったら、携帯が鳴った。こっちにこないと携帯通じなかったから。通じるところと通じないところあって。それで急に電話あって。ぱっと見たらわかんない電話番号で。はい、って出たら、その子だった。

船長、船長ですか？　おめぇ、このやろ！　何してたんだって、怒って。何で、生きてるなら生きてるって合図しなんだ？　携帯が通じなかったから？　携帯通じねくっても、オレんち、わかっぺ。生きてたって、なんで、家さ来なかった。どんだけ心配したと思ってんの。して、会いに行って。良かった、良かった。

漁に出れば危険を共にする仲間。家族同然の仲間を怒鳴りつけた。怒鳴りつけて、すぐに、深い安堵がひろがった。乗組員が揃ったからではない。若者が生き延びたことが嬉しかった。

四月に入ってから、大勝丸と幸栄丸の救出作業が始まった。阿部船長、大勝丸のボースン（甲板長）、機関長、幸栄丸の機関長の四人で、二隻を海に浮かべ動かすための作業を始めた。のちに述べることになるが、残りの社員たちはすでに釧路に結集し、特別な措置で可能になった、捕鯨船なしの捕鯨再開のため、準備を始めていた。

ここの会社しかないんじゃないかな

打ち上げられた第28大勝丸と第8幸栄丸の知らせは、廃業を覚悟していた会長と社長に一縷の希望をもたらした。すべてを流されたが、さいわい社員はみんな無事だった。そして、二隻の船も生き残った。この二隻をどのようにして海に浮かべるのかという難問は残ったが、捕鯨ができるかもしれないというかすかな思いも生まれた。それが希望に変わったのは水産庁から連絡が入った時だった。震災から数週間たった三月末、水産庁からの知らせで、遠藤社長ら経営陣は山形空港から東京へ向かった。今後の事業継続を検討するためだ。

震災後、三陸ではガソリンが底をつき、車での移動もままならない状態が続いていた。社長はまずガソリン調達から始めなければならなかった。何とかガソリンを手にいれ、山形空港から東京へ向かい、ホテルに入った。震災後は風呂を使っていなかったので、バスタブが真っ黒になった。仕方ないから掃除したと社長は笑う。

二〇一一年は四月から三陸沖の調査捕鯨が予定されていた。基地は鮎川だった。水産庁ではこれを釧路に変更すると決定した。鮎川捕鯨も参加すること、船はないが陸上作業員を出すよう指示があった。乗組員も陸上作業員として雇用することとし、できるだけ人を集めて釧路へ向かう。基地は下道吉一会長の工場を使わせていただく。捕鯨船は、いつもともに競い合う外房や太地の船だ。鮎川からは総勢約四〇名が釧路へ向かうことになった。鮎川捕鯨のための特別措置だ。

水産庁や同業者の配慮で、船も解剖場もないまま、調査捕鯨とツチ捕鯨が動き出そうとしていた。みんなが、バラバラになったピースを拾い集めてつなぎ合わせ、希望を組み上げようとしていた。だが、希望はそこでいったん途切れかける。遠藤社長は、次に、大勝丸と幸栄丸を海に浮かべる方法を探ろうとした。しかし、アルミの幸栄丸でも四〇トン、鉄船の大勝丸は一六〇トン以上になる。一体全体、だれがどうやって、この巨大な船を海に戻せるのか。不可能に近い作業に、遠藤社長や伊藤会長は、絶望的な気持ちになった。そのとき、たまたま「ライト建設」という会社の情報が耳に入った。遠藤社長は詳細に記憶している。

ライト建設という会社でした。何十トンというものを吊り上げるのに、ここの会社しかないいんじゃないかな。(ライト建設の)社員、二人、歩いてたんですよ。石巻であちこち歩いて。船とか見て。船だったら下ろせる。そういうのを見て歩いていて、誰かの紹介だったでしょう。自分たちに何か役に立つことないかって。

二台チャーターすると結構掛かりますけど、ただ、下ろし賃でやったもんですから。船を下ろしていくら。何台のトレーラーで運んでくるとか、ぜんぜんわかんないんで。大勝丸は一六〇トン。油だけでも二〇トンくらい詰まってんじゃないですか。幸栄丸だと四〇トンくらい。

実はこの時期、巨大なものを運ぶことが専門の会社が、被災地で情報を集めていた。それが、遠藤社長が聞きつけた会社、兵庫県西宮市に本社を置く「ライト建設」だ。遠藤社長の記憶に残った人たち、石巻であちこち歩いて情報を集めていた二人の「社員」、そのうちの一人は、実は、ライト建設取締役社長の岡本勤氏だった。重い船を海に戻したいという願いと、被災地で重いものを移動させる手伝いがしたいという思いがここで出会った。

希望の光

ライト建設は、その道一筋の岡本勤氏が一九八三（昭和五十八）年に創業した会社だ。建設工事の建設大臣許可と、運送業の認可を受けている。本社は甲子園球場にほど近い住宅街にある。昭和二十年生まれの岡本氏が現在も取締役社長を務め、ヘルメットをかぶって現場に出ることもある。ちなみに同社のホームページには「大きなものを動かすことがあれば、全国どこへでも出かけていく」と元気がいい。

巨大な部材を扱う建設業、巨大構築物を運ぶ運送業。大きなもの、重いものに特化したユニークな会社だ。社長の思いは、重いもの、大きなものに常に収斂していく。トレーラー、トラクターその他の重量機械・車両一〇〇台以上を保有。四〇トンを運ぶトレーラーは、全国の八四〇台のうち四〇台を保有。アジアで三台しかないという超大型トレーラーも、二台を最近購入している。

ライトという社名は、もちろん「軽い」という意味だ。社のホームページを飾るセールス・メッセージのトップは「よりHEAVYなものを、よりLIGHTに」である。社ではlightということばを大切にし、その意味を追求している。lightには光の意味もあるので、例えば、会社案内ではこう説明している。いわく、「明るい職場、傑出した会社、愉快な仕事」。会社には岡本勤社長の底抜けに明るい人柄が浸透している。大きなもの、重いものを運ぶことに特化した会社は、文字通り傑出して日本一。それになによりこの特別な仕事に誇りをもち、働くことの愉快な悦びが満ちている。

運ぶという行為は、生物の中でも人間がとくに発達させた領域だ。人間は石ころからロケットまで、あらゆるものを運ぶ。人力運搬から始まり、そり、車、いかだ、舟などの運搬道具、さらに動物利用の運搬、船舶や自動車、航空機による運搬など、手段も多様だ。ここで人類文化における「運搬」の意味を分析する力はないが、ただ、巨大なものを運ぶという活動が持つ威風、巨大なものがゆっくりと運ばれていく威厳は圧倒的で、人のこころを揺さぶる力がある。巨大なものを移動させることに特化し、すべての力を注ぎ込む会社の姿勢には、人を強く惹きつけるひたむきさがある。

「大きいもの」「重いもの」は、古来、神が降臨する座だった。それには、単に重量計が示す数字では測りきれないものがある。重いものには当然、重力が働き、5・9×10^{24}キログラムの質量の地球が、それにふさわしい巨大な力で引っ張っている。重力に抗して超重量を運ぶのは、重力に縛られた人間の自由への意志なのかもしれない。

関係者以外は誰の視線もない工場の構内で、あるいは深夜、車通りや人通りを遮断した高速道路や一般道で、低速で緩やかに「巨大なモノ」を運ぶトレーラーは、辺りを圧倒する厳粛さすら漂わせる。light（軽み）は重量に抗しながら威厳を生み出す、人間の力の象徴だ。岡本氏は、そのことを直感的に理解し、それに人生を賭けた。

この会社の石巻への登場は、遠藤社長や伊藤会長には、津波で打ち上げられたままなら四〇トンのアルミ、あるいは一六〇トンの鉄の塊でしかないものを、海に戻すことができるかもしれないという希望に映った。海に浮かべれば、それはただのアルミや鉄の塊ではない。捕鯨船になるのだ。

ただ、こんな巨大なものを本当に吊り上げて、海に戻せるのか。巨大な哺乳類と格闘してきた伊藤会長も遠藤社長も、さすがに半信半疑だった。でもそれは、浮かんでは消え、消えてはかすかに浮かんでくる捕鯨再開への道を照らす希望の灯りでもあった。確かに、light は光だった。

岡本勤氏の動き

さて、岡本氏だ。実は、彼は西宮市で一九九五年の阪神淡路大震災を経験し、住居に大きな被害を受けている。あのときは一帯のライフラインがほとんど壊滅状態だったが、被災した本社兼住宅は幸い電気が通じていたので、直後からその家に戻り、近所の人を助けながら復興の歩みを始めた。躊躇しないのだ。大阪南部の工場のライフラインは生きている。そこから水を毎日のように運搬しては近所に配った。

二〇一一年の津波の時も、とるものもとりあえず石巻に入り、報道機関や市役所など、八方手を尽くして、手伝えることがないか聞いて回った。毎日のように宿舎を転々としながら、手掛かりを探して歩いた。あるとき、温泉宿に泊まったことがある。今ではどこなのかはっきりしないが、二、三時間でも横になれたこと、そこで出してもらった食事と風呂、そして朝、風呂の湯を汲んで顔を洗ったことなどが忘れ難く、岡本氏は、また一度訪ねてみたいと笑う。

本社でも電話やネットで情報を収集した。調べると被災地には何十件もの案件が見つかった。岡本氏は、三月中はほとんど現地に張りついていたという。遠藤社長や伊藤会長が水産庁で今後の方針を検討し、廃業ではなく再開にむけて動き始めていたときだ。おそらくこのころ岡本社長は三隻の捕鯨船の情報に触れたのだろう。時期は特定できないが、鮎川捕鯨の連絡先を求めて、和歌山の太地漁協に照会しているからだ。太地は関西における小型捕鯨の拠点で、普段から鮎川でも活動する仲間だ。

四月十五日付でライト建設はウェブ上に「東北地方太平洋沖地震被災地復興に伴い、弊社ができること」という告知を掲載する。それによれば、瓦礫処理に伴い、船舶、鉄塊、コンクリート塊など大型物品が発生すると想定されるが、社では様々な大きさ、重さに対応する車両を保有しており、大型物品をそのまま運搬できる。そして告知は「弊社も微力ながら、復興のお手伝いができれば幸いです」と結ばれている。

この時期にはかなり具体的な情報が明らかになってきた。捕鯨会社は鮎川捕鯨。船名は第75幸栄丸、第8幸栄丸、第28大勝丸。場所は北上川河畔のS造船ドックと牡鹿半島の給分浜。早速本社ではgoogleサービスを使って、現場の映像を入手し、件の捕鯨船を特定している。

それによれば第75幸栄丸は古いうえに破損がひどく、鮎川捕鯨でも回収をあきらめていたが、第8幸栄丸は建物の間に横たわっているのがはっきり確認できた。給分浜の第28大勝丸は船体後ろ半分を海に突き出して、岸壁に乗り上げている。船体は垂直に直立しているのが明らかに見てとれた。

さて、この間に遠藤社長たちと連絡が取れたのだろう。岡本氏は、おそらく四月二十日前後に、JR石巻駅前で鮎川捕鯨関係者と直接面会し、現状の説明を受けて捕鯨船救出を依頼されている。岡本氏によれば、現場にいたのは伊藤会長、遠藤社長、ライト建設の社員と岡本氏の四人。立ち話だったという。

おそらく川口町のS造船ドックの現場に関する説明があったのだろう。河口の橋が障害になって船舶クレーンのアクセスは不可能。したがって陸路クレーンを輸送して陸からの作業となることなど、概要も明らかになった。関西からクレーンを移送して石巻に入り、現場を整えてクレーンを組み立てて……。岡本氏の脳裏ではすでに、作業の工程が驚くほどの正確さと大胆さでくみ上げられていたに違いない。

四月二十二日付の日経新聞は「被災船　再出港に壁」という記事で、宮城、岩手両県で約一万六〇〇〇隻の漁船が被災したこと、陸に打ち上げられた船を海に戻す作業が難しいうえ、修理費用がかさむことなど、漁業者の直面する問題を取り上げている（日経新聞二〇一一年四月二十二日付）。そのなかで、鮎川捕鯨が再開を模索し、クレーン車による捕鯨船回収に望みを託して、関西の業者に調査を依頼したと報じている。ライト建設のことだ。岡本氏は会社の存在意義を発揮できる仕事、自分たちしかできない仕事と直感し、すぐさま準備にとりかかった。それからは猛烈なスピードと圧倒的な緻密さで準備が進んだ。大きなものほど、微に入り細を穿つ計画と準備が不可欠である。「小事も大事のごとく、大事も小事のごとく」なのだ。

北へ一二〇〇キロ、石巻へ

しかし岡本氏がイの一番に取り掛かったのは、実は出発準備ではなかった。その前にしなければならないことがあった。それは、何をおいても社員たちの理解や共感を得ること。それがすべての始まりだ。東北まで移動して前例のない捕鯨船救出を試みる。しかも巨大地震と津波で壊滅状態となっている現場だ。克服すべき課題は山積している。失敗は許されない。技術も必要だ。知恵もいる。それになにより危険が伴う。

中学卒業と同時に業界に入って闘い続け、まれに見るユニークな会社を創業、運営する岡本社長。たたき上げで思いっきり苦労もした。思い出しても身の毛がよだつ大怪我もした。巨大地震で被災もした。東北で捕鯨船を救出するのは、そんな苦労を重ねてきた社長のこころの底から生まれる、祈りにも似た願いだ。

社長の思いでやる仕事だ。それを十分説明したうえで、ついてきてくれるかどうかを社員たちに問いかけた。社員たちは、社長のことばに耳を傾けた。やがて、しょうがねぇなと苦笑いして、社長とこころをあわせた。そしてすぐさま、現場での怪我に備えて、全員が破傷風ワクチンを接種した。

それから岡本氏はこの仕事をゼロから組み上げることに着手した。つまり、ことに当たる前に、第8幸栄丸と第28大勝丸それぞれの詳細な設計図を造船所から入手したのだ。この重量の船舶を持ち上げ、吊り上げて運ぶためには、船の全体構造、骨格構造、重量などの情報がどうしてもいる。船の構造を徹底的に調べ、どの部分にワイヤーをかければ一番「負担」が少なくて済むか考えるのだ。

自分たちの作業への「負担」ではない。どの部分で吊り上げれば船への負担が少なくて済むか、船体を傷つけずに済むかということだ。傷ついても構わないとの条件だったが、傷はつけたくない。絶対、傷はつけない。無傷のままで顧客の願いに応える。そのためならどんな負担も、周り道も、厭わない。それが「プロの魂です」と岡本氏は照れて笑う。

基本計画はできた。会社の車両基地がある大阪南部の泉大津から、分解したクレーンをトレーラーで運搬し、現地で組み立て、陸から船を海にもどす。そう言ってしまえば簡単だが、何しろ、船も超重量物ならクレーン自体も重量物。難物なのだ。

当初は、大阪南部から名古屋まで陸路移動し、名古屋港からフェリーで仙台港へ入って、あとは東北道、三陸道で石巻に向かう予定だった。すぐさま予約も済ませた。しかし、そのフェリーは自衛隊が専用使用するということで、結局、断念せざるを得なかった。

陸路だ。クレーン一台（重量六〇トン）、それを分解して運ぶトレーラーが三、四台。トラックも三、四台で七、八台の車団だ。陸路で行く運行は法規で夜間のみ。時間制限もある。会社の内規でも一晩で二五〇キロメートル以内と決まっている。そのために運転手の交代要員や作業員も乗り込んだ。自分たちが被災地で暮らすため、そして被災者にも食べてもらうため、大量の食糧や日用品を積み込んだ。ちなみに、食料は大阪名物の肉饅だった。

全行程約一二〇〇キロメートル。深夜の道路を特別許可の車群が、低いエンジン音を響かせながら、関西から一路、石巻を目指した。夜に夜を継いで、特別のミッションを帯びた車団は北上していった。ちょうど、鮎川捕鯨の四〇名が北へ向かい、特別の調査捕鯨を開始した時期だった。岡本車団が石巻についたのは五月初旬。連休の最中だった。

船の横持

石巻に入ったらひどい道路状況だったと、岡本氏は回顧している。とりわけS造船がある川口町周辺は惨憺たるありさまだった。現場に入るには近隣のブロック塀などをとり壊さなければならなかったが、住民はみんな事情を呑み込み、淡々と了承してくれた。そして現場に入る。

そこは瓦礫が散乱し、ありとあらゆるものが無秩序に積み重なっていた。第8幸栄丸は瓦礫の上に乗り上げ、右舷を下にして傾き、船首が建物の壁に食い込んでいた。先ずは瓦礫を撤去しなければならない。すべてはそれからだ。一方、このタイミングで社員の一部は大阪に引き返し、もう一台のクレーンの陸送に取り掛かっている。幸栄丸は一台のクレーンで大丈夫だが、一六〇トンの大勝丸は二台のクレーンが必要だからだ。

会社に残るガント・チャート（工程表）はその工程を六日間の工数に分解している。それによれば、まず瓦礫撤去。それから土を敷いて均す作業がある。地震後は地面に空洞ができていることがあり、そこに重機が落ち込むと二次災害が発生する。だからこの作業は大切だ。土の上には砕石を敷き詰める。岡本氏によれば、砕石は三〇〇キロメートル離れたところから運び込み、ダンプで十数台分になったという。そしていよいよその上に鉄板を敷き、クレーン車の移動通路が出来上がる。この間、釧路へ行かなかった鮎川捕鯨の社員もいつも現場にいて、一連の作業を手伝った。

そうして空間が確保できた北上川河口の河川敷では、キャタピラ式大型陸上クレーン車一台の組み立てが始まった。遠藤社長も伊藤会長もその場に詰めていた。やがて川口町の現場に、巨大なクレーンが空に向かって屹立した。遠藤社長の記憶はこうだ。

そう、トレーラーで運んでこれるんですということで。部品で持ってきたんですね。クレーン車を。分解して。ひとつにすると積めないので。このへんで二〇トン、二、三台持ってきたんです。うちの大勝丸が、あの時一六〇トンくらいあった。そういうクレーン車なので、ひとつひとつのパーツをトレーラーに積んで、持ってきて。一台は石巻で組み立てて。またばらして、今度給分まで持ってきて。給分で二台組み立てて。そこで大勝丸を下ろした。


準備が進む間、岡本氏には別の懸念があった。傾いた船を吊り上げて海に戻すと、そのまま沈没する可能性がある。何度か傾きを修正し最適の吊り上げ方を探った。すべては岡本社長の数限りない経験が生み出す方法だ。船体に傷をつけないために、今回はワイヤーではなくナイロンスリングを使うことにした。

幸栄丸を海にもどす「船の横持」は五月十一日に実施された。現場責任者は岡本氏。クレーンのオペレーターとの共同作業だ。クレーンがうなりをあげて船を持ち上げる。何度か傾きを修正する作業が続いた後、第8幸栄丸はふたたび、北上川の水面に浮かんだ。約一時間の作業だ。しかし、ここで突発事態が起こる。幸栄丸の船体には穴があいていて、そこから浸水が始まったのだ。作業はいったん振出しに戻る。

船を再び陸上にあげて、急遽その穴をふさいだ。それに数時間を要したが、浸水しないことが確認できたので、再度、クレーンで北上川に船を下ろした。これで第8幸栄丸は捕鯨船になった。現場の状況を伝えるテレビ映像では、伊藤会長が涙ぐみながら感謝している様子が映し出されていた。現場で涙ぐむ伊藤会長を目にした岡本氏は、心底、やってよかったと思った。

第28大勝丸救出

次は第28大勝丸の救出だ。二台目のクレーンも石巻に到着した。川口町から給分浜への移動。金華山街道の渡波を右折してトレーラーの船団が牡鹿半島へ入っていく。道路状況はますますひどくなった。あちこちで車底がつかえて動かなくなることが続いた。その都度、土嚢を作り盛土をして、なんとかトレーラーを通していく。それでもやはり道路の地下が空洞になっているかもしれないと気がかりだった。

海岸沿いを走る県道二号は、小さな入り江と集落がいくつも連なる、いつもは美しい道だ。しかし、震災後は状況が違う。激しい揺れの力が加わった路肩が崩壊すると、海へ落ちる危険な道になる。岡本氏はドライバーに山側を走ること、そして仕方なく海側を走るときには、ドアを開けておくよう指示した。トレーラーやトラクターなど大型重機が、傾きながら海へ落ちる速度と、人間が落ちる速度は違う。万一の脱出に備えたのだ。移動すら事故と隣り合わせだ。だが、指示を待つまでもなく、ドライバーには常識だったようだ。こうして時間はかかったが、分解された二台分のクレーンは給分浜に到着した。

第28大勝丸は船の後ろ半分を海につき出して打ちあがっていた。ただ、幸栄丸と違い、船体はほぼ垂直に立っているので、吊り上げは楽かもしれない。一方、重量は約一六〇トン。幸栄丸の約四倍にもなる。クレーンの能力は二五〇トンだが、岡本氏は二台でぎりぎりの作業になると踏んでいた。瓦礫が散乱する給分浜でも川口町と同じように、作業のための準備が始まった。給分浜の岸壁は、地震で地盤沈下し、潮が満ちると瓦礫も浮かび上がる。社員たちはみんなゴム長靴を履いて海水のなかでの作業となった。

それでも瓦礫撤去、山土敷き均し、砕石敷き均し、鉄板敷設、そしてクレーン組み立てと作業が進んだ。その途中で、ある出来事が持ち上がった。現場から少し離れたところで遺体が見つかったのだ。すぐに警察に連絡。警察も車輌不足なのか、レンタカーらしきもので駆け付けてくれた。それは当時の牡鹿半島では決して珍しいことではなかった。みんなそれぞれの思いがあり、現場に居合わせた人たちは作業の手を止めて遺体の収容作業を見つめた。砂のなかから現れたのは、一人の男性。ひとつの命。おそらくは牡鹿半島で人生を紡いできた一人の人間。かたちばかりの検死が済むと、遺体を積んだ車が出発した。この世界に生まれて、生きて働いてきた正真正銘の存在。最後の瞬間に何を祈ったのか。遺体はブルーシートに包まれて運ばれていった。ライト建設と鮎川捕鯨の社員は手を合わせて見送った。

第28大勝丸に関しても、岡本社長はS造船から平成三年作成の構造図を入手し、どこで吊り上げるのかを事前に検討していた。今回も前回同様、何枚も図を描いて、救出方法を探った。おそらく岡本氏は、全工程を頭に描き、数秒ごとの動きを確認しながら何十、何百の可能性を探った。一晩寝ないこともあったという。

五月十六日。牡鹿半島は透明な初夏の陽光が溢れていた。ドックを終えたばかりの大勝丸は美しい赤とブルーのツートンカラー。そして鮮やかなイエローのクレーンが二機、空に手を伸ばしていた。オペレーターが二人と総監督の岡本氏は、慎重に一六〇トンの船体を吊り上げ、慎重に、ゆっくりと海に下ろした。

こうして第28大勝丸は再び三陸の海に浮かんだ。海に浮かんだ第28大勝丸は、紛れもなく捕鯨船だった。青空を背景にブルーの船体を海に浮かべた大勝丸は、鮎川捕鯨復活の可能性を人々の心に刻みつけた。そして、三月十一日から十二日にかけて津波

4　第 28 大勝丸を海に戻す。2011 年 5 月 16 日。撮影：ライト建設

にもまれながら自力でふるさとへ向かったときと逆の航路をたどり、第28大勝丸は石巻まで戻った。遠藤社長によれば、曳いたのは一九トンの船だったという。

下ろして石巻までは引っ張ってもらった。石巻で置いてるうちに、エンジンが直って、走ることができたということです。エンジン動いたときは、エンジンはなかに載ってたからね。ちょうどオーバーホールして、オイル入れるばかりになってたんで。ただシャフトが曲がったり。私たちは、下ろしたとき、うれしかった。

遠藤社長と伊藤会長にとって、捕鯨再開は確かな希望に思えたが、不可能な夢にも見えたりしていた。しかし、三陸の海に再び浮かんだ二隻で、再開は現実だと思えるようになった。この希望を信じていいのだ。この希望は現実なのだ。人知を超えた震災と津波の衝撃は、現実を現実として捉えられなくしていた。でもこれが現実だ。遠藤社長は「うれしかった」とポツリ。万感の思いが込められていた。姿を消していた日常が、戻ってきていたのだ。

こうふうな気持ち初めてだな。だなぁって

この船を修理して使えば、壊滅したかに見えた捕鯨を再開できる。津波直後は会社の解散と従業員解雇を覚悟した会長と社長だったが、幸栄丸と大勝丸の姿を見て捕鯨再開を決意した。船をまず操業できる状態に戻す。でもS造船が使えない。遠藤社長は前の会社（大洋A&F）の元社長に口添えしてもらい、同社が多くの船を出していた塩竈のTドックに修理を依頼した。被災後、船の修理が集中していたが、何とか二隻の修理を受けてくれた。話がまとまると、船長たちは船を塩竈まで送ることにした。その時、阿部船長は、おそらくは生涯忘れることのない感情を経験する。

船長はしばらく沈黙したあと、どこか、高揚したような表情でその時のことを話し始めた。忘れられない一瞬だった。船乗りの魂、船長のこころに触れた瞬間だった。

ここで（ドックに行く前に）エンジンかけた。エンジンかかったときの、離して走ったとき。初めてだな。ああいう感覚。船さ乗ってうれしい。初めての感覚だった。今まで動いてて、あたりまえ。エンジンかかってて、あたりまえ。こいつエンジンかかったとき。あと何日か後に、こっから走ったときの感覚。初めてだったね。今まで何十年も乗って、それこそ小学校のころから海さ引っ張っていかれて。船乗ってっけど、あの感覚だけは初めてだ。口でいえったって、わかんない。

まだね。エンジンかかんない状態だ、そんとき。ドック中だったから。それで業者さん来てくれて、オイル入れてくれて。ここにもってきてから何日もたってからだから。エンジンかかったとき、今まではあたりまえなんだけどしゃ、感動つうぅのかな。ことばでいえねな。不思議な感覚。こっから出て、海に出たとき。河から。塩竈に廻んのに。塩竈まで引っ張っかといわれたけども。エンジンもかかったし。舵も動くし。自力で走る。エンジンはこのままだった。（三月十一日は）もう二、三日後に下ろすっていう時期だったから。（ドックは）ほとんど終わってた。ほとんど。

そんで走ったので、うれしいというか。今まで海に出てて、あたりまえ。エンジンかかって走って、あたりまえ。それが震災で覆されて。そいつがあたりまえに戻ったとき。ことばではいい表せねぇな。初めての感覚。あのころまだ鈴木さん機関長じゃねえから。全員で塩竈に行った。みんなミンク終わって帰ってきてた。全員だった。機関長は涙ぐんでた。たぶん同じ感覚に襲われていたと思う。機関長にいった。こうふうな気持ち初めてだな。だなぁっていってたもん。（船は）体の一部だね。やっぱ、手かければかけるほど、思いがうつるんすか。

船長は給分浜で大勝丸を見たときのことは、意外にも淡々と話した。感情的なことばはなかった。クレーンで吊り上げ海に浮かべたときのことも、静かな調子で話してくれた。「故郷に戻った」くらいの感動的な反応を期待していただけに、いささか拍子抜けした。でも、エンジンがかかったことを話す船長は別人だった。船乗りとしての日常が戻るというあたりまえのことが、船長には衝撃だった。

阿部船長は「小学校のころから海さ引っ張っていかれて」、船に乗ってきた。船を動き回りながら、親父や先輩のことばやしぐさと自分の経験で、船で働く「実践知」を身につけてきた。その感覚が複雑な作業を調整して、あたりまえのように捕鯨船を動かし、クジラを追い詰め、仕留める実践を可能にした。ピエール・ブルデューなら、意識しない前意識的な知識、「身体化された知識＝ハビトゥス」というだろうか（ブルデュ 一九八八）。

「実践知」は時々刻々、付け加えられて修正され、更新されていく柔らかな身体化された知識であり、この知識と無数のモノやコト、そして人が織りなす「確かさ」の重なりが日常を創り出している。それは意識の奥深くに沈潜し、無意識化されながら人の経験の基盤をなしている。いわゆる「生活世界」なのである（田口 二〇一四）。

その世界の分厚さ、深さは想像を超える。あらゆる人がその世界で暮らすのだが、しかし、奇妙なことにこの生活世界は普段は意識されない。生活世界では無数のことが調整され、入れ替えられ、廃棄され、また創られる。そしてそれが前意識的なレベルまで沈潜したとき、日常生活を支える「確かさ」や「あたりまえ」の感覚を造り上げる。

たとえば車を運転するとき、注意は道路の状況、車の流れ、信号などに向けられている。同時に、体の動きや感覚のレベルでは、恐ろしく複雑な調整がなされている。この調整が運転を可能にするのだが、それはいわば見えないところで起こる。こうした普段は意識すらしない膨大な量の情報や実践知と調整機能からなる、見えないシステムを「生活世界」と呼ぶ。

「生活世界」は、日常が破壊され、流されたときはじめて、不在というかたちで、突然姿を現す。巨大震災と津波は、無意識の層に沈潜し日常を支え続けた生活世界が突如消滅するという事態だった。巨大災害の被災者たちが、ときとして、眩惑とともに感じる深い寂寥や虚無感は、生活世界の不在が原因だ。復興とは、この不在に意味を注ぎ入れ、生活世界を復元することなのだろう。

阿部船長にとって「動く船」という感覚は、例えば、呼吸同様、船長の生活世界の根幹をなしていた。エンジン音と振動は、まさに船長の生活世界を形成する身体化された知識だ。普段は意識しない自身の肺であり心臓だ。生きているときには呼吸を忘れ、心臓を忘却する。船長の存在の基底に沈み込んでいる身体的知識。普段は作動しているかどうかさえも意識しない世界。それが一瞬にして停止して消え、そして聞き慣れた懐かしい音とともに動き始めた。呼吸と心臓の不思議。「こうふうな気持ち初めてだな。だなぁ」。自身の心臓がよみがえった。生活世界がよみがえった。

ちゃんとやったよ、オイは。別れの杯

阿部船長の経歴はのちに詳しく述べることになるが、ここでは廃船となった第75幸栄丸のことに触れておこう。

阿部船長は水産高校卒業後、巻き網漁船やクレーン船などで経験を積んだ後、震災の一五年前に戸羽捕鯨に入社している。乗り組んだ最初の捕鯨船が第75幸栄丸だ。そして鮎川捕鯨が設立された二〇〇八（平成二十）年に、若き船長として第28大勝丸に移っている。第75幸栄丸には都合一一年間乗り組み、船員から船長にまで上がっていった。その船で捕鯨のすべてを学んだ。阿部船長にとっては喜びと失敗を重ねて学んだ母校。懐かしい親なのだ。

75幸栄はここに打ち上がってたから、あとは解体という。思い出の船。ある部品を取って持っ

てる。誰も知らねぇけっども、会社さも言ってねぇけっど。ちゃんと解体する日には、酒持ってきて。酒、撒いて。船、先に酒やって。初めて言うんだけれどね。解体する日に、朝早く来て、解体業者来る前に、ちゃんとやったよ、オイは。別れの杯。あと幸栄丸の人たちはこなかったけど。初めて言うから。

解体したのは、ただ、あれじゃないすか、瓦礫。瓦礫じゃないすか。船一周、酒かけた。あと中と。あとワンカップひとつを船先においたのかな。開けて。あとやりようなかったもんね。一升瓶はうちから持ってきて。(店には)一升瓶はねかったもん。ワンカップだけ。コンビニで買ったのは。一軒だけコンビニ早くはじめたのがあった。75幸栄はこの船(大勝丸)と一緒だからね。昭和三十年。

小型捕鯨船とはいえ、船底まで見せた四七・九七トンの躯体は大きい。静かに横たわった幸栄丸に、船長は酒をかけた。瓦礫。一一年の苦闘を抱いた懐かしい瓦礫。隅々まで思い出の残る船体を撫でながら、阿部船長は船を一周した。錆の浮く船体に酒を撒いた。そして、震災後、ただ一店だけ営業していたコンビニでワンカップを買い、船首に供えた。クジラと向き合ってきた船首だ。海の恵みを舷側に抱いたとき、母港を指さしていた船首だ。ワンカップ一つを抱いて、幸栄丸は逝った。

第四章　おらほのクジラ

二〇一一（平成二十三）年四月中旬。それぞれの事情で地元に残る人をのぞく約四〇名が釧路へ向かった。仙台港から太平洋フェリーに乗船して、苫小牧経由で釧路へ入った。釧路では今も小型捕鯨関係者の定宿となっている駅前のホテルに泊まることになった。

何事もなかったかのように営業しているホテル。電気、風呂、テレビ、ベッド、そして食事。一か月の被災地の過酷な生活を経験した人にとって、普通の生活は、快適というより、むしろ違和感すら覚える不可解なものだった。

四〇名の人たちは、震災後一か月、復興など全く見えない石巻、女川や鮎川に家族を残して、それぞれの不安や希望を抱いたまま釧路へ向かっている。また、生き残った船を修理したり、秋の鮎川での捕鯨再開に向けて、工場や加工場の再建のために残った人もいた。

ここには、これしかありませんから

当時の課長伊藤信之氏は、釧路で捕鯨の仕事ができる嬉しさがある半面、家族を避難所に残す心配と不安で悩んだという。信之氏の家族は、鮎川捕鯨社員食堂（おそらく五〇平方メートルもない）くらいの広さの部屋に一〇家族、三〇名とともに雑魚寝をしていたという。津波で自宅を失い、家族を狭く不自由な避難所に残して北海道へ向かうことはどんなにか辛いことだったか。

正直、仕事できる嬉しさ反面、家族を避難所に残していいものかと。葛藤ありましたね。いいのかなって。避難所は多いときで一四、五家族くらいいましたから。私の避難所はまだ恵まれていたんですけど。自分の部屋、これ（鮎川捕鯨の食堂）よりちょっと広いくらいかな。そこに一〇組、十何世帯くらい、三〇人以上、みな雑魚寝していましたから。仮設の前です。まともに顔も洗うこともできないし。

そんなかで子どもたちとうちの奥さん置いていくのは、いいのかな。そういう、後ろ髪引かれる思いでしたね。昨日も実はその話してたんですよ。今から、あのとき釧路連れて行けばよかったなって。釧路に行けばこういう借り上げアパート、ただで借してくれるんですよね。ただ、子どもたちがいやがっぺ。友達と離れるの。そう考えれば、私も辛いけど。

いろんな意味で絆深まったと。やっぱりいいことも悪いこともあったけど、三か月、この避難所で暮らしたことってのは、私一生忘れないって。うちの奥さん言ってくれたから。まだ私は救われたんです。

釧路に向かった鮎川グループには、第一章で紹介した鮮魚店主や自動車工場主も入っていた。彼らはもうすっかり鮎川捕鯨の一員だった。これ以外に社長の知り合いも何人かいた。普段は船に乗り組むメンバーも何人か、陸上要員として入っていた。船の人が陸上の要員となることは、通常あり得ないことだという。

鮎川捕鯨にとっても、もちろん異例の体制だ。小型捕鯨の伝統を逸脱して、総員体制で釧路へ向かった背景には、捕鯨が鮎川にとってほとんど唯一の地場産業だという、あたりまえの事実がある。鮎川地区の四、五〇人に仕事を作り、「食わせていく」。そんな事業を考えたとき、それほど選択肢があるわけではない。むしろその選択肢は極めて限られる。そして社長たちは、捕鯨会社が担うそうした社会的な義務、あるいは責任を感じている。

二〇一四年十二月二十五日、二時間ほど話し込んだあと、工場の敷地まで見送りに出てきてくれた当時の社長遠藤恵一氏はそのことを、端的に、ぽつんと、こう言った。

ここには、これしかありませんから。

実は、翌年の二〇一五年十月、遠藤社長はくも膜下出血で急逝する。最後となったインタビューの数日後のことだ。鮎川捕鯨復興のために走り続けた社長のすがたとともに、このことばが今も私のこころに残っている。これしかないものに賭けた人生。そしてその意味を考え続けている。

仕事を拾って歩く

日本列島で残った小型捕鯨は、地域文化、伝統文化、あるいは食文化という切り口で取り上げられ、議論されることが多い。とりわけ一九八八（昭和六十三）年のモラトリアム実施後は、「クジラは文化」という社会的ディスクール（紋切り型のフレーズ）が出来上がった。

身近にあるメディアを見ると、伝統の日本食文化、古典芸能を支えるクジラ製品、絵画、物語、祭りなど、それは歴史の「深さ」や「華やかさ」に彩られた文化だ。しかし、考えてみればこれらはほとんどが、いわば「都市の消費者の文化」だと言わざるを得ない。そこには食肉生産者の視点はほとんど含まれていない。戦後の南氷洋や北洋で展開された大型捕鯨を語る場合も、多数の労働者の過酷な生活は背景に後退し、「生産量世界一」など、消費者のナショナリズムを鼓舞する常套句が前面を飾る。

四年間、現地で様々な人に話を伺ってきたが、結局、文化ということばは、あまり聞かれなかった。そのことばが出るとしても、マスコミのインタビューなどの場合に限られる。遠藤社長の口癖だった「社員を食わせる」ということばが端的に表しているように、鮎川の捕鯨関係者や周辺のステークホルダーにとって、捕鯨は第一義的に仕事だ。金を稼ぐための一次産業、食肉生産活動なのである。

小型捕鯨には漁期や捕獲頭数が決められており、捕獲、解剖、調製だけを見ると、一年のうち数か月で仕事は完結する。ただ鮎川捕鯨では、調製から商品造りまで守備範囲を広げ、陸上では、細々とではあるがなんとか一年を通じて仕事がある。こうした大きな仕事から小さな仕事まで、何百、何千という部分に分かれ、結びつき、成長し、流れていくのが捕鯨だ。その流れを貫くのは食肉生産という軸であり、「文化」を生み出す活動ではない。

遠藤社長は「仕事を拾って歩く」が口癖だった。そしてすでに述べた通り、震災以後、鮎川捕鯨の人々は実際に、津波にさらわれた更地で、「仕事を拾って歩く」のを目の当たりにした。泥の中から捕鯨道具、クジラ骨や歯を拾い出した。捕鯨船すら、いわば浜から「拾ってきた」。

百年前の大型沿岸捕鯨の時代以来、鮎川の人々は豊かな三陸の海から飯の種を拾い集めてきた。それが仕事だし、生きることでもあった。環境と仕事と生き方が、分ち難く結びついているのが三陸の生活だ。仕事はかたちを整えて、そこここで待っていてくれるものではない。仕事は探して拾ってくるもの。創るもの、限られた環境と相談しながら生み出されるものだ。そして、仕事を創り出すことが、彼らの生活世界の生成でもある。

ティム・インゴルドは、人間存在を生産と不可分のものとして、マルクスを引用しながら「人のありかたはその生産と一致する。人が生産したものや生産のしかたと一致するのである」とした。そして「生産する」ということばを、他動詞ではなく自動詞として理解することを提唱したことはすでにこの本でも一度取り上げた。人間とは、生産しながら世界と自分を創り、そこに生きる存在なのだ。鮎川の捕鯨者にとってクジラ肉を生産するという行為は、いわば自動詞的な自分たちのありかたなのではないのか（Ingold 2011 : 4）。

そうしたありかたを「文化」と呼ぶとするなら、それは明らかにつくられたものを消費する「消費者の文化」ではなく、「生産者の文化」、「生活者の文化」だ。インゴルドのことばを借りれば、鮎川の捕鯨者にとって、クジラ肉生産は、生産活動がそのまま自分たちのありかたを創り出す活動であり、人生の課題（task）にほかならない。インゴルドはオルテガやマルクスを援用しながら、人間性、すなわち人間であることの条件を検討している。

オルテガによれば、人間性（humanity）は種の資格として前もって準備されたものではない。特定の文化や社会に生まれたということで身につくものでもない。人間性とは、私たちがつねに取り組まなければならないなにかだ。「私たちに与えられている唯一のもの、人間生活あるところ必ずある唯一のものは、それをなさねばならないということ。すなわち生きるとは取り組む課題なのである」。……私たちのあるべき姿や可能性は、既製品として手に入るものではない。我々はいつも永遠に絶えることなく、自分自身を作り続けるのである。……受け継いだ種や文化の特性ではなく、生産活動によってかたちづくられるアイデンティティを持つ人々の世界、その可能性をさぐることが、人間の生を追求するという意味だ。

(Ingold 2011 : 7)

鮎川の人々のことばと活動の流れの中に身を置いて感じるのは、彼らは文化を創っているのではなく、生きるために生産しているという素朴な事実だった。彼らの生産活動は三陸という類いまれな環境と分ち難く結びつくことで、人生の可能性や条件を常に探求し、生きるという実践が世界を生成させている。彼らは抽象的な「時間や空間の中にあるのではなく、そこに属し、そこに住み込む」(鷲田二〇二〇：一一〇)。生きるプロセスそれ自体が、あるいは、人間存在のありかた自体が文化なら、そこで見たのはまさに文化であり、文化の生成する現場だった。

漁師魂ですね

釧路で調査捕鯨が始まったのは、伊藤信之氏によれば四月二十日だ。奥海氏は二十二日と記憶している。鮎川チームは、釧路にある網走の下道水産の工場と道具を使うことになった。そして、鮎川復興を応援するために、小型捕鯨会社の船が次々と釧路に集結した。遠く和歌山からは勝丸捕鯨の第7勝丸と太地漁協の正和丸が駆けつけた。千葉和田浦からは新造船の第51純友丸が旗をなびかせて北へ急いだ。第51純友丸は大阪で進水した最新鋭捕鯨船で、その先代の第31純友丸は鮎川捕鯨が購入し、第8幸栄となったことはすでに述べたとおりだ。

和歌山から第7勝丸と共に釧路に到着した正和丸は、この船団では最も小型で、乗組員はたった四人だ。二〇〇九年、筆者は函館でのツチ操業現場でこの船を見たのだが、そのときの鮮烈な印象を記しておこう。

六月のある日の夕刻、午後四時か五時ころだっただろうか。函館の宿舎に正和丸から「完捕」(ツチクジラを完全に捕獲し、舷側に確保した)との連絡が入った。八時ころになって、解剖場から三〇分ほどの函館漁港まで、鯨体の積み下ろしを見に行った。夜九時ころ、すっかり暗くなった港の入り口に、正和丸の小さな灯が見えた。その船内燈とエンジン音とともに次第に大きくなる船影は、どこかこころを沸き立たせるものがあった。太古から、沖にでた舟を待ち、沖の恵みを待ちわびた人間の感情が蘇ってきた。

岸壁についたとき、正和丸がツチクジラとほとんど同じ大きさなのに気づいた。乗組みは四人。この船で、船と同じくらいの大きさのクジラを追い、仕留め、舷側に抱いて戻ってきた。感動と驚きともつかぬ、不思議な感情が湧き上がってきたのを記憶している。

獲物を待ちわびた漁港から解剖場まではトラックがクジラを搬送する。積み移しに小一時間。正和丸は緊張から解かれ、ゆったりと海に身を任せている。甲板では乗組員たちが黙って装備を片付け、すでに明日の準備に入っている。午後十時、正和丸は宿泊地の松前に向かった。おそらく十二時近くに松前に到着し、仮眠をとって深夜二時か三時には次の日の漁に出るのだ。それを思って、ことばを失った。なんという人たちだ。

二〇一一年四月、彼らのために和歌山から釧路に来てくれた正和丸を見た伊藤信之氏は、正和丸の小ささと勇敢さに感動すら覚えた。

　こんな船で捕れるのか。あれは漁師の根性ですね。あれは漁師魂ですね。

被災から一か月足らず。釧路で立ち上がった鮎川の捕鯨者のニュースは新聞でも取り上げられ、被災地だけではなく、全国の人々のこころに希望の灯を燈した。ただ残念ながら、その年の春は海況が悪く、捕獲ゼロの日が続いた。解剖要員たちはホテルを出て必ず解剖場で過ごすのだが、ひたすら待ち続ける日々だった。ようやく最初の一頭目が捕れたのがゴールデンウィーク。その日、釧路地方には雪が降った。

釧路は、四〇日でしたから、四月の二十日に始まったんで、おそらく六月の頭までいたんじゃないですかね。十何頭しか取れなかったんですけどね。海況が悪いし、時期的にクジラがいるあれじゃないんですね。まあ、十何頭取れたから、良かったんじゃないですかね。そのとき、待つ時間が長かったですね。ホテルは必ず出てきましたから。

一番、最初に初猟なったのがゴールデンウィークでしたから。奥海さんもいらっしゃいましたから。あんとき、雪降ったんですよね。あれは今でも忘れないですね。ここだとゴールデンウィークに雪なんて、まずないです。雪の中で解剖。さすが釧路って感じです。鮎川復興のためにということで、うちの社員もそうですし、社員でも都合があっていけない人もいましたけど。あと何人か地元の人、連れて行きましたね。

伊藤信之氏は、荻浜で津波に遭い、不安な一夜を過ごした。そのときも晴れた夜空から雪が舞っていた。船もなく道具もないままで始まった釧路操業の初漁にも雪が降った。日本列島の北部を主漁場とする鮎川の捕鯨者にはふさわしい美しい偶然だった。

いねな。沖見てみっか

海況の悪かった釧路の五月。鮎川捕鯨のメンバーは、じりじりしながらクジラの知らせを待ち続けた。一方、鮎川では社長のコネクションで、塩竈の会社「Tドック」に引き受けてもらい、第28大勝丸と第8幸栄丸の修理が始まっていた。六月のことだ。一隻につき二週間程度はかかる。まず第28大勝丸を直し、次に第8幸栄丸だ。先に仕上がった第28大勝丸は、大急ぎで装備を調え、六月末にツチクジラ漁のために釧路へ向かった。

釧路に姿を現した第28大勝丸。みんなのこころの奥深くに、熱いものがこみ上げた。あの震災と津波から三か月。故郷近くの給分浜に乗り上げ、再び海に戻り、捕鯨船として再出発した大勝丸。古くて、遅くて、重い船。しかし、みんなが好きな愛嬌もの。頑固な愛すべき一徹もの。鮎川捕鯨の旗艦なのだ。

陸上には奥海氏はじめ解剖チームが揃った。ツチ漁でも下道工場を借りた。変則的だが、これで震災後初めての鮎川捕鯨による自前のツチクジラ漁が始まった。よって立っていた基盤、普段は意識すらしなかった生活の土台、自分たちの生活世界の構造が、流されて消滅したあの日から約一〇〇日。想像すらできなかった日がやってきた。クジラが捕れるのだ。

しかし、期待通りにはことは進まない。大勝丸は、慣れない環境と、おそらくは違う系群のツチクジラを相手に、悪戦苦戦を続けた。捕れないのだ。そもそもクジラが見えない。いないのだ。船長の勘も当たらない。阿部船長はその難しさを語ってくれた。

釧路では次の日から漁に出た。捕れなかった。二〇日ぐらいかかったかな。いない。ほんの一頭捕るまで、一回だか、二回しか会わなかった。クジラ。ツチクジラ。ミンクよりはるかに沖。ずっと沖。だからこの辺の常識が通じなかった。この辺だったら一〇〇〇メーターなの。ツチクジラって。いっとこ（いるとこ）がね。深くても一五〇〇とか。

そういう常識が通じねところだった。釧路はもっと深い。それわかるまでは二〇日かかった、ていうことかな。え、こんなとこにいるんだって。深いとこ。二〇〇〇メーター以上。二〇〇〇メートルまでは、いってる。もしかしたら深いとこいんのかな。ところがいない。それより深いとこにいる。結局、常識が通用しねから、そういう場所見つかるまで苦労した。途中で幸栄丸が合流した。

ツチクジラは深い水域に生息し、海底近くでイカやイワシなどを食べているという。三陸沖なら一〇〇〇〜一五〇〇メートルの深さに生息することが多いが、釧路は違う。阿部船長は二〇〇〇メートル以上、あるいは、もっと深いところかもしれないとすぐに気付いた。

ツチクジラの生態研究の第一人者粕谷俊雄氏によれば、太平洋側でツチクジラが分布するのは相模湾以東、三宅島以北の海域だという。その海域でツチクジラが出現するのは、ちょうど等深線一〇〇〇メートル上の海域だ。沖合側の分布限界は水深三〇〇〇メートルの等深線に一致する。粕谷氏は、調査船がこの海域に近づくとツチクジラが出現したことを印象深く語っている。一〇〇キロメートルの沖には三〇〇〇メートルの等深線が、海岸線と並行に走っているという（粕谷 二〇一一）。

三陸沖よりも深い慣れない海域を、生息水深の異なるツチクジラを探して船を走らせた。二〇日間、大勝丸はクジラを探して釧路沖を走りまわった。襟裳と釧路の茫洋とした海を、探しながら、考えながら、走り回った。一日、海を見つめ、「気《ケ》」（潮吹き）が上がるのをひたすら待ち続ける。漁は、すなわち、待つことなのだ。やがて第8幸栄丸も修理を終えて合流。第28大勝丸と第8幸栄丸二隻の操業となった。同じ会社の僚船だ。苦労している海域だから二隻で行動することにした。船長同士、探鯨の海域を相談もしている。同じ海域で船を流しながら海面を見つめる日々が続いた。

幸栄丸のほうが先に「気《ケ》」を見つけた。ツチクジラの「気《ケ》」と確認して、今度は二隻で追尾する。船には緊張がみなぎる。漁師の魂が騒ぐ。人より早く、人より少しでも大きいクジラを仕留めたい。たとえ同じ会社の船でも、その気持ちは同じなのだ。結局仕留めたのは幸栄丸のほうだった。

途中で幸栄丸が合流した。それで一頭目、情けないことに幸栄丸が捕った。（大勝丸が）最初に来てたのに。二隻でこう、「いねな。沖見てみっか」って。でたら幸栄丸のほうで「気《ケ》」でたから、行ってみるって。それツチで。共同で追っかけて。それで幸栄丸捕って。情けねかった。一〇日も半月も前に来てさ。

阿部船長は悔しさを隠さない。狩人の魂だ。

ま、時期もよかった。だんだん良くなってくるから。一日一日、後半に行けば行くほど。水温高くなってきて。そのあとすぐに捕った。同じ日でなかったけど。次の日か、次の、次の日か、わかんねけども。場所さわかればこっちのもんだみてぇな。

沖で毎日泊まってる。捕ったら戻って下道の工場へ運んで。大きかったですね。丸かったんです。太ってる。一頭目くらいまでっすか、苦労したの。あと、まぁ順調でもなかったですけど。思った以上には。

本船で一一頭だから。秋は戻ってきてこちらで。何頭捕ったんだかな。三つ捕ったのかな。とにかく一四頭は。一四頭割り当てと思ってるから。一四頭までは捕った。幸栄丸はいかねかったけど。苦労したけっども、割り当ては捕ったかな。釧路で追ったのは見た感じ大きかった。

二〇一一年六月の釧路沖は霧が出て海況が悪く、悪戦苦闘を強いられた。ただ、後半は次第に海況が改善して水温も高くなり、七、八月には捕獲が続いた。大勝丸は毎日沖に泊まって、船を流しながら短い睡眠をとり、早朝からまたクジラを追う日々が続いた。二、三〇〇〇メートルの深海から、呼吸のために浮上するクジラを追尾し、追い込んで、追い込んで、捕獲する。

捕獲すれば下道工場へ運んで、また、沖に戻って夜を過ごす。クジラ捕りの生活だ。そんな日が八月いっぱい続いた。大勝丸は結局、釧路沖で一一頭を仕留めた。鮎川捕鯨の捕獲枠は二八頭と決められている。基本的にはそれを二隻で分け合う。だから、大勝丸は一四頭が自分たちのクオータ（割り当て）と理解している。それで三頭が残った。

釧路沖のツチクジラは潜る深さも違えば、その体躯の大きさや太さも、三陸沖のツチとはずいぶん違っていたという。脂が乗り、味も良かったという。阿部船長は「見た感じ大きかった」とさりげなくいった。陸上班にはその大きさに畏怖の念を抱くものもいたくらいだ。前出の平塚航也氏はこう回顧している。

釧路ツチは化けもんでしたね。大きい。（下道工場の）シャッター三回くらい壊してる。こっちの奴より、ふたまわりくらい大きい。反対側にいる人見えなかったんで。北海道のツチクジラ、こえぇって。味はうまかったです。北海道のクジラ、味が違うって話になって。なんでこんなに脂乗ってんだ。このときは少し枠残して、鮎川に戻って、あとツチを捕ったんです。意外に鮎川のツチも大きくて。宮城のツチはちっこいですよね。でも以外にでかかった。

借りていた下道工場は基本的にはミンク用に設計されたものだ。ツチクジラには多少小さい。特に釧路のツチは三陸に比べて二回りも大きいから、大包丁を手にクジラの横に立つと向こうの人が見えなくなる。この大きさで解剖ができるのか。員長をつとめる奥海氏は、持てるノウハウを全部つぎ込んで、「ムリムリ」ツチ解剖と処理を行ったという。

おらほのクジラ

課長の伊藤信之氏も釧路で最初のツチクジラを、胸に迫る思いで見つめていた。四月に釧路へ向かったときは避難所暮らしだった信之氏の家族は、この当時すでに、鮎川小学校に建てられた仮設住宅に入居していた。しかし、気掛かりが消えたことはなかった。もちろん信之氏だけではない。釧路に来ている鮎川捕鯨の全員が心配事や屈託を抱えていた。

ただ、そのことは口にせず、解剖場で何気ないことばを交わしながら待ち続けた。待ちの状態のとき、彼らは冗談で時を過ごす。時にはホテルで待ち続けることもあった。捕れない。じりじりする時間が過ぎていく。ここでもクジラ捕りの仕事は待つことだ。そして、七月半ばを過ぎたころ。携帯に完捕の連絡が入り、陸上班のなかに緊張が走って活気が戻った。信之氏はこう記憶している。

捕鯨はこれからの自分の人生かなって。そこまで思っていなかったかもしれません。でも今回の震災でそれがもう決定的なものとなりましたね。それはなぜかといいますと、釧路でツチクジラ。

今まで見たこともないって、釧路の沖で。ゆってたのに、ようやく見つかって、捕れたと。そんときの感動が凄いですし、七月ですね。始まって二〇日くらい、ずっと探してたんですよね。いなくて、いなくて。

どこにいるかわかんないですから。確かに深いとこにいるのは分かるんですけど。襟裳と釧路のあいだを、行ったり来たりしてたんですね。二隻で。ようやく見つけて捕ってきて、捕ってきたときの感動というのはないですね。

この日の捕獲では、人々の心にいろいろな思いが交錯した。震災から四か月。それぞれの問題を抱え、それぞれの時と思いを生きてきた。平凡な年より、はるかに長い時間だった。

信之氏は前にも述べた通り、荻浜で津波に襲われ、車を捨てて徒歩で鮎川に戻った。途中の給分浜で打ち上げられた大勝丸にも驚いたが、鮎川に戻るとさらに茫然となった。会社も、昨年末に購入した自宅も、慣れ親しんだ町自体も何もかもなくなっていた。それから四か月。ただひたすら捕鯨に希望を託して、釧路で待ち続けたのだ。

自宅の再建もある。会社の再建も進めなければならない。津波の衝撃を受けた子どもたちも気がかりだ。そばで家族の面倒を見ることもできない。そんな中、ひたすらクジラを待つ日が続いた。

津波の翌朝、叔父と一緒に給分浜でみた大勝丸が、今では、以前と同じ美しい船になって復帰し、襟裳岬と釧路の間の海域で、クジラを探して走り回っていた。二隻の船長は、陸で待つ人々や鮎川で待つ人々にクジラの知らせをもたらしたいとひたすら願った。少しでも大きいクジラ、少しでも太ったクジラを曳いて帰港したいと願っていた。この日携帯から響いた「完捕」の声はちいさいが、確かに、鮎川捕鯨復活の声だった。

この時期、鮎川の被災者たちは、津波の衝撃で受けた傷がまだ癒えないまま、かすかに見え始めた復興への期待と、起こった悲劇の痛みの間で揺れ続けていた。やるべきことを探し出して、無理やりにでもその仕事をルーティーンに作り上げ、消え去った日常時間の再構成を試す日々が続いた。

ひとびとは粉々に砕けた日常の世界を、荒涼とした被災地に築き上げようとしていた。瓦礫除去の作業が進むと、被災地の空白と雑草が、消えた町への思いを掻き立てる。そんなときに、鮎川捕鯨の船がクジラを捕獲したとの知らせが届いた。信之氏はすぐに避難所の奥さんに電話をいれている。その知らせに鮎川小学校の仮設全体が沸いた。仮設の家々から声が上がったのだ。「おらほのクジラ(オレたちのクジラ)」だ。

クジラ捕ったってうちの家内に電話したら。情報って早いんですよね。さっと広まったんでしょうね。家内、鮎川小学校の仮設なんですけど、朝からひっきりなしに(ドアを)叩かれんですよ。クジラ捕ったんだって！　おらほさ一〇キロ、おらほさ五キロって。もうそれから電話なりっぱなしですよ。私とこの電話が。

うちの家内からの注文が。何でそんなに注文が。結局、仮設に入っている人は支援を受けているわけじゃないですか。いろんな人から。その人に返せるもの。鮎川で、みんなに御礼として返せるものは、クジラしかないって、みなさん思っているんですね。

それでクジラ注文、ばんばんきましたね。もう楽しかったすね。感動的です。本当に良くやったとおもいますよ。うちの奥さん。地元じゃないんだけど。うちの母ちゃんほめるんじゃないけど。

信之氏はこの出来事を何度か話してくれた。一頭のクジラが、意気消沈する仮設を一気に元気づけた。仮設のドアを叩く音や、電話の音が、消えたと思っていた鮎川の地域社会をよみがえらせたのだ。

捕鯨で栄えた町、クジラにまつわるあらゆることが路地という路地に行き渡っていた町、モラトリアム後も苦労を重ねながらクジラを捕り続けた町が消えた。捕鯨は本当にあったのか。クジラの肉は本当に社会に流通していたのか。それが蘇った。鮎川のひとびとは、地元の名物といわれると、クジラと答える。遠く離れてくらす家族への贈り物。盆暮れに親せきや友人に送る中元や歳暮。ボランティアや様々な支援への返礼。あらゆる機会に行き交う名物、地元の返礼としてクジラが相応しい。クジラは鮎川の公共財、社会財なのである。

鮎川の捕鯨を中心とした社会に関する古典的研究がある。それによれば、モラトリアム以前の鮎川には、社会関係のネットワーク上を無償の鯨肉が行き来したことが確認されている。船の乗組員、捕鯨会社の社員、親せきや友人、漁協、神社や仏教寺院、学校や役所など、社会全体を覆いつくすネットワーク上でクジラ肉が贈られ、また返礼として贈られた。推定では年間約五頭分のミンククジラがこうして流通したという（フリーマン 一九八八）。

今回の調査でも、モラトリアム前は、クジラ肉は経済活動の財（代価を支払って入手するもの）ではなく、「もらうもの」、「配られるもの」、「分け合うもの」、「権利として受け取るもの」など、純粋な経済財以上のものだったという証言を聞くことができた。クジラ肉は社会的財でもある。後で詳しく取り上げるが、震災後にクジラ肉の注文を取って地元に配達する組織、「一般社団法人海のめぐみ協会」が結成されている。その理事長の及川伸太郎氏の話だ。

昔はみんなクジラの肉はもらってました。金出すということはなかった。バケツ持って行って、もらってきた。親たちはもらって持って帰る。従業員がもらってきたのを、後でみなさんに配る。部落のみんなにいきわたる。

トラックにつんで、落として、カラスの餌になったり。あと、拾って持っていく人もいるし。昔は道路が悪かったから、カーブ多いから、よく落ちんだよね。こっちも引き返して、また積むのもあれだから。どうせ帰って来るうちに、すっかりなくなってるから。

人が食べるのが多かった。解剖してすぐだから活きがいい。働いている人がもらってきたりして、「分け肉」つって。さらに我々がそれからもらって食べた。豊富に食べたんだよね、意外と。クジラ肉は買って食ったというのは、記憶にない。


社会経済学者カール・ポラニーは、互酬制、再分配、交換の三概念を経済統合の原理とした。互酬制は社会的には対称的な集団間での財の移動、再分配は一度中心に集中した財が再び配分される移動で、この二つが非市場型原理である。交換は、利益を目指す人々の間での財の相互的移動で、市場経済の原理ということになる(ポラニー 二〇〇九)。

近代の捕鯨産業は大規模な漁業資本、近代的な捕獲技術のうえに、漁労文化に根付いたヒューマンリソースと漁労技術が合流するかたちで形成されてきた(森田 一九九四)。古くて新しい産業だ。企業体は交換の原理で動いたが、地域社会では互酬制、再分配、交換の三原理が融合し、モラトリアムまでは何とかそのシステムが動いていた。

鮎川では捕鯨産業の近代的産業構造に対応しながら、地域社会も緩やかに再編成されてきた。浩瀚な『牡鹿町誌』はその経緯をつぶさに記述している。同時に、漁労文化に根付く社会制度も、捕鯨産業の発展と並行するように生成・維持されてきた。それがこのクジラ肉の無償分配なのだろう。及川氏は常に冗談を交えながら話す愉快な人柄だ。彼が鯨肉から見た鮎川の近代史を、笑いの中で語ってくれたように、鮎川では「バケツ持って行って、もら」うのがクジラ肉だ。道路事情の悪さから、よくトラックがクジラ肉を落としていく。人もカラスもそれを分け合い、すっかりなくなる。それが鮎川のクジラ肉だったのだ。

しかし、それも過去の話だ。モラトリアム以降、クジラ肉の無償分配システムは機能しなくなった。要するに、クジラ肉は貴重品となったのだ。社員のなかで、ごく内輪の「分け肉」は続いたが、コミュニティに配るほどの余裕はない。だから、モラトリアム以降は、クジラ肉は「買うもの」になった。しかし、それでもクジラの肉は捕鯨会社の経済財であると同時に、鮎川地域の公共財であるという意識は強く残っている。やはり特別な資源なのだ。

ここには、クジラ肉を生産する社会の価値と効用が、地域住民に共有され、その機能維持のために協力する心性が確かに存在する。クジラ肉生産社会は、「特定地域に住むすべての人々が豊かな生活を営み、優れた文化を展開し、人間的に魅力ある社会を持続的、安定的に維持するような社会的装置」（宇沢 二〇〇〇）なのである。「おらほのクジラ」というフレーズは、そうした社会的装置への信頼を示すことばであり、地域を支える栄えあるアイデンティティだ。

釧路のツチクジラは鮎川捕鯨再建の実質的なスタートだった。地元の仮設が沸き立ち、自分たちの町、鮎川がどんなところだったのかを思い出した。クジラ肉生産社会が復活の声をあげた。これが始まりだ。これからどんな町をつくるのか。多くの人たちが一頭のツチクジラに希望を託した。

遠藤社長についてクジラやっていくよ

二〇一一年の春から秋まで、鮎川捕鯨の人たちは鮎川、釧路、網走を往復した。目まぐるしい年だった。荒廃した故郷の町や残してきた家族を思いながら、操業を続けた彼らの強靭さは、目を瞠るものがある。

四月二十日過ぎに始まった釧路の調査捕鯨は、伊藤信之氏によれば六月初頭までかかった。成績は芳しくなった。それでも鮎川捕鯨再開のかすかな手ごたえを感じて、いったんは鮎川に戻り、しばらくしてまた釧路へ戻った。すでに述べた通り、ツチクジラ漁が始まったのは七月のことだ。悪戦苦闘の釧路ツチクジラ漁だったが、大勝丸は残り三頭まで追い込んだ。

九月にはオホーツク海のツチクジラ漁が始まった。鮎川のグループは網走に移動し、網走の捕鯨会社「三好捕鯨」と共同で二頭のツチを捕獲した。捕獲枠の二頭が終わった後は、また釧路へ移動。今度は秋の調査捕鯨となった。これが終漁したのが十月末だった。

この半年の間、遠藤社長は現場と鮎川を行ったり来たりしながら、伊藤会長と協働して会社の工場の再建に注力していた。補助金も申請した。会長は文字通り私財を投げうって再建に賭けた。現場にはない苦労が二人の肩にのしかかった。「飯食わせなきゃなんない」のだ。そのためのインフラや設備が必要だ。残念ながら、そのプロセスの詳細はうかがえなかったが、すべての局面で社長と会長が、こころをくだき、動き回り、根回しをしてきたことは確かだ。社長は時々、あたりまえのように東奔西走ぶりを漏らすことがあった。

三月末には水産庁に行って、鮎川の調査ができないということから始まって、じゃ、どこで調査やれるのかということで。釧路で水産庁がやってもいいということで。うちなんか船も流され何もない、残ったのは社員だけなので。その当時、陸上と船員の人たち、皆さん来てもらって、それで陸上で雇ってもらって。それが一番最初の仕事。

私と会長は残ったんで。船二隻陸に上がってんの、下ろして修理したいなということで。これもまた、東京まで行って、私の会社の元社長に、その時会長だったかな、お願いして。塩竈のドックが使えるみたいなんで、直してくれとお願いしてくださいって。うちのマルハがずいぶん世話になったので。上の人がいえばやってくれんのかな。うちの会長とお願いに行って、そこですぐに連絡とってもらって、大丈夫だってことで。あと船下ろすだけということで動きましたけどね。大きな船が入ってる中で、うちのやつも入れてもらって、順番だよってことで。最初大勝丸入れて、直して、下ろしてから。そこにまた幸栄丸入れて直してもらった。

5　遠藤恵一社長。2012年8月30日。撮影：著者。

鮎川で最も長い時間話したのが遠藤社長だった。アポは取ることは取るが、何が起こるかもしれない現場だ。仕事の合間を縫って、時間を割いてもらう。初めて会った時からずっと変わらぬ誠実な対応をしていただいた。懸念や屈託の数々を抱え込んでいたはずなのに、いつも穏やかで静かな口調で、話してくれた。

社長には当たり前の業界用語だが、私には初めてのことばが飛び出してくる。ことばはやがて具体的な意味をおびはじめ、現場のリアリティをまといながら、耳の底に蓄積される。そのたびに、鮎川でクジラを捕って暮らす生活の厚みが重なっていった。

後に詳細に辿ることにするが、社長の人生は、大型沿岸捕鯨からモラトリアム後の小型捕鯨まで、戦後の捕鯨現代史とぴったり重なる。楽しいこともあったが、重労働で苦労も多い捕鯨人生。なかでも、震災後の一年は最も苦しい時期だったに違いない。いつの間にか社長は鮎川捕鯨だけでなく、地域社会を支えるキーマンとなっていた。

そんな遠藤社長を課長の伊藤信之氏は、強い信頼と尊敬の念で見ていた。

その（調査捕鯨）ときは、（釧路には）うちの社長、いませんでしたから。社長戻って、会長戻って、工場直して、要は、捕り残したツチクジラを、（冬の）三陸沖で捕ろうという段取りを、全部やってたんですね。

（冬の三陸ツチ漁では）今のあの網島ラインのあすこで吊り上げて、トラックで搬送して、今の第二工場、ここにまな板敷いて、ここで解体したんですね。それまで社長、全部直しましたから。屋根もありました。翌年にはこの第二工場で春の調査行われましたから。

それまで社長も、ずっと釧路行ってましたが、伊藤会長と連携とりながら、この工場、この施設。補助金とか全部段取りやって、こういう立派な建物、必死になって作ってくれたんですね。

鮎川捕鯨が正式に設立されたのは二〇〇八（平成十）年二月一日。第一章で述べたが、その年の一月に、新会社設立を前にして、戸羽捕鯨の創設者で、小型捕鯨の歴史を生き抜いた信之氏の祖父、戸羽養一郎が亡くなっている。信之氏は墓前で孫を代表して、遠藤社長についてクジラやっていくよと語りかけたが、この思いは震災を経験してますます強くなっていた。

異例の十一月操業

十一月の操業は異例の事態だった。以前には十一月にゴンドウクジラを捕獲した時期があったが、採算が取れないのですでにやめている。釧路、網走そしてまた釧路と、社員たちが闘い続けた一方で、伊藤会長と遠藤社長は、あらゆる手段を使って、混乱の中でなんとか工場を再建した。そしてまだ、ツチの枠が残っていた。

十一月操業に向けて、あらためて水産庁に鯨体処理場の使用許可も申請した。震災から約八か月。鮎川で、鮎川の船と工場を使って操業ができるのだ。工場には屋根すらあった。そこにまな板を敷いて、ツチクジラを解体する。信之氏には工場が、どんなものよりも「立派な建物」と映った。

二〇一四年のインタビューで遠藤社長は、社長室の壁面に張られた海図を指さしながらツチクジラ漁の実際を話してくれた。海図には二〇一一年と一二年の二年間の記録が書き込まれていた。

（海図を見て）この印は震災の年と、その翌年の記録です。原発避けて。この辺で捕っても法的には大丈夫です。太平洋枠ということで。私たちとしては、漁場近いほど、鮮度いいし燃料代もかかんない。ここ（茨城沖合）からだと漁場まで二〇時間くらいかかるんじゃないですか。ここ（福島沖）だと、捕ったよって言ってから一〇時間。鮮度が違う。（茨城沖合だと）鮮度が落ちて。今年は小名浜あたりまで行って、小名浜から少し南で。

操業は一応十二月半ばまで延長かけられる。一〇日に一回（船が）出れば。そんな感じですね。

船は石巻において、ここから出られないんで、後は、沖で時化になれば、小名浜。漁場に近いところにいてもらって。期間はありますけどね。まあいいとこ、十一月いっぱいくらいで。難しいんじゃないのかな。私と会長で判断する。やめるか、やめないか。捕り終われば一番いいんですけど。

おそらく、二〇一一年は十月末頃に釧路から戻り、規則通り一週間程度のインターバルを置いて第28大勝丸と第8幸栄丸は危険な冬のツチ漁を開始した。原発事故で福島沖は漁ができない。船はさらに南下し茨城沖合でツチクジラを追うことになった。その海域からは曳鯨に二〇時間くらいかかり、鮮度が落ち、売値が下がる。冬を迎えた太平洋は風も強く、波も立つ。波が立つと「気《ケ》」が見えにくくなる。海況は良好とは言えず、一〇日に一回船を出せれば御の字だ。

一般的に、漁期そのものを終えるかどうかは、まさに社長と会長の決断によるが、日々、出漁するかどうかを決めるのは船長だ。悪天候の中、船長は今までの経験から蓄積した情報や、勘と呼ばれる経験で培った感覚や直感で出漁を決める。十一月に入った遠い海域の操業では、その難しさは倍増しただろう。捕鯨は様々な自然情報と膨大な経験が支える複雑な作業だ。その作業には説明すら難しい判断と決断が必要だ。二人の船長はそれまでの無数の経験や身体化された情報から自然状況を読む。特に、絶えず揺れ動き予測が難しい冬の三陸沖だ。その判断は極めて困難なものだったろう。

遠藤社長の方は刻々入る報告を、社長室の海図に書き込んだ。それは、一度は失われた捕鯨業がよみがえってくる足跡だった。過去から未来へ続く足跡。冬季の強い風でも吹き消せない、確かな軌跡が冬の大平洋に描かれた。悪条件のなか、五頭を捕獲した。そして、クジラは舷側に抱かれて「おらほのクジラ」の町へ向かった。

小型捕鯨協会の「事業成績報告」によると、二〇一一年には第28大勝丸が一四頭、第8幸栄丸が九頭の計二三頭となっている。阿部船長は釧路で一一頭、そして鮎川で三頭の、計一四頭を捕獲したと記憶していた。翌年は第28大勝丸が二一頭、第8幸栄丸が一二頭で、計三三頭。鮎川枠は二八頭なので、前年からのキャリーオーバーが五頭だった。四月から始まった鮎川捕鯨の復興への動きはこうして第一段階を終えた。震災ですべてを失った鮎川捕鯨は、たった八か月でよみがえった。

第五章　員長の世界

鮎川の捕鯨関係者の中でも伝説的な人物が奥海良悦氏だ。彼にはすでに何度か登場してもらっている。津波の当日、石巻から山越えで帰還したときの出来事や、翌日から鮎川捕鯨の敷地で捕鯨用具を拾っては回収していたことは、第二章でも紹介した。

そこでも述べたように、一九五八（昭和三十三）年に十七歳で捕鯨の世界に入り、捕鯨船員として五〇年を過ごした。有効期限一〇年の「船員手帳」五冊と、几帳面な文字でつづられた膨大な操業ノートが、彼の人生を物語る。彼の人生は大型遠洋捕鯨から小型沿岸捕鯨まで、そのまま鮎川の捕鯨現代史である。奥海氏は鮎川生まれの鮎川育ち。生粋の鮎川っ子だ。奥海という希少苗字は、牡鹿町史によれば三家のみで、金華山神社と深い関係がある。まずその金華山の話から始めよう。

山島の生まれで

鮎川の沖合、半島の東南に浮かぶ金華山島は古来の黄金境信仰の対象だった。八世紀ころ、おそらくは渡来人系の鉱山開発専門家集団が三陸で金発掘に成功する。建立中の廬舎那仏に大量の金を必要とした時期だ。その場所は現在、石巻市涌谷町と同定されているが、記紀歌謡をはじめ、さまざまな文書が入り乱れるうちに、金華山島を黄金産出地とする言説が定着する。以来、金華山には黄金の生

6　夜空に浮かぶ金華山島。2012年11月28日。撮影：大澤泰紀

まれる島という伝説が付きまとうことになる。世界中のエルドラード（黄金境）は常に境界の世界に位置する。金華山島は、陸路の奥（陸奥）のそのまた奥の海（奥海）に浮かぶ黄金境だ。

金華山が開山された由来はあいまいだが、古代には神社、そして中世にはすでに金華山大金寺が営まれていたという。十二世紀ころ、平泉藤原氏は各地に一山寺院を建立しているが、金華山大金寺もそのひとつだった（牡鹿町誌・下）。その後、大金寺は十六世紀と十九世紀の二度にわたって火災と再建を経験。明治期にも火災を経験している。また、十九世紀には黄金山神社本社が落成している。金華山は古代よりいわゆる「本地垂迹思想」による神仏習合の宗教空間だったのだろう。

一八四三（天保十四）年には大金山寺参詣の玄関口である「一の鳥居」が建て替えられた。現在も石材店が集積する石巻市稲井で作りこまれた鳥居は、高さ五・五メートル、太さ五〇センチメートル、重量十数トン。稲井から鮎川までは船で運び、近郷から集まった数百人の人夫が二日がかりで峠まで上げたという（牡鹿町誌・下）。

明治初期、神仏分離令が出されたとき、廃仏毀釈の波は金華山にも及んだ。一八七一（明治四）年、大金寺は黄金山神社への転換を余儀なくされ、当時、十七代別当の康純坊運正は還俗し、そのとき名乗ったのが奥海正という名だ。黄金山神社が一八七四年に「県社」に昇格して県から別の宮司が派遣されたさい、奥海正はいったん社祠に降格される。紆余曲折を経て奥海正が正式の祠官となるのは一八八二年だったという（牡鹿町誌・下）。記憶に残るロングインタビューで、奥海氏はこの話から始めた。

金華山が神社でなく、お寺だった時期がある。そのときえらいお坊さんが三人いて金華山の奥海を継いだ人と、山鳥と涌谷の黄金山（金を産出したところ）。ここも奥海というらしいですよ。兄弟ではなかったんだけど、廃仏稀釈の時代に、三人お坊さんが奥海という姓をとって。この地の先という意味ですかね。

私の親父というのが山鳥の奥海から出たもんだから。山鳥はこっから一〇分くらい。そこに私の一族のお墓があるんですよ。それをみるとそんなに古い時代ではない。明治の初めころか。でも結構、五輪の塔みたいなお墓になっているから。結構、えらいお坊さんだったのかな。明治の初期にあんなおっきなお墓があるということは、結構えらいお坊さんでしょう。

一九八六年には老朽化した「一の鳥居」の解体修理が行われ、現在も牡鹿半島の高台に屹立している。一九七一年に完成した半島縦貫道コバルトライン鮎川分岐の地点だ。そこから山林を下ったところが山鳥集落。さらに急峻な崖を下ると、金華山への渡船場の山鳥渡しとなる。奥海氏の父親はこの山鳥の出で、そこには一族の墓があるという。奥海氏のルーツの地だ。「奥の海」は、古来、歌枕として知られ、牡鹿半島の南端の黒崎付近の海だったという（女川町誌 一九六〇）。

明治初期の鮎川は戸数五〇程度の、ごくありふれた三陸の漁村だった。漁業が主たる生業だったが、金華山詣の参拝客が一種の賑わいをもたらしてもいた。北海道から関東にかけて金華山講が形成され、黄金が生み出されるという伝説の島への巡礼がひきも切らなかった。明治期まで年間約十万人の参詣客を集めていたという（牡鹿町誌・中）。その経済的効果は定かではないが、すくなくとも鮎川の「土地の精神」が外へ開かれる契機になったことは推察できる。今も鮎川は世界へ開かれているという印象を、強く発散する場所だ。

鮎川の現代史に精通している観音寺（鮎川字南）の住職で、今は亡き川村成美師によれば、船で鮎川についた参詣客は、観音寺付属の宿坊で日和待ちをした。昭和十年代のことだという。渡海日和に参詣客は、観音寺の裏から真っすぐに山を登る。登り切ったところに一の鳥居があり、そこの茶屋で草鞋を買い求めたりして参詣準備をした。女性はそこから金華山を遥拝して宿坊へ戻った。女人禁制だったのだ。昭和十三年生まれの川村師はこう話してくれた。

ここ（観音寺）は宿坊寺だったんですよ。金華山はもともと大金寺というお寺だったんです。そのお寺に参詣する人が日和待ちするお寺だったんです。私が生まれた昭和十三年ころまで、ここに長屋があったそうです。二つ。お籠りする長屋があったんです。この沢づたいに道路がありまして、ここをまっすぐ行くと一の鳥居の最短距離なんですよ。

そこからまっすぐ降りてって、山鳥渡しから金華山に渡ったんですよ、動力船がないときは。今でも降りられるかもしれません。ただ、いまの地震で崩れてあそこ使っているかどうかわかりません。（山鳥渡しは）コンクリートなんかでできていまして、手すりなんかも真鍮でできてまして、その当時としては大変なもんだったと思います。

山鳥にも「山鳥庵」と呼ばれる待合所とも宿泊所ともつかぬところがあり、参詣客はそこでも船待ちをしたという（牡鹿町誌・中）。渡海者が溜まると、山鳥側から鐘を撞く。島からは返答の鐘が鳴り響き、島から船が出される。山鳥は波が荒いので、普段、渡し船は金華山側に係留されていた。狭い海峡、金華山瀬戸は荒れることで有名だったが、日和待ちした参詣客は船に揺られて島へ渡るのである（牡鹿町誌・中）。

一九二三（大正十二）年編纂の『牡鹿郡誌』には地理学者志賀重昂（一八六三―一九二七）の金華山訪問談が収録されている。そこでは、東京から塩竃まで鉄道でゆき、塩竃で「小蒸気船」に乗り換えて金華山まで直行する方法と、荻浜から陸路で鮎川へ入り、あとは一の鳥居から山鳥へと辿るルートが紹介されている。山鳥渡しでは、鐘ではなく、大声で金華山に係留されている船をよび、金華山瀬戸を渡るのである（牡鹿郡 一九二三）。奥海氏もこう語る。

もともと山鳥というのは、手漕ぎの船の時代に、山鳥渡しというところから金華山参りの人が渡ったみたいなんです。今の町の中心部から山越えして山鳥まで行って。金華山の一の鳥居というのが山の頂上にあるんですよ。これより女の人はいけなかったらしい。女人禁制でなくなったのは明治の後半になってからでしょうね。女の人は船にも乗せない時代があったみたいですよ。

金華山、山鳥、奥海の三つのシンボルが奥海氏のライフヒストリーの基盤をつくる。鮎川の東の果て、金華山への渡し場山鳥は異境への入り口であり、金華山が象徴する黄金に彩られた神々の世界への通路だった。近代になって金華山の黄金伝説はやがて、国内有数の漁業資源の宝庫へと姿を変える。なかでも江戸末期から注目を集めていたのは、捕鯨場としての可能性だった。資源開発の試行錯誤が続いたが、一九〇六年、東洋漁業株式会社の鮎川進出から金華山海域のクジラ資源開発は始まる。奥海氏はその歴史の中に生まれた。

昭和十年代の鮎川

奥海良悦氏が生まれたのは一九四一年。太平洋戦争前夜のことだ。当時の鮎川はどんな町だったのだろうか。

一九〇六年六月に、東洋漁業株式会社が大型捕鯨船で鮎川向田に進出し成功を収めて以来、鮎川湾沿いには国内のほとんどの捕鯨会社が事業所を開設した。鯨肥工場やクジラ産品など関連産業も集積され、捕鯨関係者を対象とする第三次産業も盛んになった。明治初期には五〇戸程度の寒村だった鮎川は急激な成長を遂げ、昭和十年代には戸数約一〇〇〇、人口は三〇〇〇を超える町に成長していた。進出以来、捕鯨会社は合併や吸収を繰り返した。一九四〇年代当時は、東洋漁業系の日本水産、後発の林兼商店捕鯨部、地元資本で立ち上げた鮎川捕鯨株式会社（すでに極洋捕鯨に吸収されていた）の三社が活動し、少数の小型捕鯨船も操業していた（東洋捕鯨 一九一〇）。

鮎川と釜石沖は屈指の捕鯨場で、一九一〇年から四八年まで、戦中の二か年を除き、日本列島でも最多の捕獲数を記録し続け、列島全体の四一％に上った。しかし、戦争の影響は大きく、全国の鯨肉生産高は、一九四一年には一万五〇〇〇トン、四二年には九〇〇〇トンに落ち込む。四四年に二万八〇〇〇トンに回復するが、四五年終戦の年には七〇〇〇トンに落ち込んでいる（前田／寺岡 一九五二）。

一方で、一九三四年からは南氷洋捕鯨が始まり、捕鯨産業界はまったく新しい局面を迎えていた。戦争激化で南氷洋捕鯨は中断されるが、一九四〇／四一漁期（南氷洋は年をまたぐので、こうした表記となる）は南氷洋に向け戦前最後の船団が出漁している。鮎川の労働市場も大きく様変わりし、戦前戦後を通じて南氷洋船団に多くの労働者を送り出す町となる。南氷洋に浮かぶ捕鯨母船やキャッチャーボートの甲板には、鮎川の町が現れた（前田／寺岡 一九五二、近藤 二〇〇一）。

ついでになるが一九四三年には、もうひとつ鮎川に消えない記憶を残した大事件があった。町の中心街が消失した大火である。鯨肥料工場から出火し、おりからの西風にあおられて瞬く間に鮎川の中心街を焼き尽くした（牡鹿町誌・上）。当時五歳だった観音寺の川村師は、鯨油の詰まったドラム缶が爆発する音をふるえながら聞いていた。

昭和十八年の火事で、焼けたのは、この栗野旅館も、ここ、これも燃えたんですよ。こっち側のうちは助かったんです。こちら側は。ここも焼け残りました。そのあと、焦げ跡ついてましたから。私ら小学校年四年生になるまで、焦げ跡ついてましたから。家の壁に。郵便局は残りました。ここも壁板というか焦げてました、ここはなくなりましたんでね。和泉さんところも焼けました。これは焼けました。セイダヤも焼けました。和泉旅館も焼けて上に行ったんです。銀行も焼けましたね。大沢も焼けましたね。今の大沢鮮魚店のおじいさんです。こういうふうに焼けたんですね。

風が吹いてたからですね。鯨油だっていうんですけどね。ボン、ボーンて言って、あの、ドラム缶が破裂して上がるんですよ。それが怖くてね。震えてましたね。こっちが新しい家で、こっちが古い家でしたから、意識しなくて（火事があったことは）分かったんです。ここの外れも草屋、かやぶきでしたが、残ったんです。岡田直人さんのうちね。大きなうちです。クジラの飼料や餌やってたうちですから、大きかったんです。二代替わっていますけど。今回の津波では流されました。

奥海氏同様、川村師の記憶は途切れない。師のことばからは七〇年の時間が重なり流れ出て、大きな動きを生み出し、七〇年以上前の大火が昨日のことのように再現される。当時の電信電話局長渡辺新一氏が作成した住宅地図を見つつ話を伺いながら、不思議な感覚にとらわれたのを覚えている（牡鹿町誌・上）。奥海氏が二歳のころ、鮎川の中心街は焼け野原となったのだ。

戦況の悪化で捕鯨三社の捕鯨船は次々と徴用され、それぞれの運命に従って爆破されたり沈められたりしていった。捕鯨母船六隻、捕鯨船六七隻が沈没あるいは行方不明となった。苦肉の策で、小型捕鯨を船員訓練の名目で許可し、大手三社に各五隻ずつ配置して、食糧難緩和のためにマッコウを捕獲したこともあった（前田／寺岡 一九五二）。船舶も人も戦争に吸収されていった。それは鮎川の捕鯨力が頂点からどん底まで極端に低下した時期だ。鮎川にとって最悪の時代に奥海氏は生を享けた。

良悦、学校さ行かないかって

奥海氏はやんちゃな子ども時代を送った。インタビューのなかで、「不良」だった遥か昔の少年時代に言及することが何度かあった。三陸の貧しい家に生まれた少年。どんな自己をつくり、なんの夢を描いたのだろう。

中学校までは何とか通った。ただ、当時の地方では、中学生でも繁忙期には学校を休んで仕事を手伝うのは珍しくなかった。奥海氏は自分のことを「勤労青年」と呼んでいたが、おそらくは、経済的問題があったのか、大人の世界への好奇心や憧れがあったのか、港で、クジラ関係の雑用仕事をした。学校では悪戯の過ぎる「ワル」で、教師からは目をつけられていた。「学校へ来るな」と教科書を投げつけられたこともあった。勉強はしなかったが、しかし、成績は良かったという。

十八歳ぐらいでクジラの仕事にはいった。悪いわりには、勉強はよくできた。しなくてもよくできたんだね。しなくても成績が良かった。自分で言うのもなんですけどね。町の篤志家が学校にやるって言われたんですよ。八龍丸って、町長やった渡辺諭《さとる》という人。近所だったもんだから。小さい時から、良悦、学校さ行かないかって。ところが人の世話になるの、こういう性格だから、嫌だからさ。いいって言って、行かなかったのさ。一匹オオカミだったから、ひとりで生きていた。

奥海氏は震災当時七十歳。まだ捕鯨の現場に立つ気力にあふれていた。複雑で知力と体力のいる作業を冷静に見つめ、几帳面に、理詰めに理解し、遂行する力に満ちていた。正確な記憶力と、素早い判断力。鮎川捕鯨の解剖部隊のリーダー、員長として、断固として行動する意思の人だ。員長という特別な職階についてはのちに述べることになるが、この強い自己を持つ自称ワルの少年は、クジラの町で自分を探していた。

中学校での学習内容はすぐに理解できた。いわゆる「勉強」をする必要もなかったし、またしなかった。学校の学びが嫌いというわけではない。学びに満足できなかったのだ。少年は、クジラの匂いに囲まれ肉や脂に触れながら、事業所での雑用をこなした。

脂と汗で滑る手をこすり合わせて、鮎川の外の世界を夢見たり、今の生活や将来を考えたり、世の中で唯一確かめられる自分という不思議なものを見つめたりした。戦後たった一年たらずで再開された南氷洋捕鯨の船員たちの話にも耳をそばだてた。世界は広く、深く、ひろがっていった。

彼はこの世界に何か新しい価値を生み出す力を持った少年だった。奥海氏が特別な人だったというわけではない。実は、すべての人が新たな価値を生み出すために存在している。人の発するあらゆることばが、世界でいままで呟かれたことがないものであるように、人はそれぞれ今までなかった価値を生み出し、人生を造る。奥海少年はそうした自分のなかの力に気付き、その思いを胸の中に抱えて生きていた。

篤志家、渡辺諭氏は小型捕鯨業者で、牡鹿町長も務めた人物だ。『牡鹿町誌・上』では歴代町長の一人として巻頭を飾り、現職町長として「発刊によせて」を著している。『牡鹿町誌・中』に収録された小型業者リストによれば、昭和二十七年に第8八龍丸、第18八龍丸の二隻、昭和三十二年には第10八龍丸と第18八龍丸、昭和三十三年には第18八龍丸、それぞれの船主が渡辺諭となっている。渡辺氏は、いい意味でも悪い意味でも目立つ少年を学校へ行かせてやろうとしたが、奥海氏はそれを断っている。

人の世話になることを潔しとしない性格だった。ただ、奥海氏が学びを放棄したというのではない。

それどころか一度も「学び」を放棄したことはなかった。彼は五〇年の捕鯨人生を通じて学び続けた。学ぶことは、生きるということでもあった。渡辺氏の申し出を断ったとき、奥海氏は自分で、ひとりで学ぶことを覚悟した。一匹オオカミは学ばなければ生きていけない。

「日本近海捕鯨」に就職

中学校を出た時、集団就職する級友もいたが奥海氏は鮎川に残ることにした。しばらくは黒崎農園で勤めたが、多くの鮎川の青年とおなじく当然のように、やがて捕鯨関連の仕事に就いた。最初に選んだのは、新しく鮎川に誕生した株式会社日本近海捕鯨。今の株式会社鮎川捕鯨の前身となる会社だ。

終戦直後の大型沿岸捕鯨は大手三社に集中していた。許可隻数は、日本水産一九隻、大洋漁業五隻、極洋一隻。経済集中を避ける政府方針のもとで、大手の再編成が進み、極洋は一九四八年に日水から三隻、五一年にはさらに二隻の譲渡を受け、計六隻となっていた。また、民主的な業界再編成という企図で、新たに日東捕鯨株式会社と日本近海捕鯨株式会社の二社が誕生した（日本捕鯨 一九八六、日東捕鯨 一九八八、柳原 二〇一二）。

とりわけ一九五〇年に設立された日本近海捕鯨は、終戦直後の食糧不足解消のため捕鯨への関心が高まった時期に、全国から広く希望者を募って、公共性の高い民主的会社を目指す（日本捕鯨 一九八六）という条件で設立された。宮城県、和歌山県自体も出資する準公企業で、事業所は鮎川、釜石、和歌山の大島（いずれも大洋漁業の処理場を借用）だった。日東捕鯨は日水から一隻、日本近海は同じく日水から二隻の譲渡を受け、捕鯨会社として出発している。ちょうど奥海少年がいたずらを繰り返していた時期だ。この会社はその後変遷を重ね、二〇〇八年に統合されて株式会社鮎川捕鯨に大きな基盤を提供することになる。奥海氏はまずこの日本近海捕鯨に就職、捕鯨人生を歩み始めた。五〇年後、この会社の流れをくむ鮎川捕鯨の員長として、二〇一一年の津波に遭遇することになるのだが、その意味でも、運命的な出会いだった。

日本近海捕鯨は社史によれば当初、捕鯨船二隻、船員三〇名、事業員常勤二〇名、役員を含む社員二六名。沿岸五海里内で、ナガス、イワシ、マッコウ合計一二〇頭、利益一四〇〇万円を生みだす計画だった。交渉を重ねた結果、船は塩竃の遠藤金蔵所有の「北龍丸」(宮丸と命名)と、極洋の「豊丸」を獲得するが、これら二隻の木造船を捕鯨船に改造するために資本金のほとんどを使い果たしてしまう。それでも初年度の成績は五四頭で二三〇〇万円の水揚げがあった(日本捕鯨 一九八六)。奥海氏は数年間をこの会社で過ごすことになる。

一九五一年に日本近海捕鯨は、鮎川向田に自社の処理場を建設している。東洋漁業から始まり、現在の鮎川捕鯨に至るまで、鮎川の捕鯨の中心となってきたゆかりの場所だ。総工費一四〇〇万円(日本捕鯨 一九八六)。ここは奇しくも、それから五〇年後の二〇一一年三月十一日朝、大津波ですべてを流されたあと、奥海氏が「修羅」となって捕鯨道具を探して歩き回ることになる場所だ。自分を育てた町が消えたあと、津波に洗われた事業所跡を歩き回る。そこは少年時代に初めてクジラの世界に入ったゆかりの場所だったのだ。

一九五〇年から六〇年まで、つまり、奥海氏が日本近海捕鯨に入社し、数年を待たず退職して、「南鯨」（南氷洋捕鯨）に転身した時期の一〇年間は、鮎川にとって、そして日本捕鯨業界にとって大きな変化の時代だった。日本近海捕鯨はその間に大きく成長を遂げ、新造捕鯨船を次々と投入して事業拡大を続けた。そして一九五〇年代後半には、奥海少年を迎え入れている。

この時期は、南氷洋捕鯨も拡大を続けた。日水、大洋、そして一九三七年創業の極洋捕鯨三社が船団を送り込み、ノルウェーと捕鯨世界一を競うまでに成長した。戦争で誇りを喪失していた人々は、「捕鯨世界一」というステータスに心を躍らせた。しかし一方で、この絶頂の時期にはすでに、別の大きな国際的流れが形成されようとしていた。南氷洋捕鯨の拡大に従って、一九三〇年代にはすでに大きな問題となっていたクジラ資源の枯渇を懸念する声が大きくなり、捕鯨規制の動きが顕在化したのである。奥海氏はその時期に、沿岸捕鯨から南氷洋捕鯨の世界に飛び込むことになる。

クジラやんだったら、南氷洋行かなかない

一九六〇年五月、奥海氏はチリ津波を経験した。そして七月、奥海氏の父親良治氏が世を去る。父亡き後、二人の弟と妹一人が残った。彼らの生活もある。当時、鮎川は捕鯨、それも大型遠洋捕鯨への熱狂に包まれていた。経済的な見返りも大きかった。また、人生をつくりたい、変わりたいという思いもあった。そのなかで奥海氏は、南氷洋捕鯨に心を決めている。自分の中の晴れない思い。新たな地平を求めてもがいている自分に道をつけるチャンスでもあった。

親父は、昭和三十五年の七月二十四日に亡くなったのさ。家計も、弟二人、妹一人いたもんだから。それを育てなきゃなんないというのがあるでしょ。それで船に乗ったの。親父が亡くなった年の十月に最初の南氷洋に行ったの。十八歳か十九歳。中学校卒業後、一年、二年は陸の仕事をしていた。今の鮎川捕鯨の前身の会社に勤めた。そして沿岸より、クジラやんだったら、南氷洋行かなかない（行かなきゃならない）、というので、南氷洋に行ったの。最初の会社は極洋捕鯨。船出た日時も覚えていますよ。十月二十二日。横浜から。横浜の山下埠頭ってとこ。

奥海氏が選んだのは大手三社のうちでも後発の極洋捕鯨。前述のように一九三七年に設立された遠洋捕鯨会社だ。奥海氏の歴史を理解するために、少し、この極洋捕鯨を見ておこう。鮎川の捕鯨の深度を理解することにもなると思うからだ。

極洋捕鯨

極洋の創設者の山地土佐太郎は、神戸で山地汽船株式会社（一九一六年）、スマトラ護謨拓殖会社（一九一八年）を起業し、戦時色の強まるなかで、いわゆる「南洋」の資源開発に取り組んでいた実業家だ。山地は「南洋」資源開発の延長で、南極海のクジラ資源開発にも意欲を燃やした。

捕鯨会社を設立すると間髪を入れず神戸の川崎造船に母船を発注。七〇〇〇トンの巨大船だった。いずれも京丸の名称を持つ捕鯨船九隻もすべて進水し、船団の基本は出来上がった。そして一九三七年十月十一日、船団はあわただしく神戸港を出港している。実は船員たちは鮎川ですでに研修をうけていたのだ。

極洋としては初めての南氷洋だったが、シロナガス換算で七八〇頭というまずまずの成績だった。ちなみにこの年は日本全体としては戦前第三次の南氷洋捕鯨（南鯨）であり、日本水産の母船三隻、大洋捕鯨の母船二隻、極洋の母船一隻の、あわせて六船団が出漁している。戦前の南氷洋は前述の通り、一九四〇／四一年漁期で終了する。極洋は都合三回の出漁だった（極洋 一九六八）。

実は、極洋は鮎川との関係が深い。というのも、元の鯨肥製造業者の資本のみで一九二六年に創業された鮎川捕鯨株式会社（現在の鮎川捕鯨とは別会社）を、極洋が事実上吸収したことがあったからだ。

鮎川捕鯨は、沿岸一〇〇マイル外でのマッコウクジラ漁のみが許可され、これを受けて捕鯨船を新造して鮎川丸と命名、一九二七年から操業を開始していた。当時、二〇〇トンクラスの船は、捕鯨船不足の大洋捕鯨や、一隻も持たない極洋捕鯨にとって垂涎の的で、その獲得には激しい鍔迫り合いがあった。大洋捕鯨が優勢という状況だったが、一九三七年になって急転直下、極洋が会社を吸収した（牡鹿町誌・上、中、近藤 二〇〇一）。

こうした背景から、南氷洋捕鯨の船員や事業員には鮎川の人たちがたくさんいた。また、南氷洋捕鯨要員研修の名目で、鮎川を基地に小型捕鯨船を操業させたこともあった。だから鮎川との縁は深い。ちなみに塩竈神社博物館には現在も極洋が使用した捕鯨砲が展示されている。

戦後は食糧不足を補うため、一九四六年漁期に日水（橋立丸船団）と大洋（第1日新丸）が南氷洋への出漁を許可された。ただし、母船はいずれも戦時標準型の「油槽船」を改造したもので、船団規模も戦前に比べてはるかに小さかった。極洋は南氷洋捕鯨の許可が得られず、日本船舶から購入したばいかる丸を母船に改造して、小笠原や北洋で捕鯨を試みた。ちなみに北洋捕鯨（北鯨）は、極洋、日水、大洋の三社共同操業が基本で、のちに日東と日本近海が捕鯨船を操業させるようになる。第四次北洋捕鯨（一九五五年）では、極洋は協立汽船から購入した鶴岡丸を改装して、母船極洋丸（二世）とし、大洋の錦城丸とで二船団の体制をとった。

極洋は一九五一年になってようやく、ばいかる丸を母船として念願の南氷洋へ出漁している。ただし、ヒゲクジラの許可は得られず、国際捕鯨条約やGHQの許可が不要のマッコウクジラ専門だった。この航海はそもそも捕獲頭数が少なく、マッコウ油の価格暴落とあいまって会社に大きな損失を与えた（極洋 一九六八）。

一九六五年になって、極洋は、ギリシャの富豪オナシスの所有でパナマ船籍の捕鯨母船オリンピック・チャレンジャー号と、付属捕鯨船一三隻を、捕鯨の権利もろとも一括購入するという賭けに出ている。代価は三〇億円だった。この船を、第2極洋丸と改名し、五六／五七年漁期に南氷洋へ送り出している。三年後、奥海氏が乗り組むことになる一万六〇〇〇トンの大型母船だ（極洋 一九六八）。

南氷洋出漁の権利を含めて船団ごと購入する方法は関係者の度肝を抜くもので、二〇〇名の船員を欧州まで空路で送り込むという集団空輸の先駆けでもあった（極洋 一九六六）。奥海氏が初めての航海に出た一九六〇年の八月には、同様の方法で、イギリスのヘクター社から母船バリーナ号、捕鯨船七隻、冷凍船一隻の船団を出漁権と共に購入し、第3極洋丸と改名して、すぐさま南氷洋に送り込んでいる（極洋　一九六八）。

クジラの町だから、いっぱい乗ってだった

奥海氏が参加した航海は、極洋が念願の複数船団を実現した一九六〇年だった。彼が乗り組むことになった第2極洋丸船団は、母船二隻以外に、タンカー二、冷凍工船二、冷凍運搬船五、捕鯨船一二の計二二隻からなる大船団だった。総員一二七一名。うち六二一名が事業員で、そのなかに十九歳の奥海氏がいた。第3極洋丸船団は母船を含めて一九隻、乗組員が一一九三名だった。極洋全体では二四六四名が南氷洋へ向かったことになる（極洋　一九六八）。

大きな船は初めてだったけど、親戚の人も乗ってたし、鮎川の人も、クジラの町だから、いっぱい乗ってだった。員長って、頭《かしら》の人がここの人だったから。員長が地元のひとだったから。私の親父と親しかったんですよ。阿部大吉って。私が船乗ってったとき、私の親父と兄弟の姉さんの息子さんが、世話してこの船さつれてってくれたもんだから。

鮎川組ってクジラの会社のような、身内の人たちもいたから。山鳥の人もいたし、身内の人もいたから、あんまりいじめられたということもないのさ。守られていた。オレの親父は酒飲んだ人だけど、皆、知ってるから、守られて。親父の名前は良治。弟一人は亡くなった。あと一人は

横浜にいますけどね。妹は石巻。近くにうちあるんですよ。

奥海氏の決意の背景には多くの関係者のかかわりがあった。「一匹オオカミ」の少年は、実は一人ではなかった。地域の環境や人間のつながりの中で生かされていたのだ。南氷洋捕鯨はいずれの捕鯨船団でも、たくさんの鮎川の人々が関与し乗り組んでいた。鮎川だけではない。捕鯨船員の出身地域は牡鹿半島全域に及ぶ。隣の十八成、小渕、先に述べた第28大勝丸が打ち上げられた給分など、半島全域が南氷洋要員を供給した。最大の送り出し地は鮎川だったが、牡鹿半島全体が移動したようなものだった。『牡鹿町誌・中』には、小型捕鯨関係八〇名を含め、五〇〇人近い牡鹿半島出身の捕鯨関係者がリストアップされている。

一五〇名ほどの解剖製造事業員の仕事を取りまとめ、組織として動かす責任者を「員長」と呼ぶ。事業員長のことだ。当時の第2極洋丸の員長、阿部大吉氏も鮎川出身で、『牡鹿町誌・中』にもその名前がある。奥海氏の父、良治氏は阿部氏と昵懇であり、父親や親戚の引きもあって、奥海氏は船まで連れて行ってもらったという。

父良治氏は、世を去るとき、息子の良悦氏を南氷洋の鮎川組に引き渡した。船には鮎川の人が「いっぱい乗ってだった」。親戚も身内もいた。南氷洋に浮かぶ鮎川だ。牡鹿半島のはるか南、九〇〇〇マイルの氷海に、鮎川がもうひとつできるのである。奥海氏は「守られている」という感覚を覚えたというが、おそらくそれは多くの捕鯨関係者が抱いた思いではなかったか。初めて故郷に守られている感覚を覚えたのだろう。

奥海氏はおそらく父親の葬儀のあと慌ただしい日々を過ごし、三陸の秋の風景の中を出港地の横浜に向かっている。

石巻とはバスがあった。船があった。巡航船というのが。鮎川から石巻まで。定期的に朝とか昼とか夕方とか。オラアが最初船さいく時には、朝でてって船で石巻までいって、電車で仙台まで行って、夜行列車で上野まで行った記憶あるよね。だから朝出てって次の日の朝に上野についた。

自称ワルの少年が初めて故郷を出る。当時、鮎川では集団就職する生徒も少なからずいたから、少年たちが故郷を離れることは珍しいことではなくなっていた。でも、口には出さないが、いいようのない寂寥感、あるいは、孤独感を感じただろう。反抗し、抵抗し、あらがってきた町だったが、今は違う。それまで反抗の対象として確固として見えた町が、頼りなげな懐かしい環境へと変化する。息苦しかった濃密な人間関係が、はかなく、あえかで、やさしいものになる。鮎川は、このとき、自分という存在を支え守ってくれる掛け替えのないふるさととなった。奥海氏はこれ以降、ふるさとと鮎川を思い続ける。そして震災でその思いは一層深くなった。

一九五五年の町村合併を契機に、牡鹿町では道路整備が進んだ。石巻と鮎川を一日に何度も往復するバスとの競合に敗け、以前は半島の各地と石巻や塩竈を結んでいた巡航船は、次々と姿を消していた。それでも、半世紀後の二〇一一年の震災後にふるさとを護る守護神となる十九歳の奥海少年は、バスではなく巡航船を選び、ふるさとを発った。牡鹿半島の西を回航する船からは美しい海岸線が見えた。網地島、砥面島、兎島、田代島、十八成、給分、大原、荻浜、桃浦、渡波。懐かしい土地が次々と現れては消えた。

最初に乗ったのが第2極洋丸。（船員手帳を出してきて）私たちの経歴というのは「船員手帳」というのがあるから。嘘は絶対言えないのさ。一冊一〇年だから、五冊あるということは五〇年務めた証拠が。昭和三十五年十月十八日公布。もらったやつだ。私たちの経歴というのは全部あるから、嘘は言えない。十月二十二日横浜出港。四〇〇〇円。基本給。あと歩合金とかつくんだけど。月四〇〇〇円。事業終了が昭和三十六年四月二十六日入港で終了。横浜に入港したということだね。健康診断の結果もみな、載ってんのさ。健康診断。これ、判をもらえなきゃ乗られない。経歴はいっさい嘘いわれねえのさ。これは海員組合の組合員証。年金とかも、全部経歴あるから。

彼は捕鯨母船「第2極洋丸」に乗り組み、横浜を出港した。ポケットには掃部山で買ったノルウェー製の砥石と真新しい船員手帳が入っていた。母船は六五〇名の乗組みだ。山下埠頭には見送りの人々が押しかけ、別れのテープが風に舞った。奥海氏は船のどこにいたのか。極洋丸は巨大なエンジンの振動を伝えながらゆっくり港を離れていった。横浜の街がスクリーンのように次第にひとまとまりになり、やがては小さくなり始めた。第2極洋丸の船尾からは三〇メートル幅の航跡が白い波を立てて連なり、そのはるか向こうに横浜の街が小さく消えていった。九〇〇〇マイル南の極地への初航海が始まった。結局五〇年におよぶことになる捕鯨人生の始まりだった。

道具の世界

ロングインタビューの途中、奥海氏は玄関の隣にある道具庫に案内してくれた。そこは彼が五〇年間にわたって、文字通り苦楽を共にした「道具」たちが保管されている場所だ。道具庫といったが、厳密にいえばそうではない。使わなくなった道具類が、放置されてそのまま眠っている場所ではない。今も現役で、実際に解剖の現場に出て、クジラと対峙する道具たちだ。すべて完璧なまでに整備され、分類されて出番を待っている表情だ。緊迫した空気が漂う。

奥海氏が母船の解体製造事業員として乗り組んだ第2極洋丸の乗組員の内訳は手元にないが、五一／五二年漁期、大洋漁業の日新丸乗組員の内訳がある。それによれば甲板事業員長のもとには二〇〇名近い人員が配置され、荒解剖（一四名）、頭解剖（四名）、肉截割（三〇名）、皮截割（一六名）、畝截割（八名）、骨截割（二四名）など、大包丁、小包丁などの刃物を使う係がいる。四名の実習生は初航海の青年たちなのだろう（前田／寺岡 一九五二）。

解剖道具は船に装備され会社から事業員へ割り当てられる。会社から割り当てられた道具は、それからは個人が管理することになり、やがて実質的にはその個人専用となる。この刃物だけが捕鯨船で生き抜くことを担保する。

大切な刃物は常に研いで、切れる状態を維持しなければならない。だから新人事業員は乗船前に自分用の砥石を購入するのだという。奥海氏も六〇年前の初航海直前の十月十八日、船員手帳の交付を受け、その足で横浜野毛坂の掃部山に向かい、砥石をふたつ買っている。南氷洋ではそれを使い続けて、二〇一一年当時も同じ砥石を使っていた。クジラ解剖員として五〇年間の仕事を支えたのは、この時購入した小さな砥石なのだという。母船では作業が終わると砥石は持ち帰り、設えてある神棚に安置した。特別なものなのだ。

この砥石、たまたまね、(後に)日進丸火事になったときも事務所に置かなかったんだよな。今、ここさ、神棚に上げたないけど、仕事から帰ってきたら、船に乗ってきたら、必ず神棚にあげてやんの。要するにこういう製造の仕事するのは、包丁切らすか切れないかというのは、自分問われる。

要するに、朝八時から仕事して、休みなく仕事するでしょう。包丁切れなければ、自分のからだに効くでしょう。危ないし、疲れるし、仲間からも投げられるし。仕事、さき、さき、いくのには包丁切れないと、どうしようもないさ。……これが昭和三十五年の砥石。何回か落としたけど、これが一番いい。これ、ノルウェー。外国の砥石。……このケースも特別製。すぐ(道具を)錆らせないように、手入れしてんのさ。

奥海氏は道具をひとつひとつ手に取って、いたずらっぽく笑いながら私の目の前に突きだして見せたり、振り回したりしながら語った。その道具類には長い時間と経験と無数の技術が刻まれ、今は美しく磨き上げられ、研ぎ上げられて、透明な光を帯びて輝いている。

これ小包丁。釧路で使ったやつ。手入れをして。手鉤。肉を引っ掛けて。大包丁。包丁の大きさは五〇年前と変わらない。シロナガスもミンクも。これで八時間、振り続けるんだ。昔、ポパイみたいになってたよ。今は歳だから痩せたけど。共同船舶からの借用。借りてる道具。なぜかというと沿岸の調査捕鯨やったとき、共同船舶も一枚かんでたから、道具もなにも貸与してある。だから私のうちに残してある。

長年積み重ねてきた道具、いっぱいあんのさ

解剖で使う主な道具に大包丁、小包丁、ノンコ（手鉤）などがある。その他の道具も含めて、「使う人」と「使われるもの」という関係を超え、人と道具が特別な関係を作る。奥海氏も「分身」ということばでそれを表現した。彼はこの道具で五〇年間、クジラの皮脂を切り裂き、肉を切り、骨をばらしてきた。小型捕鯨の解剖員たちにとって、この産業にとって、道具は特別な意味がある。

新米当時は、てこずった大きな包丁。鋭利な刃を装着した薙刀状の道具は、日常生活で見ることもなければ、ましてや使うことなど全くない代物だ。刃を皮脂や肉に当てるのだが、目でしっかり見ていないと、滑ってとんでもないことになる。

初めて扱う複雑な機械のように、すべての部分に注意を払わない限り、動かすことなど到底できな

い。ひと振り、ひと振りが、神経の集中を求める。ひと切り、ひと切りが、目覚めた意識を求める。無数の柄や刃の動きが、強く目覚めた張り詰めた意識を求める。意識を途切れさせれば、肉を台無しにする。仕事にならない。自分も傷つき、人をも傷つける。すでに述べたように、大包丁をある程度使いこなすには一〇年以上の経験を要する。

全身に生傷を負いながら経験を重ねると、微妙な柄の動きや刃の滑り具合、角度や力のかけ具合が、やがて自分の身体の運動と、すこしずつ同期するようになる。無理やり意識しつつコントロールして動かしていた柄や刃は、いつのまにか、いわば「自動的」と見えるものになる。

ただ、この「自動的」は「無意識」ではないことは注意すべきだ。それは、解剖の途中で発生する無数の揺らぎやズレを精確に調整する動きであり、むしろそれは極端に目覚めた意識のことだ。この目覚めた意識が、身体に埋め込まれていくのである。切り裂く皮脂や筋、そして肉に集中するだけで、包丁が「正確に」最適の場所と動きを探りあてていく。いわゆる「場所の知」が形成される。手が操る大包丁と鯨体の間には、意識を介さなくても動き始める「生きられた関係」、あるいは「実践的な系」がかたちづくられていく（鷲田 二〇二〇）。

おそらく二〇万頭近いクジラの肉を截割してきた奥海氏の身体には、さまざまな部位を切り取るときの手ざわり（あるいは、「刃ざわり」かもしれない）や感触が刻まれている。膨大な「場所の知」が生まれ、それが奥海氏の奥深くに沈潜していき、「生きられた身体」を形成してきたのだろう（メルロ＝ポンティ 一九七五）。

道具は手の働きを拡大する装置というところからはじまり、やがて手の一部となる。手だけではない。包丁を使うときの身体全体、筋肉や骨格の動きの無数の組み合わせ、流れていく時間の調整や仕事場の環境、それらが手の動きと一体となり、やがて習慣となっていく。こうして、複雑な活動を軽々と遂行すると見える能力、「習慣としての身体」が生まれる（鷲田 二〇二〇）。熟練と呼ばれる技術の地平だ。

技術者がある種の技術に熟練するというのは驚異的なことだ。それは、今述べたように、ある技術的仕事を「無意識的」に、あるいは「自動的」に出来るようになるということではない。ティム・インゴルドは『生きてあること』の「板を歩く」という章で、「技術に熟練する過程」を考察している。

> わたしは逆に、道具使用に熟練するというのは決して自動的な動きを身につけることではないといってきた。熟練するというのはむしろ、刻々流動する状況にリズミカルに反応していくということなのである。この反応性の中にこそ、熟練の意識が潜んでいる。それは意識の後退（自動化）というより、仕事のスムーズな流れとともに高まっていく集中力だ。足元の面倒な仕事を上から目線で超然と眺める意識ではなく、現実的な認知活動のなかにあって、感覚が示す多数の道筋に沿って状況を探ろうとする意識なのだ。（Ingold 2011）

熟練の効果は「意識の後退」や「行為の自動化」にあるのではない。目をつぶってでもできるようになることではない。むしろそれは、集中力の強化であり、強度が増していく意識の形式、作業の途中で無数に起こる小さな差異（リスク）を、絶え間なく修正するリズムを生み出すものだ。長年積み重ねた経験で高められる、作業への集中力（インゴルドは intensity という用語を使う）と、無数の修正を積み重ねる能力が、熟練ということなのだ。

奥海氏が震災の翌日から向田でヘドロの中から捕鯨道具を探し始めたことは第二章で述べた。あのとき奥海氏は道具類をこう説明したことを覚えておられるだろうか。

だから毎日、オレ、このクジラの道具を探した。解剖用具ね。いろいろあんのさ。それ特製だから、どこにも売ってるものじゃないから、長年積み重ねてきた道具、いっぱいあんのさ。

奥海氏の「長年積み重ねてきた道具、いっぱいあんのさ」ということばは、じつはこの「強度が増していく意識」であり、「絶え間なく修正する集中力」のことかもしれない。道具がこころと一体化する歴史と物語を、奥海氏は「積み重ねてきた」のだ。

奥海氏は地上最大の生物シロナガスクジラやナガス、イワシ、マッコウなど大型クジラからミンクやツチまで、さまざまなクジラを解剖してきた。その数は二〇万頭にのぼる。解剖現場では、二メートルもの大包丁を自在に駆使する。その包丁でクジラの世界に入っていった。そして、包丁を通じてクジラの世界が奥海氏の身体に入り込んできた。奥海氏の大包丁はクジラの体躯を切り開きながら、彼の人生や生きる世界を切り開いていった。

この実践を通して人との関係を築き、員長となり、多くの人を指導し、励まし、巻き込みながら、世界（lifeworld）を作り上げ、自分を存在させてきた。道具はこうしたことを可能にするその媒体（メディア）だ。それは奥海氏とクジラが交流する場に他ならない。まさに「長年積み重ねてきた道具、いっぱいあんのさ」。

包丁をいかに切らせるというのが私たちの仕事なのさ

解剖は個人の業であり、同時に、集団の仕事だ。奥海氏はそれを「クジラの解剖社会」と呼ぶ。そして「切れる刃物」がこの社会の絆だ。奥海氏は平成十四年十二月に四〇年にわたる大型遠洋のキャリアを終えて陸に上がった。念願の自宅を建て、「悠々自適」と思っていた矢先に、請われて小型沿岸捕鯨を手伝うことになり、震災までの一一年間、ふたたび解剖現場で大包丁を振るい続けた。相手はツチクジラ。ハクジラの中では大きい。一〇メートルはあるクジラだ。

ツチもこれでやる。こいつでもって、ちゃんと使えるように。これに振り回されたら、人間なんもできない。員長になったらなおのこと、やらなきゃなんないのさ。解体は四人なら四人のグループでやるから。脊に（包丁を）入れる人、腹に入れる人、尾羽落とす人、チームがみんな決まってんのさ。錆させないために、乾燥さす。包丁をいかに切らせるというのが私たちの仕事なのさ。自分のからだの分身みたいなもの。人の砥石使ってもだめ。会社には回転砥石がある。自分のうちでもやる。福岡石。最高だよ。

すでに述べたが、二〇〇九年に函館のツチクジラ漁で、解剖場のキャットウォークから解剖の一部始終を見せていただいたときのことだ。

解剖チームはそれぞれ決められた部位に各自の包丁を入れていく。脂や体液や血を流すために、絶え間なく水が流される。手元が滑ったり、足元が滑ったりすれば、大包丁も小包丁も致命的な凶器になる。仲間を気遣いながら包丁を振るう。ピンと張り詰めた緊張感。ツチだと二、三〇分の作業だ。その間、まるでマニュアルでもあるかのように、人々は動き、流れ、集まっては離れ、隣りを気遣い、製品の出来に集中しながら作業が進む。誰かが命令しているとは見えない。しかし、何か統一された意志を感じる。クジラ解剖社会はひとつの生命体として動く。その間、ほとんど余分なことばは聞こえない。包丁と化した人間が社会を構成する。

何年もかけて一人ひとりが解剖技術を磨く。技術は「習慣としての身体」となり、解剖者の経験の底に沈潜し集中力を高めていく。そうした個人が大きなクジラの体躯にそれぞれの方向から取り組む。クジラの身体が個々の技術をまとめる媒介、あるいは場となる。そして解剖社会の集団知が立ち上がる。それはやがて組織の習慣となり、今度は解剖社会の基底に沈潜していく。個人の習慣と集団の習慣が交差し、交流し、融合する。そしてバレーの群舞のように、全体の動きが生まれる。こうして「習慣としての技術社会」が現れる。解剖員たちは重層する習慣を動き回り、製品と仲間と人生をつくる。砥石は包丁を研ぐ。包丁は事業員のこころと身体を研ぎ澄ます。包丁が社会を造り上げる。

〈砥石を〉事務所に置かなかったんだよな——日新丸の火事のこと

ところで、インタビューの途中で奥海氏が日新丸の火事に言及したことがあった。これは一九九八年十一月に、当時、南氷洋調査捕鯨を実施していた共同船舶株式会社の母船日新丸が船内火事をだし、一酸化炭素中毒患者や悲劇的な自殺者を出しながらも、文字通り決死の消火活動で危うく廃船を免れた事件だ。奥海氏はこの火事で重要な役割を果たすことになった。その前にまず、奥海氏が第2極洋丸に乗り組んだ一九六〇年からの捕鯨の動きを、大急ぎで見てみよう。

一九六〇／六一年漁期は、実は、第二次大戦後に南氷洋捕鯨がピークを迎えた年だ。捕鯨五か国が二一船団を投入。そのうち日本は最大の七船団を誇った。捕獲頭数も世界一となった記念すべき漁期だ。しかし、同時に、資源枯渇への懸念から、国際的な捕鯨規制が次第に強化されていくターニングポイントでもある。以降、捕獲種の制限が行われ、捕獲枠は縮小した。捕鯨国は次々と撤退し、一九七〇年代初頭には当時のソ連と日本だけが残り、捕獲できるのは小型のミンククジラのみとなっていた。

苦境に立たされた捕鯨主要六社は一九七六年にそれぞれの捕鯨部門を切り離して統合し、「日本共同捕鯨株式会社」を設立。ミンク漁を継続した。次いで、一九八八年の商業捕鯨の停止（モラトリアム）の際には、「共同捕鯨」を解散。新たに「共同船舶」を設立して、国際捕鯨条約で規定されている鯨類捕獲調査を実施することになった。このとき第3日新丸だけが新会社に移籍した。奥海氏は、極洋で経験を積み、共同捕鯨、共同船舶とキャリアを伸ばし、共同船舶でも製造事業員の「員長」を務めていた。ときに四十六歳。一九九八年の出火時には五十六歳だった。

日新丸火災の詳細は小島敏男による迫真のドキュメンタリーがある。それによれば奥海氏は、日新丸の乗組み一一六名の中でも重要な役職にあり、最大人数を誇る製造関係事業員六五名を率いる製造員長を務めていた。下関出航当日の十一月六日から各種会議には、船の重役の一人としてつねに奥海氏の名前がある。以下、出来事を小島のドキュメンタリーから追っていこう。

日新丸は南下を続け、十一月十九日にはニューカレドニアの西、南回帰線の手前まで到達している。日付が変わった二十日午前一時に火災警報器が鳴った。その数分後、奥海氏は飛び起きてすぐさま工場区画へ駆けつけている。洗濯場のドアを開けた途端、煙と悪臭が爆風となって襲ってきた。入れないと判断するとすぐに、各部屋を回り、ドアを叩いて叫びながら火事を伝えている（小島 二〇〇三）。

この年の捕獲調査船団は、母船の日新丸、目視採取船として勇新丸、第1京丸、第25利丸、目視調査船の第2共新丸の計五隻だった。火災直後に連絡を受けたそれぞれの船は母船に向かって急航し、採取船、目視船の最後尾を走っていた第25利丸が最初に母船に到着した。連絡を受けて一時間三〇分が経っていた。このとき母船の船長山城氏は、万一のことを考え消火兼運航要員三五名を残し、七七名を横付けした利丸に移すと決めていた。

この夜は二〇ノットの風が吹いていた。その海況では通常、横付けはしないという。小島によれば、日新丸の外板は一二～一三ミリ程度で、衝突で簡単に穴があく。外板は直接船倉につながっているので極めて危険だ（小島 二〇〇三）。船長同士の激しいやりとりがあったが、結局、利丸は横付けに同意する。二〇ノットの風。サーチライトもない。利丸は慎重に、極度の緊張感でじりじり間隔を詰め、三〇分かけてようやく横付けに成功する。

母船から利丸まで高低差六メートルに救命いかだ用の縄梯子がセットされる。巨大船の隙間には強風が吹きつけている。下は直接海だ。受け網もなく、落ちればそのまま海に放り出される。梯子はときとして「くるりとなる」（小島 二〇〇三）こともあった。巨大船の隙間に落ちたら、まず命はない。この状況で奥海氏以下七七名が利丸へ乗り移ったのだ。この時、奥海氏のポケットには、掃部山で買った砥石が入っていた。

火災発生から三日後、四隻の僚船から一一名の応援部隊が日新丸に移っている。爆発の危険性もある現場だ。命がけのチームだった。小島はその氏名をあげているが、その中に奥海氏の名前もある。奥海氏は覚悟して船に戻った（小島 二〇〇三）。

その後は、消火作業、ニューカレドニアへの入港、下関への帰港と改修突貫工事、再出航と続く悪戦苦闘の中で、一連の会議には常に奥海氏の姿が記録されている。大事故だったのだが、奥海氏はたった一言こういっただけだった。

日進丸火事になったときも（砥石を）事務所に置かなかったんだよな。

小島によれば、出火当日の十一月十九日十九時、奥海氏は事務室を消灯し、鍵をかけ、自室に戻っている（小島 二〇〇三）。この事件は社会的にも大きな衝撃をのこした出来事だが、奥海氏は数秒で語ったのみだ。彼の記憶の世界の巨大さを垣間見た。

骨だから、麻酔やっても効かないのさ――南氷洋のクジラの仕事

大型捕鯨を国際的に管理するのは国際捕鯨員会（ＩＷＣ）である。国際捕鯨員会は一九四九年に第一回の総会が開かれ、漁期と総捕獲数規制で資源管理を始めている。まず導入されたのが「オリンピック方式」。各国の捕鯨船団は決められた日から捕獲を開始し、毎週、ノルウェー・ベルゲンの捕鯨統計局に報告。定められた総捕獲数に達したときを終漁日とする。その間は、いわば「早い者勝ち」で、そのためオリンピック方式と呼ばれた（Birnie 1979；Tonnessen et. al. 1982）。

この方式は資源管理上きわめて非合理的で、資源管理科学より経済優先が際立っていた。総枠設定も極めて甘く、シロナガスクジラに換算した数値を使用するというものだった。「早い者勝ち」でより大きい対象を選択した結果、資源の濫用を助長した。船の「横付け」のさい、鯨体をバンパー替わりにするという暴挙すらあった（田中 一九七八、板橋 一九八七）。

奥海氏が初航海に出たのは、悪名高いオリンピック方式から、捕獲禁止鯨種の指定、国別割当制への移行期にあたる。その後は捕獲禁止種の拡大、海区別捕獲枠設定、より厳格な管理方式など、合理的な資源管理へと舵を取る時期だった。奥海氏は縮小する捕鯨とともに歩み、生き残りをかけた共同

捕鯨、モラトリアム後は共同船舶で、事業員として生き抜いた。

私の場合は昭和三十五年からシロナガス。昭和四十一年までシロナガス。シロナガスのときもナガスクジラ、捕ってましたけどね。あとイワシクジラ。あとクジラ少なくなってからミンククジラ。クジラってのは海洋法というのがあって、外国から締め出しくって、ナガスクジラが禁漁なって、イワシクジラ禁漁なって、マッコウクジラ禁漁なって、徐々に追い詰められてミンク。今の調査捕鯨ね。だから私の場合は共同船舶乗ってても、いう人もいないから、会社に残るの当たり前なのかなって感じで。辞めろって人がいないし、残るのがあたりまえなのかな。平成十四年まで。このときも調査捕鯨だったからね。

こうして奥海氏は一九六〇年から二〇〇二年まで、四二年間南氷洋の母船の甲板に立ち続けた。南氷洋捕鯨ピークの時代に十九歳で第2極洋丸に乗り組んだのを皮切りに、商業捕鯨停止（モラトリアム）後の捕獲調査船まで、まさに捕鯨の現代史を生き抜いた。

南氷洋はそもそも環境も過酷だが、労働はそれに輪をかけて過酷だ。奥海氏は労働条件が改善された時期も経験したが、南氷洋操業が過酷だったという記憶は今も消えない。例えば、日本水産の社史は、捕鯨母船の様子を端的に「戦場」と表現している（日本水産 一九六二）。危険極まりない環境に加え、時間外労働も常態化し、睡眠時間や食事時間すらまともにとれないことがあった。

われわれ船に乗ったころは厳しい時間帯で働いていました。昭和四十年ころになったらある程度時間をきちんと護ろうとする風潮になってきたから。八時間なら八時間。休むって時間があったんですよ。それの以前は八時間仕事終わっても、オーバーワークで二時間出ろとか言われて、そんな時代もあったのさ。繁忙期になるとそういった仕事をさせられたこともあったですね。八時間働いて、八時間休んで、また八時間。一日三交代。だから一日一六時間働くことになる。ワッチで。

『極洋捕鯨30年史』によれば、一九六〇年（第一五次）の第2極洋丸はシロナガス二〇三頭、ナガス一四一八頭、六一年（第一六次）はシロナガス一八八頭、ナガス一四一八頭、六二年（第一七次）はシロナガス一五一頭、ナガス一四二一頭を捕獲・解剖している。南氷洋では十二月から二月ころまで夜がない。クジラの「気《ケ》」（潮吹き）が見える状態なので、捕鯨船は睡眠時間を削り、ふらふらになりながら、クジラを追っかける。

大洋漁業のキャッチャーボートの乗組員のひとりは、操業中は断続的に睡眠をとるので、一日合計で四時間程度にはなったが、とにかく、連続して眠りたかったと証言している（残す会 二〇〇五）。三〇年前に和歌山太地町でインタビューさせていただいた伝説的砲手、小浜渉氏も、その過酷な労働条件を語ってくれた。水しぶきがすぐ氷結する船首で、捕鯨砲にもたれて立ったまま眠ったこと、労働条件の改善で、ほんの少しでも皆と一緒に眠る時間が取れたときのうれしさは格別だったとの話は忘れ難い。捕鯨船がフル稼働なら、ワッチ（当番）システムがあるとはいえ、母船もフル稼働体制だった。

クジラの解剖社会はそうなんだ。一頭や二頭や三頭くらいならいいのさ。沿岸だったら釧路で七頭、八頭しか捕らないでしょう。船の場合だったら一日一五頭も捕ると、自分の歩く歩幅まで考えて歩かないと疲れる。それぐらい無駄なからだの動きをしないようにして。包丁だってなんだってそうなんだ。そういう風にやらないと。それも長年やってると染み付いて覚えてくるんだよね。無駄なエネルギーや無駄な力をあれしないようにやってかないと。

シロナガスは一頭で二時間、三時間かかる。体長二十何メーターでしょう。一頭で船がいっぱいになるもの。一〇〇トン近くあるでしょう。一〇〇トンというと大型トラックで一〇台分でしょう。それを平らなところにバッと置いたらどんなになるか。一〇〇トンじゃなくても七、八〇トンあるからさ。それを船の中でバっと置いたら。ナガスクジラだって、二〇メーターのナガスクジラだったら四、五〇トン。それを十何頭も捕るんだからね。二十何頭も捕る。いまだったら考えられないような作業量だ。

シロナガス、あんまりはっきりした記憶ないんだけど、二時間もかからないでやったんじゃないすかね。員長は指揮者だから。解剖補助しながらやる余裕はない。昔の員長といったらなにしろ、かにしろと指示する。全般見て指揮者だね。私が経験したシロナガスで三〇メーター、三一メーターというのあったからね。最高で。船によう上げられなかったたって。

オリンピック時代の現場は壮絶だった。大洋漁業船団の船員によれば、「鯨の肉、骨、皮、内臓が山積みされ、船首方向から船尾に行こうとすると、この肉や骨等の山をよじ登ったり、下ったりあるいは迂回しながら血まみれになってやっとたどり着くという状況であった」（残す会 二〇〇五）。解剖甲板は巨大な鯨体と、脂と血と体液で滑りやすく、事業員はみな長靴にスパイクをつけて歩いた。鋭利な刃物を扱う現場は危険が日常なのだ。事故もあった。奥海氏も何度も怪我をした。刃物で骨まで達する深手を負ったことがある。船には医師がいるが、怪我や病状によっては、十分な医療体制とは言えないこともあった。

事故もあった。日新丸で火事もあった。怪我もしたよ。これ、包丁で切られた。ここだって骨まで切られたよ。人生というのは、いろいろ曲がり角がある。いろいろあるもんだね。でもこれで助かってっから。ここもね、骨まで切られたんだけど。たまたまね、大阪の大学から先生乗ってきたのさ。

骨だから、麻酔やっても効かないのさ。オレを鉄のベッドに結わいつけて、中縫いして。いまだったら簡単なんだろうけど。今から三〇年以上も前の話だもん。握力なくなったんだけど、リハやって、今でも四〇か五〇くらいあんだよな。一か月もかからないで仕事やったんでねえの。

奥海氏は様々な人生の「曲がり角」のことを話す。捕鯨と人生を語っているのだ。いくつもの傷跡。鉄のベッドに縛り付けられての麻酔の利かない骨の手術。耐え難い激痛の記憶。それでも、完治も待たずに現場に立った。奥海氏の静けさは、多くのこうした痛みと傷の中で生まれた。「斧幾たびの傷を持つ樹々」だけが持つ静謐なのだ（齋藤 二〇〇〇）。

解剖の師匠と呼べるような人にかわいがられて――先生そして友人

奥海氏は上の学校を拒否して、捕鯨という道を選んだ。そこでは、クジラ肉という商品を生産するための過酷な労働が日常だった。確かに過酷だが、しかし、必ずしも苦しみだけの職場ではなかった。少なくとも奥海氏にはそうだった。捕鯨船は多くの人が織りなす世界。千人近い数の人が密集する過密な世界だ。人の世界。奥海氏にとっては、それはなによりも学びの空間だったという。彼は自分のことを「勉強好き」と表現する。学校嫌いの勉強好き。捕鯨船で人間と世界を学び続けたのだ。奥海氏にとって学びは、人々の間に生まれるものだった。

私の場合、勉強好きだったんですよ。船に乗ったとき、先輩たちがね、いい先輩がいて私のこと指導してくれたのさ。師匠。宮城じゃなく、土佐の人、長崎の人、北陸の人とかね。どういうわけだか、こういう人たちにかわいがられたんだよね。解剖の師匠と呼べるような人にかわいがられて、やくざにならないで何とかこん仕事でご飯食えるようになったというのは、やっぱり、あるんですよね。もっとワルだったら、やめたか、愚連隊にはならなくても、一本気なやくざになったかもわかんない。

当時の南氷洋操業は、母船を中心に捕鯨船、輸送船、探鯨船、曳鯨船、塩蔵船などが船団を形成していた。日水や大洋など先行する大手では、二〇隻を超える大船団で、一五〇〇人が生活を共にする。後発の極洋船団は若干小さいが、それでも「浮かぶ社会」であることには違いがない。その中で鮎川とは違う出会いがあった。よき先輩に恵まれたと、彼自身誇りをにじませながら回顧している。彼のよどみないナラティブには、薫陶を受けた人々が次々に登場する。いい先輩、師匠、立派なひとたち。過酷なワッチシステムが敷かれた激しい労働の中で、奥海氏は人に出会い、人に教わり、影響を受けながら学び続ける。特に印象深かったのは、日本船舶の高山武弘社長だ。

高山武弘。一九三一年鹿児島生まれ。一九五四年に鹿児島大学水産学部卒業後、すぐに日本水産に入社している。一九七五年には日水の第30次南氷洋捕鯨船団長を務めた。一九七六年に捕鯨六社が共同で設立した共同捕鯨株式会社に移籍し、船団長。南氷洋はキャッチャーで一三回、母船で一二回の経験がある（小島 二〇〇三）。商業捕鯨への圧力が圧倒的に高まり、ついにモラトリアムで商業捕鯨が中断された時代に、捕獲調査実施と商業捕鯨再開の動きの先頭につねに立っていた人だ。

いろいろ社長連中いたんですよ。高山さんが一番親しかったですよね。彼もオレのことをかわいがってくれた。大体出航の前の日なんかね、ずいぶん忙しいのにね。わたしのこと連れて歩ってんだから。どういうわけなんだろうね。忙しいのに金出してどこさいくべ、どこさいくべ、って引き連れていった。あの人にかわいがってもらったから、優遇された部分もあるんだよ。だから船に乗ってたときも、高山さんの直属の部下みたいな感じだったもん。社長もなんも、部長もなんも関係ないっちゃ。奥海、いいければいいんだからって。

この性格だから海員になって、勉強していって、キチンとしたポイント話してさ。だめなのはだめだ、いいのはいい。高山さんとの会議の中で怒鳴ったこともあるよ。普通の社員だったらにいわれるかわかんないさ。許してもらえることがあったもん。「また奥海に怒られた」って。それくらい元気なときあったのさ。オレだって。私が員長してたときは、高山さんは船に乗ってこなかった。本社ですよ。

前述の日新丸火災事故当時、共同船舶社長の高山氏は東京から指揮を執った。小島のドキュメンタリーによれば、現場と本社の距離、現場の責任と事業全体の統括責任、海員としてのメンタリティの違いなどから、日新丸船長と高山氏の間には微妙な確執があったという。その環境で六五名の部門長である奥海氏は、連日の会議に出席して対応に当たっている。どのような意見を述べたのかはわからないが、尊敬する本社社長と現場の関係を懸命に調整しようとしたことは想像に難くない。

私も高山氏とは面識がある。二〇〇〇年当時、私は植民地時代の韓国で展開された日本の大型捕鯨を調査していた。現在の日本水産の前身の会社が、十九世紀末から、慶尚南道蔚山のジャンセンポ

（長生浦）を中心に大型沿岸捕鯨操業を始めた。その会社が一九〇六年に日本列島に逆流入したのだ。その最初の基地が鮎川向島だった。（朴 一九九五、東洋捕鯨 一九八九、Morita 2001、他）。日本による韓国沿岸捕鯨は終戦まで続くが、その間、事業所や捕鯨船には韓国人も働いていた（森田 二〇〇九）。その一人、一九三〇年代に捕鯨船員として勤務した金玉晶《キム・オクチャン》氏を紹介してくれたのは高山氏だった。

玉晶氏とはその後、ソウルのホテルで長いインタビューをさせていただいた。ご家族にもお会いした。玉晶氏は、済州島ソキポ（西帰浦）沖合で遭難した捕鯨船員たちの慰霊ミサを毎年執り行っていた。ある年、私も花束をお送りして、ミサに参加させてもらった。高山氏はそうした慰霊祭にも参列している。水産庁の会議で同席したときにも、いつも声をかけてくれた。ひとを捕鯨の世界へ一気に引き込んでしまうようなオーラを持つ人。捕鯨と人への熱く強い思いを抱く人物だった。

奥海氏は長いキャリアの中で育んだ人間関係を、上司と部下という枠を超えて友人と呼んだ。友人高山氏は、二〇一一年の震災直後、奥海氏に連絡を入れている。そして救援のため日新丸を鮎川へ送ると言い出した。

> 最後の航海が平成十四年十月。共同船舶で終わった。高山さんとも友達だった。高山武弘というんだけど。震災のとき、一番最初に電話よこしたんだよ。日新丸、石巻までもっていくぞって、なんかもいってさ。ここさ、来たんだから。日新丸。救援物資もって。写真も撮ってあるよ。網地島と牡鹿半島の中間さ、船を係留して。来たんだから。

鮎川港へは入れない。日新丸は向かいに浮かぶ網地島と牡鹿半島の中間地点に係留してボートで救援物資を運んだ。奥海氏は被災地に立って、むかし員長として活躍した懐かしい日新丸の姿を眺めただろう。高山氏のこころを思っただろう。日新丸を降りて一一年が過ぎていた。

この人たちに勉強しろ、勉強しろって——捕鯨船は学校

自称「ワルガキ」の奥海氏。貧しいが頭がよく、当時はまだ学校現場に残っていた「知能指数」も、きわめて高かったという。今でも人生の折り目、節目の日付や時間までも、正確に記憶している。

彼に可能性を見出した篤志家が進学を勧めてくれたことは、すでに述べた。鮎川中学卒業後は、進学、集団就職、そして地元で就職という道があったが、奥海氏は地元で就職する道を選び、学校へはいかない決意をした。しかし、インタビューでは何度となく、学校、高校、大学ということばが出てきた。

学校は奥海氏にとって特別な永遠の場所だ。彼の人生は自分の学びを生み出すこと、ある意味で学校をつくるということと同義ではなかったのか。人生をつくることは、学校をつくることではなかったのか。たまたま捕鯨社会には多くの人がいて、先生には事欠かなかった。上の学校に行かなかった代わりに、彼は南氷洋に学校を見つけた。

高知の人でY・Mさんという人がいたんですよ。国からなんだか(勲章)もらったくらいだから。

私みたいな一介の解剖長、員長だった人なんだけどね。立派な人だったのさ。極洋の人。極洋は高知系統。あと愛媛県。宇和島。志野徳助。極洋のカラーというのがそうなんだよね。それからU・Sさん。この人も有名な員長だった。この人たちに勉強しろ、勉強しろって。そして、本読めって。

半年間、海で暮らす捕鯨母船には、衣食住のすべてが揃っている。満足かどうかは、個人によるのだろうが、一応、全てある。奥海氏はその中で捕鯨船の図書館について話してくれた。

昔の捕鯨船にはこんな文庫があったのさ。世界の全集からなにから全部。ドストエフスキーの『罪と罰』まで読んだ。トルストイ、『資本論』でも何でも全部読んだ。今みたいにテレビもビデオもない時代だから。本読むことしかないから。オレの場合は高校も大学も行かないですけど、割としゃべれるというのがあるんですよ。

極洋のときでも共同船舶のときでも、何かあるといつも議長してやったね。議長というのは難しいんですよね。経営側、会社側も立てなきゃなんないし。こっちも立てなきゃなんないし。われわれの員長の仕事いうのは、本当の員長というのは、一歩下がって、自分のことじっと見直して、きちんと把握できるよな器でないと。こういう人につかえないと。使われる人がひどいもんね。

学校でなかったけど。本読んだもんね。このごろだって。海音寺潮五郎でも司馬遼太郎でもなんでも読んだね。文化委員とかいろんなことやってたから、みんなの金で自分の読みたいものを、みんな買っていくのさ。月に、文化費って、月に一〇〇〇円とか二〇〇〇円とかあるのさ。何百人だら何十万でしょう。これで本買ったり、中積船あると週刊誌なんか送ってもらったり。いろいろ。その手配なんかやってだったから、わりといい本も買えたのさ。いい本というのはこういう全集とかいうのは誰も持っていかないから、本箱にきちんと入っているでしょう。三島由紀夫の『豊饒の海』をシリーズでずっと読んだんだから。

彼はいつも学ぶ場所、学校をつくってきた。彼のライフヒストリーは学びと学校の歴史だ。とりわけ捕鯨船は奥海氏の大学だった。南氷洋で、そして北洋で奥海氏は学び続けた。南極の夏の日差しの中で、クジラの脂の匂いをかぎながら、ワッチの間に本を読んだ。長い航海の間も仕事の合間を縫って、本を読んだ。高校も大学もいかなかったが、捕鯨船で本を読んだ。また、さまざまな人の中で、人間を学び、社会を学び、仕事の意味を知り、人生を学んだ。そしてまた本を読む。奥海氏は学校を見出した。南氷洋に浮かぶ学校で思索を巡らせた。

ハーマン・メルヴィルの『白鯨』の語り手イシュメルは、世界の捕鯨場で操業するピークオッド号で、捕鯨を通じて世界の森羅万象を見つめ続けた。陸には何も面白いことがないと憂鬱の気に取りつかれたイシュメルは、捕鯨船を選ぶ。十九世紀当時のアメリカ捕鯨船は三〇人程度の乗組員しかいなかったが、そこは世界の多様性の坩堝であり、哲学の逍遥広場であり、深淵な書物であり、知的刺激に満ちた大学だった。「捕鯨船は私のイェールであり、ハーヴァード」と呟くイシュメル（Melville 1851）。奥海氏はイシュメルなのだ。

仕事の段取り屋さんだね

一九六〇年、第2極洋丸には六五〇名が乗り組んでいた。おそらく解剖を担う甲板事業員は一〇〇名を超えていただろう。奥海氏は一九七六年、共同捕鯨の設立とともに移籍。一九八七年からは共同船舶に再度異動し、同時に、事業員のトップ、員長に昇格している。

員長は要するにクジラ捕りの仕事の段取り屋さんだね。生産するための、付加価値をつける仕事だね。あと全般、衛生面から、部位から、全部。（名刺をみながら）これ私自分で作ったんだよ。自分で書いたんだよ。ないやったのかと思ったので、元日新丸製造長って入れようかなって思ったの。日新丸製造長というのは結構知ってる人、多いのさ。船に乗ってたときの。調査捕鯨船日新丸の製造長って。共同船舶では員長ではなく製造長っていわれたのさ。

キャッチャーの砲手は、船首に立って海に向かい、風に晒されながら巨鯨を仕留める。捕鯨船団の花形であり、多くの証言や報告がある。一方解剖の事業員は少し地味で、記録も比較的少ない。しかし、クジラに包丁を入れ、付加価値を生み出し、肉や副産物へ姿を変えるのは事業員だ。一次産品を二次産品に変換し、財を生み出すのが事業員なのである。員長はその複雑なプロセス全体を「段取りする」。共同船舶でも六五名のチームであり、リーダーシップを発揮するのは並大抵のことではない。奥海氏の頭にはシロナガス、ナガス、イワシ、ニタリ、マッコウ、ミンク、ツチなど種類の違う鯨の部位情報がすべて納まっている。その部位がどんな「刃ざわり」か、どのように刃を入れ、動かすのか。どう処理すれば価値が高まるのか。それを誰に任せるのか。チーム全体の労働力をどのように配分するのか。員長として「段取りする」ことは無数にある。鮎川捕鯨に来てからもその責任は変わらない。

もう今日の仕事が限界だなっというところまでやることもあるのさ。このとき時間が止まらないってのが、ひとつあるでしょう。なんぼ考えたって時間がぴたっと止まってくれるわけないから。成るようにしか成らないって考えるほうが楽なときあるよね。後やるようにしかなんない。そのかわり仕事、緻密に考えてね。仕事、何時何分までに終わるって計算して。今日十二時なら十二時までに終わらせるぞって、きちんと段取りくんで、ぱちっとやめさせる。段取りつけるってのは大事だね。ミッドナイトまでやんなきゃなんないこともあるのさ。

一頭、なんぼ時間かかって、食事時間がなんぼ。十一時四十五分なら十一時四十五分でパチッとやめらせた。今日の予定の仕事は終わらせる。投げやりになんか出来ないから。後は明日やるから、やめろってやるわけさ。そうしないと休む時間なくなるでしょう。相談はするよ。でもオレの厳しい目でやられれば、相槌打つ以外ない。オレがこう考えてんだから、こうやってくれというようなものさ。オレの考えてるとおり、やってくれということ。員長ということばは和歌山では使わない。クジラ会社だけのことば。

緻密な計算と明確な指示。それが段取りを生かすコツだ。この正確さ厳格さには、実は、裏があるのだという。緻密な実行には、精密な準備があるのだ。「裏大なれば、表大なり」である。奥海氏の場合は、その優れた記憶力と、詳細な記録が裏だ。彼はノートに操業を詳細にわたって記録している。見せていただいたノートには、ページ一面に小さな文字であらゆることが書き留められていた。

二〇年以上は員長という職にいたんでしょうね。員長という仕事は、緻密に仕事を組まないと。わりと船乗りしていた人はね。石橋たたいて渡るようなところがあるんですよ。本当のリーダーになるのは、石橋たたいて渡るような。よくオレ、どこでもいうんだけれども。仕事というのは、一歩うち出たら帰ってくるまで仕事なんだ。そのかわり家出るときは、うちでひと航海の大まかな段取り組んでいく。この思いつきでなく。

たまたまオレが書いてるノート見せますから。わたしね、釧路の最後の日のノートこれ。こんな小さいことまでみんな書いてんだ。思いつきで喋ることないのさ。こうやってやられるもの。使われる人はたいへんだよね。尺、なんぼ足りないか。つぎのね。

これはマル秘だけどね、何時から何時まではたらいで、全部つけてんだよ。何頭処理して何時までかかった。これで時間外とか請求してやるから。だから取るときには取らなきゃだめなんだ。

ノートは朝早く起きて書く。夜帰ったら、寝るのが精一杯だから。手帳に書いてあるから。手帳さ書いとかないと次の日忘れるでしょう。なんかね、知能指数というのがオレらの時代はあった。抜群に良かったらしいんだ。凄い良かったらしいんですよ。それが今でも生きてんじゃないの。

すでに、解剖チームの流れるような動き、隣を気遣いながら、先へ、先へと収斂していく作業には、確かな集団の意思が感じられると述べた。それは集団の習慣、組織の記憶、集団知だといったが、同時に、そこには員長の指示と意思が働いていることも確かだ。奥海員長は作業を完成させるために、最終アウトプットに向けて工数を設定管理し、スケジュール設定する。圧倒的な経験知、抜群の記憶力と観察眼、それを記録する膨大なノートが支えだ。段取りすること。それは「純粋に知的な頭の中の訓練ではなく、仕事場の文脈に組み込まれた日常の実践活動」(Ingold 2011) なのだ。員長の責任は、作業の合理化と効率化だけではない。解剖社会を構成する一人ひとりの構成員に対して、人間として対峙することも重要だ。奥海氏は自分が経験したように、部下を教育して育てようとした。仕事は経済的利益のためだけにやるものではない。人は「自分が何をしたか」を証明してくれる人を必要とする。奥海氏は自分が経験したように、若い者たちにこの世界に生きてある意味と価値を伝えようとしたのだ。

衛生面、肉に付加価値をつけるのもそうだし、部下を教育する。ただ仕事だけじゃなく、育てなきゃというのがありますよね。人というのは金もらうからいいってもんじゃないでしょう。自分がなにしたのか証明してくれるのは、わたしに使われた人だよね。
結構日新丸でも、私に使われた「奥海語録」てのがあるみたいでね。たとえば「あんくずすな」（あんまり苦にするな）。要するにね、あまりとりこし苦労するな。成るようにしか成らないってのが、ひとつあるよね。これ震災みたってそうだっちゃ。くよくよしたってどうしようもない。船に乗ってれば、いらねえこと考えることないって。やれっていわれたことだけやってればいい。それがいいことか悪いことかわかんないけっどもね。

「成るようにしか成らない」という哲学は決して自暴自棄ではない。巨大船とはいえ、狭い社会の中で、逃げ出しようのない社会の中で、気が遠くなるような仕事を毎日続ける。徹底的にそれを記録し、考え、仕事の完成にむけて邁進する。これ以上に何ができるのか。「成るようにしか成らない」とは、全力を尽くす人間の希望と、ほんの短い時間訪れる赦しの瞬間ではないのか。

わたしの仕事っていうのは員長という仕事に徹しているというのか。自分の職分というのがあるでしょう。自分の能力を自分で知っていないとこの仕事できないというのがひとつあるでしょう。分を知るというね。徹しているから。意固地なんだけど。職人の仕事って言うのは。頑固なんだよね。下道なんかも。でもトラブルなんかないからね。
こういうところは船の生活が生きてる。一人では何もできないからね。職人気質を貫くのも、ひとと協調していかなきゃなんない。グループでやる仕事はそうだもんね。自由業で、あたりさ

7　奥海良悦氏。2013 年 11 月 30 日。撮影：著者

迷惑掛けないんだったら、頑固で自己主張とおしてればいいけど。まさかこういう自分たちの仕事てのはね、自己主張とおしたら仕事にならないから。協調しなきゃなんないところは協調して。

でもまた行きたくなる

奥海氏の人生は、美しいことや感動的なことばかりで綴られているわけではない。彼が完全無欠の人間で、善意と誠意に満ちた完璧な人だというわけではない。彼はさまざまな人に出会い、裏も表も知り、裏切りや嘘にも付き合ってきた。自暴自棄や狂瀾怒濤の時もあっただろう。ただ、インタビューの間、一貫して感じたのは強い自制心と、冷徹ともいえる、とことんまでひとと自らを見つめる姿勢だ。タフなのだ。人間として、強い。強靭なのだ。

オレの悪いところもある。ひとのことを見すぎるんだ。船でもそういう訓練してきた。その人のいいとこ、悪いとこ、全部見える。員長は部下を見るのが仕事だもんね。船の場合、一二〇人からの部下いたでしょう。いまだったら二十何人でしょう。七〇、八〇人でも目が行き届くってことは、眼を使うよね。名前を覚える。出身地も覚える。船団名簿というのがあるから、最初全部覚えておく。どこの学校出て、何が得意だとか。この子ども、夜型、朝型ということも分かるよ。

捕鯨は密度の高い人間社会を形成する。過去の南氷洋捕鯨で解剖事業員は数か月間を同じ船で暮らし、一〇〇名近くが鯨体の周りで動き回った。小型沿岸捕鯨でも、解剖場という仕事場で、宿舎で、事業員たちの距離は近い。小型捕鯨船では六名の乗組員たちが狭い空間を共有する。人を見るのは、こうした密な空間を生きるためだ。人を見るのは社会を創り出すためだ。

人間同士のコミュニケーションは複雑なプロセスをたどる。人と人の関係にひとつとして同じものはない。人が人と向き合うとき、全く新しい関係を生み出し、新しい世界が作られる。捕鯨はクジラと向き合うとともに、人と向き合う世界なのだ。

奥海氏は二〇〇二年に共同船舶を退職したとき六十一歳だった。前述のように、事業員として頂点まで上り詰め、人生に区切りをつけ、鮎川港を見下ろす高台に家を新築、悠々自適の生活が始まると思ったが、鮎川捕鯨の員長を引き受け、二〇一一年の震災に遭遇した。

もう船に乗ることはない。でもまた船に乗りたい。そんな夢も見る。苦しいことが多い生活だったが、陸に少しいると海へ戻りたくなるのだという。自宅からは鮎川湾が一望できる。毎日眺める三陸の海は美しく輝く。その海はそのまま太平洋へ広がり、生涯をかけた南氷洋に連なっている。

南氷洋は五か月、北西太平洋は三か月か四か月。今になれば後悔することもないし、夢は走馬灯のように駆け巡るけどね。でも楽しかったです。今でも夢に出てくる。若いんだったら、今でも船にいきたいという感じだよ。船乗りという職業は、なった人じゃなきゃわかんないけど、乗るまではいやいや行くような感じで。船にいるとまた帰りたくなる。四、五日いるとまた船に帰りたくなる。船の仕事ってけっして楽な仕事じゃないよね。でもまた行きたくなる。

普通のことも犠牲にして船乗りしていたんだから。私だって結婚したときもあるしさ、子どもはいなかったんですけど。養女はいますけどね。妹の子ね。孫を養女にしてんの。私はこういう性格だから妹の子どもたちしょっちゅう来るし、遊びに行ってるし。うちのみぃちゃん。これは妹の子どもの子ども。お正月とかクリスマスとかしょっちゅう行くの。

どんな犠牲を払って造り上げた人生だったのか。彼の人生に逃げるという発想はない。日新丸の火事のように、命を懸けて突き付けられた課題の世界へ飛び込むだけだ。捕鯨そのものが投げかけられた課題だった。人生なのだ。人生という課題だったのだ。奥海氏は、捕鯨を語りながら未来へ開かれていく自分の人生を語っていた。

奥海氏は震災後、水が溜まり痛みを繰り返す膝を抱えて、当たり前のように、鮎川捕鯨再建の先頭に立った。七十歳の春だった。

第六章　船長として

鮎川捕鯨第28大勝丸船長、阿部孝喜氏。一九七〇（昭和四十五）年生まれで、インタビュー当時は四十四歳。現在は新造した第三大勝丸の船長兼砲手だ。震災当時、石巻市内の北上川河畔の造船所でドック入りしていた第28大勝丸が、津浪に荒れ狂う海を、自力でふるさと近くの給分浜にたどり着き、陸に乗り上げたことはすでに述べた。大勝丸を救出した一部始終や、長く乗り組んできた思い出の僚船第75幸栄丸の「葬儀」の様子を、阿部氏はとつとつと、豊かに語った。

海の世界へ

インタビューの場所は、震災時と同じ北上川河畔のS造船所で、ドック中の第28大勝丸。穏やかな波の動きにゆっくり揺れるその食堂内だった。阿部氏とのインタビューは、忘れ難い。重要な産業でありながら、現在では陸上と海上合わせて約一〇〇人程度にまで縮小してしまった小型捕鯨従事者の世界を、鮮やかに語ってくれた。鮎川に生まれて捕鯨船員になるというのは、どういうことなのか、船長になるためには、何が必要なのか。三陸の海でクジラを捕って生活するとは、どういうことなのか。船長砲手は何をするのか。クジラを捕る人は何を感じ、考えるのか。クジラは海で何を考えるのか。

阿部氏は鮎川生まれの鮎川育ちだ。鮎川小学校、鮎川中学、それから石巻市内の宮城水産高校へ進

8　阿部孝喜船長。2015年2月27日。撮影：著者

学した。当時は鮎川にもたくさんの子どもがいた。小学校は学年で六〇人。全校で三六〇人近くが学んでいたという。阿部氏は、この小さな町に、あんなにたくさんの子どもがいたことに、震災後気づいた。そして、町自体が消えたあと、津波で流され、石と砂と雑草に覆われた更地を見て、ずいぶん狭いと感じたという。

更地になるといくらもねえ。結構いろんなもの立っていた。
更地になるとずいぶんせまく感じんだな。

確かに、被災後の更地は奇妙な感覚を生み出す。とりわけ自分が生活した町や家の更地であればなおさらだ。そこには普段は気にもかけないが、働くことや生きることの基盤となる世界があったのだ。そこには多くの物や人との関係があり、さまざまな感情や思いが行き交い、それぞれの活動や仕事があった。普段は特別意識もしない「あたりまえ」の世界。その大きさは、更地の物理的な広がりよりはるかに大きい。私たちは物理的面積より広い世界を造り上げて生活している。そこに造り上げていた世界の大きさ。その世界が消えた後の更地の狭さは、深くて奇妙な寂しさを生み出す。

鮎川の人々は、更地に暮らしていたわけではない。土地と、環境と、隣人と、仕事や考えや感情、無数のことば、その他もろもろのものが造り上げる生活世界に生きていたのだ。鮎川は小さい更地に、有り余る大きな生活世界を造っていた。津波ではそれが流された。牡鹿半島も、三陸も、福島も同じだ。破壊され流されたのはそうした世界だった。人々はまた小さな更地に、大きな世界を、すこしずつ再構築しようとしていた。復興とはそういうことだ。

宮城水産高校卒業後、阿部氏はすぐに漁船に乗った。十八歳だった。小型捕鯨でいえば、ちょうどモラトリアム施行でミンククジラが捕れなくなり、ツチクジラ漁に移ったころだ。阿部船長の最初の船は鳥取境港の近海巻き網船で、狙うのは主にイワシだった。遠洋に向かう海外巻き網船は三〇〇トンクラスも珍しくない大型船が中心だが、沿海操業の近海巻き網船は五トンから四〇トンの小型が多い。新人の乗組みが多いのも特徴だという。

巻き網も二種類あって、かいまき（海外巻き網）と近海があって。近海ですね。鳥取の境港。当時、近海巻き網で一番水揚げしていた。その当時はイワシ。イワシ大量にとれた時代。あのころ、肥料にしたんじゃないかな。毎日とれるんだもんね。毎日。今はもうイワシ高級魚だもんね。高くなった。船の上ではイワシを食べた。刺身。冬も操業する。秋になるとこっち来るんですよ。カツオとかマグロ。三陸、釧路にもいった。漁場近くの港に入る。それは早めにやめて、またこっちに戻ってきて。

それで自分ちで漁船やってたんで。祖父が。サンマとかイカとか。漁によってさまざま。何日か沖にいることがあって。あとサンマでいえば北海道まで、釧路まで追っかけていくしね。一九トンの船。長さでいえば（第28大勝丸と）なんぼもかわんね。これは四七トン。並べるとね、ちょっと一九トンが小さいかなというくらい。今の一九トンつったらもう大きいですよ。これと変わんないくらい。おじいちゃんの船は豊洋丸。いまでも動いている。父親なくなったんで、弟が（ついでる）。父は病気で亡くなった。弟はいまも鮎川で細々とやっている。クレーンがついた作業船にも乗った。石巻の会社で。

阿部氏の実家は船と漁業が家業だ。幼いころから船には乗っていた。経緯は聞かなかったが、おそらくはごく自然に水産高校へ進学し、航海士の免許取得を目指したのだろう。卒業後の阿部氏が選んだのは境港の近海巻き網船。境港は今でも全国有数の水揚げを誇る漁港で、イワシ、マグロ、イカ、ズワイガニなどを中心に、八〇年代には、全国四位、日本海側でトップの漁港となっていた。境港の船で三陸にも釧路沖にも行ったという。漁をしては近くの漁港に入ることを繰り返した。一九九〇年に引退した太地町の磯根嵓《いわお》氏は捕鯨船長として日本列島の九五港に入ったと証言している（磯根 二〇〇四）。こうして海から日本列島を見る目を養うのだ。

巻き網船勤務は比較的短く、しばらくして実家に戻り、祖父の船で漁に出るようになった。サンマやイカを追って、三陸から北海道沖まで船足を延ばした。船は一九トン。でも大きさは大勝丸とたいして違わないという。その後はいわゆるガット船と呼ばれる作業船にも乗った。ガット船というのは、土砂や石材、建築素材などを運搬する船である。通常クレーンが船中央に設置されているのが特徴だ。阿部氏は一等航海士として船を転々とし、さらに条件の良い船を探している時期に、捕鯨船の話が舞い込んできた。二十五歳のころだ。

捕鯨船に乗る

阿部氏にとって人生で最大の転機が訪れた。モラトリアムで、全国でも操業は五隻にまで減ってしまった小型捕鯨船に乗らないかというオファーが来たのだ。ちょうど、航海士としてキャリアアップを目論んでいた時だった。鮎川に生まれ育った一等航海士。昔なら捕鯨船に乗ることが出世への王道だった。だが、事情は変わっていた。阿部氏は考えを巡らせた。

今から二〇年前。戸羽捕鯨に入った。当時は戸羽養治郎さんが生きていて。面接を受けて。偉い人だから、はい、はいって言えよって、連れてってもらった。総理大臣みたいな人だからな。

口答えとかしないで、いわれたこと、はいはいって合図しろって、連れていかれたのは覚えているね。今の伊藤会長の義理の弟さん。今は退職している。平塚さんていう。結局、平塚さんと近所だったんです。そんで平塚さんの息子と同級生だった。その船乗んないかって、同級生から電話よこされて。ま、どうすっかなって感じ。

ちょうどこういうガット船に乗ってたんですけど、ちょうど給料いいとこ、いいとこって動いている時期じゃないですか。いろいろ探して別のガット船で、一等航海士で来ないかって。そっち行こうかなっと思っているとき、同級生から電話きて。どうしようか。親に相談しますよね。親は地元にいてくれたほうがいいって。長男だしな。地元の船に乗っかな。結局は、お金もそうだし、親の意見もそうだし。なんもかも自分で決める年じゃない。結局相談して、どっちいいって。

偉い人、「総理大臣のような人」、戸羽養治郎。すでに何度も登場した戸羽氏は小型捕鯨一筋に生きた人物で、長く小型捕鯨協会長も務めた。戸羽捕鯨だけではなく、業界の利益のために東奔西走した。太地町の磯根嵓氏も、その自伝的記録で度々戸羽氏に言及し、世話になったと感謝の念を述べている（磯根 二〇〇四）。そこからうかがい知れるのは、豪快で熱血で情に厚い人物だ。

戸羽氏に関してはあまり参考となる資料がない。『牡鹿町誌』上巻によれば、鮎川で営まれた大網漁では、労働を担う「大網仕」が必要だったが、クジラで繁栄する鮎川では人気がなかった。そのかわり、気仙沼などから出稼ぎとして一〇〇人程度の「大網仕」が来ていた（牡鹿町 一九八八）。戸羽氏はその一人だったという。出身は陸前高田ということだ。やがて、戸羽氏は一九二五（大正十四）年設立の鮎川捕鯨に入社し、砲手を務めた（東農石 二〇〇三）。

その後、小型捕鯨が縮小するなか、戸羽氏は最後まで小型を貫いた。壊滅的とも思えたモラトリアムも乗り切り、二〇〇八（平成二十）年の新鮎川捕鯨の創立を待つかのように鬼籍にはいった。鮎川小型沿岸捕鯨の中心人物であり、全国の小型捕鯨業界の精神的支柱でありつづけた。まさに「総理大臣のような人」だったのだ。

戸羽氏は一九五五年に戸羽捕鯨を立ち上げている。やがてこの捕鯨会社は鮎川で最後まで残った唯一の地元資本の小型捕鯨会社となる。磯根嵓氏は一九五七年の報告書で、三七隻の小型船をリストアップしているが、それによれば、戸羽養治郎氏は第3幸栄丸での操業だ（磯根 二〇〇五）。

一九六五年から記録が残っている小型捕鯨協会の「事業成績報告」によると、戸羽捕鯨は一九六八年に第6東海丸（もとは千葉県千倉の東海漁業の船だったと思われる）、一九七一年に第7幸栄丸、そして一九八七年に第75幸栄丸で操業している。それぞれの船の経歴は定かではないが、阿部氏が会長面接で合格し、乗り組むことになった一九九五年は、第75幸栄丸だった。

さて、当時、阿部氏は青年らしく、ガット船の航海士としてより高い報酬を求めキャリアアップを目論んでいた。折しも戸羽氏を取り巻く人のネットワークの中で、複数の人がかかわりながら、阿部氏に第75幸栄丸の話がもたらされた。捕鯨船だ。

「声かけてもらわなければ乗れない船だからね」と、阿部氏はさりげなく言う。確かに、震災の二〇一一年、復活した第28大勝丸と第8幸栄丸をいれても、操業していた小型捕鯨船はたったの五隻。日本列島で捕鯨船船長は五人だけだ。特別な知識と技術がいるという意味も含まれているかもしれないが、彼の短いことばは小型捕鯨業界の歴史や現状を的確に表している。ただこうしたことが重なり、おそらくはやがて鮎川の伝説的船長砲手（私はそう確信している）が誕生することになった。

クジラ捕りたいというものはなかったけど。結局船で食べていかなきゃというのがあった。声かけてもらわなければ乗れない船だからね。最初乗ったのは75幸栄丸。震災前まで動いていた。これとおんなじくらいだ。鉄の船。一一年くらい幸栄丸に乗ってた。それで鮎川捕鯨になるとき大勝丸になった。船変わるのは大変だった。大勝丸というのは会社違うわけです。顔も知ってるし話もするけど。そういう中で合併と同時に大勝丸の鉄砲船長してた人が辞めたんです。

阿部氏はさまざまな思いのなかで、誘われていたガット船ではなく、第75幸栄丸を選んだ。彼の人生では船で生きていくことはゆるぎない前提となっていた。一方、鮎川には捕鯨の実績や伝統もあった。ただ彼のなかでは「クジラを捕る」ことは、現実的な選択肢ではなかった。というより、捕鯨船はすでに自由に選べない仕事になっていた。まさに「声かけてもらわなければ」乗れない船なのである。その声がかかったのだ。家族の絆もあった。阿部氏は考えた末に、捕鯨船を選ぶ決心をした。

ひと昔前まで、鮎川では、捕鯨船乗りには、社会的な評価と経済的な安定が約束された。名誉と富も約束された仕事だった。ところが、三、四〇年来、捕鯨は坂道を転げ落ちるように縮小に縮小を重ね、今や斜陽産業となった。しかし、鮎川は捕鯨船乗りへの敬意を忘れたことはなかった。捕鯨船船長は地域のシンボル、住民たちの誇りでもあった。後に船長となった阿部氏は、そのことを繰り返し口にする。

鮎川生まれで鮎川育ち。捕鯨船船長をやっているのは誇りです。

鮎川で、捕鯨船船長となるのは、つまり、誇りなのだ。輝く晴れた海原でも、嵐の海でも、暴風に晒されても、不漁の時も、彼を支えるのはこの誇りだ。苦労して仕留めたクジラを抱いて母港へ戻る。誇りが阿部氏を包み込む。人間だけが持つ神秘の感情、誇り。それ以上に何があるのだろうか。

見習い捕鯨船員の学習

第75幸栄丸の「葬儀」については、すでに述べた。あの時、阿部氏は一一年間乗り組んだ船の最後を見届けるために、船体に酒を撒いて「船霊」を慰め、懐かしい船の船首に、何とか手に入れたカップ酒を供えた。

オイ、飲めよ。

懐かしい船に感謝の思いを伝えた。そして一一年の労苦を、ともに飲み干した。第75幸栄丸は長い経歴を終え、その重い体を瓦礫のなかに、静かに横たえていた。誰も見ていなかった。誰にも話したことはなかった。思い出の船が津波の犠牲になった。見習い捕鯨船員として見知らぬ世界に飛び込んだときの思い出の船だ。

最初は甲板員。甲板員して、あとは、名前だけだけど局長というのになって、それから船長をして、それから鮎川捕鯨ができたとき、こっちへきて船長砲手して。幸栄丸では見習い砲手していた。幸栄丸の砲手に教えてもらった。幸栄丸時代は船長をして、砲手としては見習い。二番銛。砲手が捕ったのに二番銛を撃つのが見習いで。練習するんです。昔は陸上で練習するとこあったんです。防波堤のとこ。

当時小型捕鯨船には七人が乗り組んでいた。一等航海士免許を持つ阿部氏は、船長候補として乗り組むが、まずは甲板員からのスタートだ。彼は徐々に船の職階を登り、やがては船長となった。船長が砲手を兼ねることがあるのだが、第75幸栄丸ではベテラン砲手がいて、阿部氏は見習い砲手だった。砲手がまず撃った後、とどめの二番銛を撃つのが見習い砲手だ。昔は陸上で練習もしたという。南氷洋で操業した大型捕鯨船の砲手たちも、以前は鮎川で捕鯨砲を撃つ「練習」をしたという（磯根二〇〇四)。阿部氏はこの船で捕鯨のすべてを学んだ。海の男たちにもまれながら、クジラを捕るという仕事のあらゆることを学んだのだ。でも本当の苦労はそれからだった。

よそ者がきたぞ。若造がきたぞ

二〇〇八年、戸羽捕鯨、日本近海、大洋A&Fが統合されて新生「株式会社鮎川捕鯨」が誕生したとき、阿部氏は第75幸栄丸から、日本近海の第28大勝丸の船長に就任する。

大勝丸にきたとき全員年寄りだったからね。どれだけ大変だったか。会社違うとこからきて船長です、テッポウ様ですってくるんだから。当時は五十になったばかりの人たちの中へポンとはいるわけだから。船長とか砲手になればその船のトップだから、二十歳も年離れた人たちをどうやって自分の方向にもっていく、自分のやり方っていうかね。一気に自分のほうにったって、だれも見向きもしねえから。二十歳以上も年下のやつがやってきて、あれやあれこれやったって、何言ってるとおもうすぺ。

時間かかりました。一番トップの人なのに、船の人に認めてもらわねえと。ふつうはトップが乗組員を認めるんだけど、乗組員全員そろっているとこさ、トップが来るんだから。認められなければ結局、いづらくなって辞めていかなくちゃなんね。残っているちゅうことは、認めてもらったんだべなと、自分では思ってるけど。やっぱ来たときは、よそ者がきたぞ。若造がきたぞ。

年齢による階層性、狭い船社会の排他性（仲間社会）、船の職階と経験知のずれからくる軋轢など、阿部氏を取り巻く新たな環境は過酷だった。乗組員の中には何十年も捕鯨船に乗っている人もいた。南氷洋経験を持つ人もいた。漁船の経験が長い人もいた。ある意味で残酷な人事だった。船には職階があり、それぞれの責任と権限を、経験のなかで体得してきたベテランばかりだ。極めて小さい社会だから、職階の責任と権限が船ごとに微妙に異なる融通性と、小ささゆえの厳格さ。そのなかで阿部氏はひとり戦った。それは、年齢、経験、職階などの壁を越えて、信頼を勝ち取るという人間の普遍的な営みだ。

コントロールするより、コントロールしてもらったというか、教えてもらったというか。結局初めてだから、わかんねえことばっかりだからさ。できねえのに、わかったふりしたってしかたね。年上の人は何十年も捕鯨船乗ってきたりしている。漁船何十年も乗ってきたりするわけだ。南氷洋を経験している人もいた。

自分がその人たちより下だっていうのが、自分でもわかっているからさ。なんでも知ったようにして、私はテッポウですよっていったらもう、たぶんここにはもういないと思うよ。鈴木機関長がそのころから残っている人。その当時いた人がやめたのはここ一、二、三年くらいの最近。退職したり、別な船に異動したり。やめてってね。

職位と年齢階層の権力関係、旧体制の慣性と新体制の変化の衝突。水産高校出のチョッサー（一等航海士）と、たたき上げの捕鯨者間の、心理的葛藤。いくつものねじれた関係があった。悪戦苦闘が続いたに違いない。おそらく教えてもらうことが多かっただろう。それに、阿部氏も言ったように、基本的には「見て学ぶ」世界だ。そして、知識を身につけること、技術を習得するためには、なにより、人間関係を作り上げることが大切だった。

彼は船長として形式的には権力を与えられてはいるが、実際には小型捕鯨船という濃密な社会の「周辺」からスタートしなければならなかった。周辺から阿部氏は学び始めた。しかもそれは、標準的な教科書や情報体系を、権限をもつ教師が黒板を背に、一方的に伝え教え込む学習ではない。ここは、人間の学習理解に転回をもたらした社会人類学者ジーン・レイヴの学習理論や、シベリアの狩猟民ユカギールの学習を分析したレーン・ウィラースレフの研究が参考になるかもしれない。

先にも触れたように、従来、学習は個人の頭の中で起こる事象とされていたが、レイヴたちはそれを実践共同体への参加の度合いの増加とみなした。頭の中ではなく、共同体の中で、実践共同体内での人間的交流を通じて、知識、技能、アイデンティティが蓄積されていく。学習はこうして個人的な営み、個人の頭の中の営みを越えて、社会共同体に開かれた実践となっていくのだという（レイヴ／ウェンガー 一九九三）。

阿部氏は船社会の人間関係や権力構造を、周辺からスタートして学んでいった。レイヴの「正統的周辺参加」という学習がまさに当てはまる。身体とこころとことばを使って、現場で仕事を創りながら、自分という存在を造り上げる実践だ。捕鯨船という実践共同体に自らを開きながら、長い時間をかけて共同体への参加度合いを深め、やがて「完全な参加（full participation）」を実現して、共同体のメンバーとなった。

人類学者レーン・ウィラースレフはその記念碑的著作『ソウル・ハンター』で、ユカギールの学習を、「トップダウン式の情報伝達」ではなく、「実践的活動の中での支援や導き」だったとし、その学習モデルは「なすは学ぶ、学ぶはなす」だとしたとき、同じような共同体の中での実践的学びに気づいていた（ウィラースレフ 二〇一八）。

つまり、船社会から知識を獲得するというより、自らを船社会に開いていく学習だ。やがて阿部氏は船のガバナンスを構築しながら、職階や年齢を超えた信頼関係を創り出していった。それは阿部氏を共同体の中央へと押し広げ、その共同体自体を新たに生み出していくプロセスだ。こうして彼の率いる新生第28大勝丸が生まれたのである。

鉄と、木と、気遣いと

船では運行や管理に責任を持つ航海士（これが船長となる）と機関士が公式免許保持者で、それ以外に様々な作業を受け持つ甲板員がいる。甲板員はいわゆるたたき上げの船員。そのリーダーがボースン（甲板長）だ。阿部氏は権力関係のねじれを解消し、社会の構成員（船の乗組員）と技術的な信頼感で結ばれる人間関係を作り上げていったが、そこには自然な感情として信頼や尊敬も生まれた。だから、すでに退職したボースンや機関長に寄せる阿部氏の信頼と尊敬の念は絶大だ。「師」なのだ。また、年上の甲板員たちも息子のような船長の技量や決断、人柄や心情に、親しい敬意を抱くようになった。

　捕鯨船の技術は信頼と敬意でできているといっても過言ではない。ハイデガーは、「ゾルゲ」（気遣い）を、世界を創る基本的な力と考えた。何かに向けて、そのつど、道具や、自分や、他者を気遣い、世界を創り出しつつ未来へ向かうのである（メイヤロフ 一九八七、竹田 一九九五、榊原 二〇一八）。尊敬や信頼はその結果だ。捕鯨船は鉄と木と気遣いで出来ている。

> ボースンは昨年病気で船下りた。全員が今でもトラブれば前の機関長さんに聞きに行くし。トラブれば前のボースンに電話して相談する。船長の下で、ボースンというのは甲板を牛耳っている人だね。この大勝丸でいうと躁舵手。クジラを追ったり、追尾してるときに、舵を持てるのがボースンで。今は新しいボースンがやっている。新しい甲板長。

　捕鯨船では甲板をリードするボースンが、大きな役割を果たす。クジラを探し回る探鯨では、まずは阿部船長が舵を取る。船長（砲手）が漁場を推定しながら指示を出し、ボースンと甲板員三名の計四名が、マストに設置された探鯨スペースでクジラの姿を探し続ける。探鯨スペースは「トップ」、そこに陣取りクジラを探す役もトップと呼ばれる。トップの四名はそれぞれ異なった方向を双眼鏡で見つめ続ける。探すのは捕鯨者が「気《ケ》」と呼ぶ鯨の潮吹きだ。

9　「トップ」（第28大勝丸）。2014年3月7日。撮影：著者

多くのクジラの、さまざまな動きを見つめ続けたトップたちは、素人には波にしか見えない海域でもクジラを探し出し、瞬時にその種類、頭数、そして距離を判別する。連続してクジラが見える日もある。何時間も何日も、なにも見えないときもある。そんな時は手洗いで降りる以外は、トップに張り付いたままだ。食事も立ったままトップで済ます。阿部船長は率直に、捕鯨では、トップが一番大事と何度も強調する。花型の砲手や船長が一番ではないのだ。

追尾にはいればトップに舵、全部（方向の指示は任せる）。それまではテッポウはこっち行ったり、あっち行ったり。追尾にはいったら、マストに追っかけんのはお任せして。私の場合はトップにいた期間も長かった。一〇年、一一年、トップだったんで、トップというのはどれだけのクジラを見てっとかさ、動きを知ってっとか、自分でも分かっから。

捕鯨船の場合は私の考えでは、トップが一番。一番大事。トップにクジラを探してもらって、トップにクジラを追いかけてもらって、トップにクジラに寄せてもらって、あと仕留めで砲手がバッと。最後に外れればだめだ。それまでの過程をするのはトップマストだから。（トップが長かったから）トップの考えも分かるし。

幸栄丸のときは今と同じものを捕っていた。最初はツチとゴンドウだったけど、そのうち調査捕鯨始まって今みたいな格好に。

機関長と連携して船長が舵を取る。残りの甲板員は船と一体となって、クジラを探す。「気《ケ》」が見つかれば、狙いを定めて追尾に入る。臨戦態勢で、船全体に緊張が走る。トップから声がかかる。頭数、距離、そして動きの特徴を確認する。捕れる、と判断したら、船長は行くことを指示する。応えるように、トップのボースンは叫ぶ。

ホスピ！（ホットスピード＝全速力のこと）

この声で漁が始まる。船が追尾態勢に入ると、船長は捕鯨砲につく。トップから方向や速度の指示が矢継ぎ早に出る。それを受けて機関長がエンジンを調整しクジラを追尾する。船長砲手もそれに呼応する。全員がクジラに向けて全神経を集中する。

スコスロー！（少しスピード落とせ）

近づくとスピードを落として、エンジン音を消す。ツチは臆病なのだ。阿部船長は巨大な野生生物と対峙する砲手となり、捕鯨砲を構える。発射。六人が一人のハンターとなってクジラを仕留める。穏やかな北上川の流れにゆったり揺れるドック中の大勝丸の食堂で、阿部船長は捕鯨船のリズムを刻みながら語る。

海と相談、トップと相談、自分と相談

こうして第28大勝丸という捕鯨船社会に自らを開いていった阿部船長は、この船で様々なことを学んだ。何度か述べてきたように、捕鯨は膨大な自然情報、精緻な経験知、具体的技術や技が構成する複雑な作業だ。人や物を徹底的に「気遣う」仕事だ。そして走る船とクジラの間で、ひとには説明が極めて難しい判断と決断を行い、それを実装する技量が必要だ。自然の声に耳を澄ます技術が要る。想像力も要る。阿部船長はこんな風に教えてくれた。

クジラに聞けじゃないけど、海に聞け。海と相談しながらやれ。どんなにうまかろうが、船、早かろうが、優秀船だろうが、やっぱ教えられてきたこと、やってきたこと、見てきたことを、海を見て、海と相談する。この海ではちょっとだめだな。この海だといつかチャンス来るな。海と相談、トップと相談、自分と相談。結局そういうことも、教えられて、見てきて、やってきてわ

かるんだ。

彼が環境やクジラを知る方法は、極端に言えば、近代科学の方法ではない。いや、科学的なところももちろんある。彼も常にGPSや海図を見て情報を得ている。だが、そうではないところがたしかにある。つまり、ある現象や対象を観察し、そのデータを観念としてまとめ、それを環境にあてはめて、理解したとするやり方と少し違うようなのだ。彼はそれを「観察」ではなく、「相談」と呼んだ。

前記のレーン・ウィラースレフは、ユカギールの狩場の風景の認識、つまり「実践における理解」を、次のように分析する。

「実践における理解」は、日常的な現在地の把握や経路発見の技術が、実践と経験を通じて実現されることを含意する。これはランドスケープ「について語ること」よりも、ランドスケープへの直接知覚的なかかわりのための実践的技術を獲得することに結びついている。……同様に、師が指導者として役割を果たせるか否かは、自身が持つ表象を見習いへと移植できるかどうかにかかっているのではない。むしろ手本を示して支援する能力、つまり見習いがランドスケープについて自身の「感覚（feel）」を発展させられるような状況を仕立てられるかどうかにかかっている。したがって経験を積んだ狩猟者が経験の少ないものにあたえるのは、それを通して見習いが自身の知覚と行為の力を発展させられるような、特定の経験の文脈だ。（ウィラースレフ 二〇一八）

捕鯨でも先輩は、新米がランドスケープ（風景）の「感覚」を発展させられるような特定の環境と状況を造り出す。そのなかで新米船員は自分からも関与しながら経験をし、理解を身体化していく。阿部船長は先輩だけではなく、環境すべてと「相談」する。それは研究のような、直線的で一方的な行為ではない。いわば自然との双方向のやり取り、お互いを豊かにする情報の交換、あるいは情報の創造だ。

風向、風量、風の強さ。海、潮の動きと波の動き。空の光、太陽や星。温度や湿度、色や匂い。阿部船長の全身がこうした情報に呼応して、クジラとの命のやりとりの環境を造り出す。書物には書かれていない情報、環境が生み出す情報。あるいは彼と環境との無数のフィードバックから形成されるランドスケープだ。それはティム・インゴルドが、もどかし気に、しかし、粘り強く描きだす世界なのではないか。

> 思考、感覚、記憶、学習などのプロセスは、人間と環境との相互関係の生態的文脈の中で研究されるべきものだ。こころとその特性は、あらかじめ与えられているものではなく、他者との関係に係る生涯の歴史の中で形成される。社会的関係が形成され、また形成されなおすのは、身体化したこころ（あるいはこころ化した身体）の活動を通じてである。(Ingold 2000)

「人間と環境との相互関係の生態的文脈」で、身体が造り上げる思考、感覚、記憶。こうしたものが織りなすランドスケープに、仕事の歴史と未来が組み込まれたものを、インゴルドがタスクスケープ（仕事が織りなす風景）と呼んだことは序章でも触れた。阿部船長も水産高校を出るまで、一二年の公教育の経験を持つ。そこでは多くの知識や情報は、教科書や黒板、教師が作るプリントに書き込まれていた。彼もトップダウン式の情報伝達に慣れていた。一方で、子ども時代から父や祖父の船に乗せられ、海の仕事を周辺から習い始めてもいた。それはおそらく学校とは違う「学習」だっただろう。子ども時代からの船での学習は身体とこころに沈潜し、呼吸や心臓の鼓動となっていた。

水産高校卒業後は、巻き網船、漁船、ガット船で働きながら、「身体化した経験」で生きることを学んだ。捕鯨船では、辛酸を舐めながらクジラを捕る実践を身につけ、船長として生きることを学んだ。阿部船長は、捕鯨にまつわる数々の仕事（課題）が配置され、流動し、生成するタスクスケープを生きている。

探鯨とは、何をするのか

阿部船長はかなりの時間を割いて、捕鯨現場を再現してくれた。彼の身体とこころが学んだ捕鯨のボキャブラリー。クジラの種類の見分け方からその話は始まった。クジラを探す活動、それを探鯨と呼ぶ。

ツチはミンクに比べて難しい。まず、潮吹きで発見。ほとんどは潮吹き。気《ケ》って云うんですけど。気《ケ》見て発見。いろんな気《ケ》が見えるけど。あとは時期的にこのクジラって決まっている。たとえば二〇種類いたら二〇種類。頭さはいってるのかといったら、はいっていない。その時期に三種類くらいのクジラ。そして気《ケ》を見ればこれはツチ、これはマッコウ、これはナガス。これはニタリ。これはゴンドウだ、って。

大体その時期にいるクジラって決まっている。それで気《ケ》がぜんぜん違う。わかるわけ。ツチの気《ケ》は〈ほわっ、ほわっ〉て感じ。丸くも見えるし、風の状況、光の状況によって。見たら大体分かる。クジラ、ここにいても、風強えーとふわと出したやつも、こっちに移動してきている。このへんでぽわって丸くなっている。霧吹きみたく。クジラこっちにいんだけれども、風でピューっと飛ばされて。この辺に丸く、ぽわって。クジラはその辺にはいない。「気《ケ》が流れた」っていう。

近代捕鯨の古典的記録、前田敬治郎・寺岡義郎共著の『捕鯨』（一九五二）では、気《ケ》を「ふん潮」と呼んでいる。近年では「噴気」が普通だ。クジラを探す「探鯨」作業は突き詰めれば、広い海の中にこの「噴気」を探すことにつきる。「噴気」はクジラの種類によって高さや大きさが異なり、シロナガスは「壮大」で一〇メートルにも達する。ナガスは細長く、ザトウは太く短く、マッコウは斜め前に噴き出すという（前田／寺岡 一九五二）。モラトリアム時代に船長となった阿部船長は、主たる獲物のツチクジラと捕獲調査のミンククジラ、以前は捕獲していたゴンドウクジラ、それ以外にトップで覚えたマッコウ、ニタリ、ナガスなどを識別する。気《ケ》は自然環境の変化、つまり風向きや強度、光の具合で千変万化する。そのなかで瞬間的に判断し識別していく。

阿部船長は「頭さはいってているかといえば、はいっていない」という。だが、気《ケ》を見ると瞬時に判断できる。おそらく彼は、「クジラと気《ケ》の対応表」を持っていて、その都度、参照して鯨種を決めているわけではない。阿部船長が気《ケ》を見るときには、幾多の経験を通じて獲得した傾向、つまり視覚の意味作用（鯨種の確認）を促す傾向、現象学でいう「志向性」が出来上がっているのだろう（田口二〇一四、榊原 二〇一八、西 二〇一九）。〈ほわっ、ほわっ〉という現象と、それがツチだという意識が同時に現れてくるのだ。

阿部船長はツチクジラの生態にも精通するようになっている。例えば、その社会性、群れの生態だ。ツチは基本的には、群れで生活する。第四章で紹介した粕谷俊雄氏は、海面では極めて密集した群れが観察されるとし、観察の結果、群れのサイズの範囲は一〜二五頭、最頻値は四頭（次が三頭）で平均は七・二頭とする（粕谷 二〇一一）。阿部船長の観察はこうだ。

ツチは三、四本から一二、三本くらいの群れ。これが一般的かな。オス、メスはわかんない。あとものすごい群れもいるしね。三〇頭も、四〇頭も。たまに一本だけで泳いでんのもいるし。多いのが三頭から一二、三頭くらい。三本だったり五本だったり。そういうのがやっぱり多い。

捕鯨者たちは、しばしば科学者の結論に懐疑的なこともあるが、阿部船長は経験から、群れの個数の最頻値と平均値を言い当てる。ただ、最大値は粕谷氏が確認したよりも大きく、四〇頭に達するときもあるという。ツチの群れの動きも興味深い。長い潜水のあと浮上する様子を見ていると、小さい個体が先に浮上する。粕谷氏によれば、海面近くでは胸ビレが接するくらい密集するが、潜水中はもっと分散して互いに連絡を取って浮上するのだという（粕谷 二〇一一）。

ちなみに、ツチクジラの群れに関してさらに興味深いことが指摘されている。粕谷氏は、様々な座礁ケースを比較検討して、複数の成熟メスが複数の幼児とつくる群れと、複数の成熟メスと成熟オスがつくる群れを抽出している。マッコウは成熟オスが互いに排除しあうが、ツチはそうではないのだという（粕谷 二〇一一）。ツチクジラのメスの体はオスよりもわずかに大きいくらいなので、水しぶきを上げて泳ぐ群れの中で、雌雄を区別するのは難しいのだとか。性差が出るのは最高寿命だ。粕谷氏の調べたデータでは、オスの最高寿命八十四歳にたいしてメスは五十四歳と、三十歳くらい短いらしい。理由はわからない（粕谷 二〇一一）。

ツチクジラの潜水行動も不思議だ。ツチクジラの潜水時間が長く、潜水距離も深いらしいことは捕鯨者の間では知られていた。餌の組成を分析すると、摂餌深度は六〇〇メートル以上にもなると推定できる。一九八六年に粕谷氏は三陸沖から房総沖での観察から潜水の三パターンを抽出している。五〜一二分、一四〜二九分、三七〜四九分の三つである（粕谷 二〇一一）。阿部船長の観察ではこうなる。

ツチは潜ったら三〇分。三〇分、三五分。四〇分になってくると、「下、なげーな」って。船は、次、出てくる場所に移動して待っている。先回りして待っている。どこへいくかは私が決める。自分で見るし、トップの情報、あとはGPS。潮の流れとか風とかを見ている。あたったときが捕れるとき。やっぱ生き物だから。たとえば今一キロ泳いだから、次、一キロ泳ぐかっていったら、その倍いったり、三倍いったり、半分も泳がなかったり。生き物だからね。それがあたったときに、近くさ出て来っから、チャンスが出る。そのチャンスを求めて一日中追っかけている。

通常、漁場まではGPSを使い海図を参照しながら航行する。近代的な航法（navigation）だ。ただ、漁場につくと事情が違ってくる。探鯨でツチクジラが見つかり、捕獲のために追尾体制に入ると、船の動きはがらっと変わる。深く潜ったクジラたちが、どれくらい潜水するのか、どの方向へ向かうのか、どのタイミングでどこに浮上するのか。当然、それは地図や海図には描かれていない。

阿部船長は全神経を集中して、情報を組みたてる。トップからの声がかかる。もちろんGPSも利用はする。しかし何より、「私が決める」。阿部船長は、潮の流れや、風向きに眼を凝らし、耳を澄ます。今起こっていることに集中しながら、感覚を研ぎ澄ます。無数の経験が描く絵や物語を頼りに、阿部船長はクジラの動きに同調し、クジラのこころを読もうとする。

序章でも触れたように、インゴルドは、ある特定の土地の住民が持つ地理感覚、あるいは、道を見つけるやり方を「道探し」（wayfinding）と呼び、地図座標を使って位置を確定させながら進む「航行」（navigation）と対比させている。

土地の住民たちは独立した座標システムという意味では空間の位置を特定できないかもしれないが、どこにいるかは分かっていると主張するのには確かに理由がある。というのは……土地には位置ではなく、歴史があるからだ。住民たちがたどったたくさんの旅の物語に支えられて、場所は空間ではなく、動きのマトリックスの結び目としてある。ここではこの結び目を領域（region）と呼ぶことにする。この領域の知識、そして過去の旅の歴史的コンテクストに現在位置を置くことができる能力が……住民と外来者を区別する。したがって通常の「道探し」（wayfinding）は、地図使用というより物語に似ている。……道探しは熟練の行為と理解すべきで、旅する人の知覚と行動が過去の経験によく同期して、目的地への「道を探りあてる」のである。

（Ingold　2000 : 219–220）

阿部船長は漁場で、過去の捕獲の歴史を組み合わせる。潮の動きや風の向き、光の変化や匂い、船のスピードとクジラの動き。あるいは運命をともにする乗組員。死んでいった、あるいは逃げ去った多くのクジラたちの動きや息遣い。クジラたちの声。圧倒的な力や気迫の記憶。捕鯨とはクジラへの「道を探る」作業だ。それは無数の歴史と物語と経験が織りなす「動きと歴史のマトリックス」。外れることもあるが、当たることもある。そして、ドンピシャ、当たったときに捕獲は完了する。

ホスピからスコスロ、ビースロへ

さて、クジラへの道を探りながら、捕鯨砲を撃つタイミングを計る。クジラと船長の駆け引き。それは命をやり取りする者たちの、決定的瞬間を造り上げる驚異の共同作業。阿部船長の話の中で、その瞬間に向かって道を探っていくプロセスが再現された。話を聞く私はその曲折を時間と共に経験することになった。

まず群れを発見すると船は、「ホスピ（全速）！」の声で群れへの接近を開始する。近づけば「スコスロ」で次第に速度を落とし、ある距離で「ビースロ」で停止か微速にして、船を惰性による動きに任せる（「行き足」という）。そしてそのまま射程距離の五〇メートルまで接近する（粕谷 二〇一一）。阿部船長はジャーゴンを説明しながら、捕獲の瞬間へ向かっていく。

大体五分くらいですかね。浮いてんの。浮上して、潜って、浮上して五分くらい。だから三分で潜られるときもあるっしょ。だいたい四、五分かなって、自分では思っている。その四、五分の間に寄れる距離にいないと。全速でぱっといけば逃げるわけだから。五分の間にクジラに、なおかつ静かに寄れる距離に達さないと、チャンスは出てこない。

トップの指示によってエンジンの回転数を調整するのは鈴木さん（機関長）。テレビ（二〇一四年放送の東日本放送の番組）見てると、鈴木さんがエンジンを操っているようだけど、全部トップの指示で回転は決まってくる。最初は全速ですよね。遠いと全速。ホットスピード、ホスピでいく。

あと徐々に少しスロー、少しスローが、〈スコスロ〉、〈スコスロ〉。若い人たちは聞こえたまんまさ。ホスピだ、ホスピ。

捕鯨船は、高校時代に聞いたんだけど、捕鯨船はアメリカと、どっかの訛りが入って、ほんとはスターボードなんだけど、ノルウェーの訛りかな、スタボルていうと、教わった。高校時代に。捕鯨の町出身だから、頭に残っている。一番最後のベリスローなんですけど、このへんでは、一番低い回転を〈ビースロ〉っていうんです。微速の微にスロー。〈ビースロ〉というひともあれば、〈ベルースロー〉という人もいる。小型の人たちが多くはいって、〈ベルスロー〉も〈ビースロ〉に聞こえる。

阿部船長が口にしたこの捕鯨船独特の用語には歴史がある。確かに、彼が水産高校で教わったように、こうしたことばは近代的捕鯨技術が確立する過程で生まれてきたものだ。

現代捕鯨では、捕鯨船船首に設置された捕鯨砲から、ロープを装着した捕鯨銛を撃ち込んで鯨体を確保する技術が主流だ。十九世紀後半に考案されたこの方法を、ノルウェー式とよぶ。極めて効率がよく、大型ヒゲクジラの確保も容易だったので、以来、この捕鯨法が世界の主流となった。そして捕鯨砲を撃つ技術者として、ノルウェー人砲手が世界の捕鯨現場を占有する一時期があった。一九一〇年代でも、世界中の砲手の九〇%がノルウェー人だったという記録がある（Tonnessen et. al. 1982）。

十九世紀末に日本資本が朝鮮半島南部の蔚山でノルウェー式の大型沿岸捕鯨を開始した当初、砲手はやはりノルウェー人だった。甲板で使用されたのは、ノルウェー語、日本語、韓国語、そして共通言語としての英語だった。ただし、植民地における権力関係から、韓国語の使用はもっぱら韓国人船員のみに限られていた。また伝統的に日本の船舶技術が欧米系に偏っていた結果、英語が一種の職業用語として日本人船員のあいだでも使用されていた。こうした事情から、東洋漁業が鮎川に事業所を開設してこの捕鯨が逆輸入されたときにも、やはり、砲手にはノルウェー人が多かったし、ノルウェー訛りの英語と日本語の組み合わせによるピジン・テクニカル・ジャーゴンが成立していくことになる。〈ビースロ〉などは、英語、ノルウェー語、そして日本語の混交だ（森田 二〇〇九）。

英語とノルウェー語は姉妹言語で極めて近いという条件はあったが、生物学者で世界各地の捕鯨現場をルポタージュしたロイ・チャプマン・アンドリューズも、この興味深い現象を記録している。彼は一九一〇年に紀州大島事業所や鮎川を訪問し、多くの写真とともに混交捕鯨ジャーゴンの記録を残した（Andrews 1916）。日本では一九三〇年代になって小型沿岸捕鯨が始まるが、基本技術は同じ方式で、ノルウェー式技術とともに捕鯨ジャーゴンもそのまま入って、定着した。

同様の現象は韓国にもあった。植民地時代に慶尚南道蔚山ではじまった日本捕鯨には、多くの韓国人たちが雇用された。事業所の労働者や船の下働きが多かったが、そうした人々を中心に、戦後（解放後）韓国の現代捕鯨が始まった。二〇年ほど前の二〇〇二年に、その砲手の一人に話を伺ったことがある。

金海辰《キム・ヘジン》氏という屈強な体躯のこの砲手は、蔚山のジャンセンポの公園に設置された捕鯨砲を構え、笑いながらそのことを教えてくれた。海辰氏はさらに、明らかにノルウェー式導入後に定着したに違いない捕鯨砲の発射技術に関しても、「オイウチ」、「タメウチ」、「サカウチ」、「マクラウチ」などの日本語が残っていたことを証言している。

これらのジャーゴンは、植民地の権力関係のもと、韓半島と日本列島を往復する捕鯨操業で形成され、捕鯨専門用語として韓半島と日本列島の両方で定着した。この事実は、おそらく常に傍観者的な立場におかれていた韓国人捕鯨者が、植民地時代にすでに捕鯨技術を深く理解し受け入れていたことを示している。植民地体制の過酷さや反日感情を考えると、ジャーゴンを受け入れたことは逆に、韓国にとって捕鯨は植民地時代の「遺産継承」などではなく、主体的な戦いと選択の結果であり、新たに形成された文化であることを示すのではないだろうか（森田 二〇〇九）。

支配／被支配を超えて、技術が伝播し、ことばがひろがる。植民地の強靭な生き残り戦略と鮎川との並行性。外から突然持ち込まれた捕鯨業だが、鮎川もやがてそれと主体的に交わり、変化させながら自らのものとした。ことばは生き残り、技術が継承され、相応しい生き方が造られ、そして新しい価値が生まれた。

海の狩人の瞬間

さて、第28大勝丸の食堂で、阿部船長の話は、捕鯨砲を撃つ瞬間、最後の静謐の瞬間に向けて収斂していった。

クジラと船はイの字型というのは昔の人はよく言ったけど。命中しやすいし、クジラに近寄りやすい。ツチクジラはなおさら。臆病なクジラだから。音に対して敏感。真後ろもだめなんだ。クジラを追っかけるとき、真後ろがいいような気がするよね。真後ろというのが、人間もそうだけど、警戒する。動物もやっぱ真後ろというのは警戒する。クジラはまっけつ、だめなんだ。人間だって警戒すっぺ。後ろにいたらいやだべ。真横は目がここにあっから。やっぱ、耳も目も一番警戒しないところは横。

ホスピからスコスロ、スコスロからビースロ。船はエンジン音を次第に消しながらクジラに接近する。潜水したクジラ浮上の気配がする。クジラの気迫が伝わる。海が知らせてくる。捕鯨砲を握る手に力が入る。踏ん張った足を確認する。船長は最後の瞬間、「ここだ!」という瞬間が来るのを待つ。

キャッチャー式で言えば〈ベリースロ〉なんだ。いちばん(エンジン)音が低い。こっから下はストップしかない。一番の緊張の瞬間。そのときにバッと捕られるのがほとんど。半分くらい。あ、ちくしょう! というのが、この〈ビースロ〉のとき。もう一越えだったな。

最後の瞬間はどうやって決めるのかは、教えられたり、経験しかない。けど、ことばにはちょっとできない。ここだと思うのは、教えられたり経験したりしたことで生まれる。「あ、ここだ!」ことばでいえって言われても難しい。オレがやってんのをみて、次の人たちが覚えていく。見ていて教えるしかない。核心的なところはその砲手を見て学ぶ。

船長のことばは現場の動きと共に動き流れる。見て教わった部分もある、経験からくるものもある。すべては絶え間なく動く海の上、振動する船の上での判断だ。でも決定的瞬間は、ことばでは表現できないのだという。音が消え、時が止まる。「ここだ！」。ことばにできないその瞬間は、深い謎だ。

鯨体が海に沈んで見えないときに、見えない逃げるクジラに向けて捕鯨砲の引き金を引くことがある。船長の眼はそのとき、未来を見ている。なにもない海面に向けて銛が発射され、それでも当たったという手ごたえを感じるという。まだ目に届いていない未来の光景を、船長は先取りして視る。当たる前に手ごたえを感じる。そして未来のクジラを仕留める。

砲を撃つと、見えないけど当たったのが分かることがたまにある。あっ、当たったよって感じ。あ、遅いな、ぱっとそこに撃って、あっ、いたな！　て感じ。飛ばして、がっと水面、出でるの。そんときに狙い定めてボンと当てっからさ。近ければクジラもおっきく見えるし、狙いやすい。離れれば離れるほど、一瞬いなくなったところに。そんときいたところに当たるように撃つんだわ。ぱっと離れたとき、ここに撃つんだ。

海も見るし、風も見るし、太陽も見るし

第三章で述べたように、震災後たった三か月で、阿部船長は捕鯨の現場に復帰した。奇跡の生還を果たした第28大勝丸で、釧路沖の慣れない海域相手に、新しい経験知を蓄積していった。その年の晩秋、ようやく戻った鮎川では工場が完成していた。
　釧路から帰還したあと、休む間もなく阿部船長は、危険が伴う冬季のツチ漁のために船を出した。鮎川の南、茨城沖合一〇〇マイルの海域だ。乗組員は、厳しい寒風に晒されながらトップに立ち続けた。船長は、捕鯨砲を握り続けた。インタビューの終盤、阿部船長は漁場のできごとを語ってくれた。それは船長の、あるいは海の狩人の魂の奥底と思えた。あちこち聞いて回った四年間で、最も深い感銘を受けたひとつが、阿部船長とのこの話だ。そのときのことばの一つひとつが、あざやかな印象で、今もこころに残っている。

オイは船に乗って、何年も乗って、オイのやり方、感じ方、いってることをみせねぇと、教えられない。古いちゃ、古い。仕事は見て覚えろって。育ってきたわけさ。でも、今の人たち、そんなこといっても、はぁ？　っておわりだからさ。自然相手だから自然を見なけりゃ。海も見るし、風も見るし、太陽も見るし。

　死んでいったクジラ、逃げ去った多くのクジラたちの動きや息遣い、声やエネルギー、巨大な気迫。五感を研ぎ澄まし、直感の声に耳を澄ます。船が全身で、あの静謐の、時間のない地点に収斂していく。その地点から、クジラが姿を現す。そして、最後に捕鯨砲の轟音で凍結した時間が解凍され、生活が戻ってくる。「海からの授かりもの」がその巨体を現し、横たわる。小名浜沖一〇〇マイルで繰り広げられる捕鯨の現場だ。

おっきいの捕ってけろよ

阿部船長はしきりにクジラを「海からの授かりもの」と呼ぶ。捕獲した獲物ではないのだ。そこには、人には知りえない世界への畏敬の念と、クジラがもたらす経済的価値への感謝が込められる。ただ、船長が生きているのは現代日本の社会や経済のなかだ。捕鯨は、「神話の世界」の出来事ではない。それはあくまでも日本の政治と経済に埋め込まれた生産活動なのだ。

縮小に縮小を重ねた捕鯨産業。限定された対象鯨種と消費者のクジラ離れ、厳しさを増す反捕鯨の国際世論、抗いようのない圧倒的な過疎化の波が、情け容赦なく押し寄せる。そして、この苦境にとどめを刺す震災と津波。船長は二転三転する水産行政にたいする反発と裏腹に、水産行政の枠内でしか操業できないというジレンマに苦しむ。しかし、将来が見通せない状況で、未来を造り出すのが船長の義務でもある。

政府系の会社は大量のクジラ肉を数千トンの単位で輸入する。アイスランドからの高品質のヒゲクジラ肉。ツチクジラは市場では太刀打ちできない。市場の状況に関しては、次の章で遠藤社長から伺うことにするが、船長もいつもそのことが頭を離れない。ふるさとの海で小規模に、細々と操業を続ける小型捕鯨を、さらに苦しめる政策に対する怒りと無力感。命がけで頑張っているという自負と誇りが、無力感をさらに強くする。

これからのことは思うところはあるけど。考えたって、言ったって、どうしようもない。国の許可のものっていうのもあるし、調査捕鯨に関してはほかの国も絡んできてっすべ。われわれ船乗りが何言ったって、何になるわけでね。文句はいぺぇあるけどもね。

　苦しいのに、何で輸入鯨多くして、さらに苦しくさせてんのって。結局、役所の、天下りの会社が輸入して。その人たち儲けるのもいいけっども、ここつぶしたらそれもできねから。結局つぶれたのやったら、その時こそ声をおっきくして言うべっちょ。国でそういう政策したから。頑張っても頑張りようなくなってしまう。


　頑張れば道は拓けると、教えられてきた。それが常識的な人生の知恵だ。人はそれを期待しながら、同時に、叶わないことも知っている。それは理念に過ぎないかもしれない。道を拓いていく余地がなければ、道ができる空隙がなければ、頑張りのエネルギーは結局もとに戻ってきて、また無力感に逢着し、それが蓄積していく。

　この状況が震災で断ち切られ、懸命の復興作業で捕鯨を再開し、新しい希望が生まれると感じ始めていた。だが復興は、またもとの苦境の復活でもあった。しかも、震災後、苦境はさらに深いものになった。

　この一連のインタビューを始めたのは二〇一二年。しばらくすると、社員たちの間にあった不満が次第に大きくなり、会社を辞める人が出始めていた。船長にも辞めていく人の心情はよくわかる。会社の事情や捕鯨を取りまく環境も理解している。阿部船長は去っていく人を、怒りと深い共感、そして悲しみで見つめていた。

結局従業員が耐えられなくなって離れて行ってしまう。今まだ何とか耐えてるけど。耐えられねくなってしまった人からいねくなってしまう。耐えられなくなってくれば、例えば家族もったり、いい車買いたくなったりすれば、考えねっとダメになってきてしまう。この仕事すきだとか言ってもしゃ、結局きれいごとで。ダメになってしまう。現実みねくてなんねから。

船の乗組員もみねくて、会社もみねくてね、そういうほかの人たちもみねくて。総合的にみてがんばてんだけどもさ。なんとかボーナス出せるぐらい捕りてえなとかしゃ。そんなかで頭数きまってからしゃ。そんなかでちょっとでも大きいの捕ったりすると、もしかすると、もしかするとって。ほかの従業員からもさらっとプレッシャーかけられる。がんばってけろよっとか。おっきいの捕ってけろよ。何とかボーナス取れれるようがんばれ。

震災後、劇的な復活を果たした鮎川捕鯨だが、経営状況は悪化が続き、むしろ震災以前よりも悪い状態に陥っていた。もともと捕獲枠を極端に絞られているうえに、ツチクジラの価格も下落し続けた。追い打ちをかけるように、震災後の漁も不振が続いた。会社は震災後、ボーナスも出せない状況だったのだ。

社員が辞めていく。クジラが捕れないからだ。しっかりクジラを捕獲できないからだ。阿部船長は自分を責める。せめて大きなクジラを捕ってくれという社員たちの冗談めいた励ましも、船長の胸には深く刺さった。船を走らせて、クジラを捕りに行きたい。でもこの大勝丸は「油を食う」。油代だけでも大きな負担だ。船長はジレンマに苦しむ。

そのなかで、おっきいのもちろんだけれども。次に経費もかけねぇようにとか。やっぱ燃料が高騰してっからね。いま下がったけっども。それ結局、なんでやっていうと、このくれ油代、何とか少しでも浮かしてみてなって。この船は油食べる。食べっし。去年は幸栄丸ちょっと調子悪かったから。それを応援しに何回も行くっちゃ。ていうことはあっちはあんまり燃料食べねっけども、こっちは動いてピストンして。なおさら目立つわけだちゃ。こっちは例えば、あっちは一〇〇万、こっちは一〇〇〇万。なおさら目立ってくる。

すでに述べたように、たくさんの環境要素と相談し、乗組員たちと相談し、クジラの直感やこころを読みながら、調整に調整を重ねて、道を探りあてていくのが捕鯨だ。調整には油代も入る。苦戦する僚船を助けに行きたいが、油代がのしかかる。そのジレンマと苦しみは、実は人間の営みの普遍的な課題なのだ。その深さと広がりを知ることが、人間存在の基底に達する道だ。阿部船長が語る深い経験に裏打ちされたことばの一つひとつは、人間の営みの深さと苦しみと栄光を語る。働いて、稼いで、食べていく。幸福になるために苦しみや矛盾と向き合う。それは小さくて偉大な魂がたどる輝かしい道のりだ。

第七章　クジラを売る

さまざまな意味の中には、私たちが能動的に取り組まなければ存在しないものがある。
――マルクス・ガブリエル

五年間の調査や聞き取りを通じて、最も長時間を割いていただいたのが当時の鮎川捕鯨社長、遠藤恵一氏だ。小型捕鯨の世界をほとんど知らない著者を相手に、粘り強く、丁寧に、質問に答え、話してくれた。遠藤氏がいなければ、この調査も、この本も生まれることはなかった。鮎川捕鯨社屋の奥の社長室、作業場、工場、敷地などで、遠藤氏と話した記憶。彼と話す人は誰もが、その柔和な表情と、それと裏腹の強靭な意志を感じる。衰退の一途を辿った捕鯨から、経済的利益を生み出すという至難の事業をやりくりし続けた。社員の命と生活を養う責任を果たし続けた。話してみれば誰でも、そのおおらかで強く静かな心を感じるはずだ。この章では、鮎川捕鯨を誕生させ、経営し、震災の打撃にも屈することなく、復活に全力を注いだ遠藤氏の足跡をたどる。それは、大型沿岸捕鯨中心だった鮎川が、小型沿岸捕鯨に移行し、大きな時代の流れの中で生き延びてきた現代史だ。

株式会社日本近海捕鯨

遠藤恵一。鮎川の隣、十八成《くぐなり》の生まれで、震災当時は五十五歳。すでに『牡鹿町誌・中』にもその名前を残す捕鯨功労者だ。初めてインタビューに応じていただいたのが震災から二年目の二〇一二年

（平成二十四）八月だったが、本格的な調査を始めたのが翌年の二〇一三年四月二十九日。ちょうど、第28大勝丸と第8幸栄丸が三月にドックを終え、四月十二日に恒例の金華山黄金山神社での豊漁祈願も済まし、シーズンが始まった直後だった。遠藤社長は、どこの馬の骨ともつかない人間を、普通に、ごく普通に、迎え入れてくれた。私は、二〇一一年の震災直後、石巻の海産物製造のK社から、津波に流され泥の中から回収された缶詰を預かり、洗浄したうえで希望者に購入してもらう活動をしたことがあった。その中にはクジラ缶があった。まずその話から切り出した。

遠藤社長は、その会社にアイスランドのナガスクジラ肉を材料に一万缶を製造してもらったということを語り始めた。それも津波に流されたが、泥中に残された二〇〇缶を救出して、救援食料としたのだという。ニューヨークタイムズの記者が目撃したのはこの缶詰だったのかもしれない。

第三章で述べた通り、二〇一一年の五月の釧路から鮎川捕鯨の復興はすでに始まっていた。遠藤氏にはまず当時の状況を確認し、それから時間をさかのぼって話を伺うことになった。社長が高校を卒業して日本捕鯨に入社するところからだ。まだ辛うじて大型沿岸捕鯨が操業していた時代だ。

お袋なんかは捕鯨の運搬船やってた。私は高校卒業してすぐ、昭和五十一年から。この前の「日本捕鯨」に。ここが跡地なんですよ。そこに五十一年からつとめて。捕鯨が終焉になった昭和六十二年までは大型捕鯨の仕事をしていた。営業をしながら解体から現場全部。クジラ来るんで、クジラ来た場合はみんなでお手伝いするということですから。終焉のときはちょうど船二隻、今あがっている16利丸と、15勝丸、18勝だったかな。15勝だな。

うちの会社（日本捕鯨）は初代が勝丸なんですよ。初代が勝丸といって昭和二十五年というのは創業かな。二十五年には、今資料がないんですけどね。当時は宮丸と、新船を作ったときが勝丸なんですね。あとは7勝、8勝、11勝とか、そういう勝丸を作ってたんですよ。うちの勝丸、7勝、8勝はペルーに行ってたんですよ。ペルーで捕鯨をして、その当時、そこから輸入してきた。みな六〇〇トンくらいですね。勝丸はちっさかったかな。四〇〇トンが多いのかな。六〇〇トン、七〇〇トンって言うと七〇メーターくらいありますからね。今の船とはぜんぜん違いますね。

覚えておられるだろうか。日本捕鯨株式会社。昭和二十五（一九五〇）年創立で、創業当時は日本近海捕鯨株式会社といった。奥海良悦氏が最初に入社した会社でもある。遠藤社長もこの会社から捕鯨キャリアを始めている。

同社は創業当時、中古の木造船を購入して捕鯨船に改造し、「宮丸」と「豊丸」という船名でスタートした。社史で確認すると、一九五六年には念願の鋼船を新造し、勝丸（四四一トン）と命名している。以来、勝丸は社の伝統的な船名となった。大洋漁業から購入した第3利丸と第6関丸も、それぞれ第2勝丸、第3勝丸と命名され、その後も第7、第8、第10、第11勝丸と新造船が続いた。これらの船で母船式の北太平洋捕鯨（北鯨）、南氷洋捕鯨（南鯨）にも参加したのである。母船をもたず、捕鯨船団に参加するかたちだが、それぞれの勝丸は極めて優秀で、捕獲成績では常に船団のトップを占めていた。こうして日本捕鯨は、大手三社に比して小規模だが、大型捕鯨の第二グループの地位を確かなものとした（日本捕鯨 一九八六）。

捕鯨の国際的環境が厳しくなっていった一九六五年、実質上、大洋漁業の資本傘下に入り、捕鯨の将来を見据えて捕鯨依存（八〇％）の体質脱却を図っている。ペルーに現地法人を設立したのもこの時期だ。遠藤氏が言及した第7と第8勝丸はそれぞれビクトリア7号、ビクトリア8号と改名してペルーへ「輸出」され、ペルーからは鯨肉が「輸入」された（日本捕鯨 一九八六）。

会社はその他の各種漁業にも積極的に進出し、事業の多角化を推し進めた結果、一九七〇年代には利益を伸ばしながら捕鯨依存度を三七％にまで縮小した。そして一九七〇年には社名を日本捕鯨と改称する。捕鯨依存率を下げながらも、捕鯨会社というアイデンティティを堅持したのだ（日本捕鯨 一九八六）。遠藤氏が入社したのはこの会社だ。

それはそれで楽しみがあるんですよ

遠藤氏が就職したのは一九七六年。そのころ捕鯨業界は大きな曲がり角に差しかかっていた。第五章で述べたが、国際的な捕鯨規制が強まった結果、この年に大型捕鯨六社は独自操業を断念し、共同出資して日本共同捕鯨株式会社を設立した。大手の母船三社が撤退して、南氷洋母船式捕鯨はこの一社にまとめられ、大型沿岸捕鯨も日本捕鯨、日東捕鯨、三洋捕鯨にすべて集約された。

日本捕鯨はこのタイミングで、新たに設定されたニタリクジラ枠を視野に太地事業所を開設している。太地町は関西の捕鯨センターで、鮎川との関係も深い。ただし、事業所は借地で簡易な建屋の施設だったという（日本捕鯨 一九八六）。入社二年目の遠藤社長が派遣されたのはここだ。遠藤社長は昭和五十三年から六十二年まで太地に駐在して、肉の整形、箱詰め、販売の業務に携わった。六十二年は商業捕鯨終焉の年になる。

遠藤氏もまずはゼロから、陸上部隊のコミュニティの周辺から捕鯨業を学んだに違いない。解剖もやる。事務仕事もやる。それから営業も経験する。仕事は「営業をしながら解体から現場全部」。陸上の何でも屋だ。やがては営業から経営まで任されることになる。

和歌山にいったのは昭和五十三年から。六十二年までいましたね。和歌山に行って、船から日通さんに頼んで、太地の事業所まで持ってきてもらって。そこで現場の連中、こちら（鮎川）から一〇人から二〇人を連れていって、クジラの整形をして、私たちは箱詰めしたやつをトラックに積んで、あちこちで売ってたんですけど。太地は太地でやっていますから人が足りないんで。あちこちから人雇いますよ。アルバイトで人頼みますよ。加工屋さんに頼んで、加工屋さんの息子に来いとか、あと何もしていない人たちを一〇人くらい雇ったかな。うちの奥さんも事務員でアルバイト頼んだのかな。

太地へは鮎川から一〇、二〇人が移動して作業に従事した。整形された肉を箱詰めしてトラックで売って歩いた。人当たりがよく、飄々とした生き方は遠藤氏の流儀。その力で、あちこちの市場にクジラ肉を卸した。卸せる店の開拓もした。人手不足が常態で、欠員は現地でのリクルートで補充した。遠藤氏がアルバイトの事務員だった奥様と出会ったのもこの時期だ。

捕鯨の世界はモビリティ（移動性）が高く、移動範囲も広い。事業所にはさまざまな人流ができ、交流が生まれた。この人たちは東の捕鯨のセンター鮎川に流入し、定着していった。またその逆もあった。もともと海上部隊は、港と港は海でつながっているという感覚とモビリティの精神があるが、陸上部隊も程度の差こそあれ同様だ。クジラが陸揚げされる港や浜には、クジラ肉を食用肉に造り、運び、売りさばく人があちこちから集まる。海の恵みを陸の各地へ届ける人たちだ。

近代の捕鯨はエンジン付き船舶、高性能の捕鯨砲、ソナーや無線などの技術が備わっているが、一方で制御できない生物を捕獲する狩猟活動という側面も強く、その基底には移動という現象がある。北海道、和歌山、五島、小笠原。クジラ関係者が生み出す人流と人間の絆が、日本列島の捕鯨社会を結んでいる。

和歌山から来たのは、うちの奥さんがそうだけど、いたはずですよ。和歌山にも鮎川から嫁に行った人も何人もいます。結構あちこちから嫁さんもらっている人がいる。北海道の人もいるし。北海道に基地があってそこに行けば、若い人連れていけばどうしても知り合いになって、スキになって連れてきます。

まえに大型捕鯨の時には五島列島のほうから来た人がずいぶんいましたよ。節夫さんどこだったかな。泉節夫。もと、うちのキャッチャーボートに乗ってて、奥さんが鮎川の人で、それと一緒になって、それで鮎川に住んだような感じですけど。もともと、どうなんだろう。九州のほうだったんじゃないかな。小笠原からきた人たちもかなりいましたけどね。あちこちから来た人が多かった。いろんな苗字の人がいましたよね。阿部さんや遠藤は地元の人ですね。

捕鯨船はクジラを追って移動する。捕鯨船を追って人間も移動する。移動先で恋が生まれ、男も女も運命を受け入れて、遠い土地に移動した。その人たちがまた、捕鯨シーズンになれば、季節の風に乗って列島を移動する。それが事業員の日常だった。

和歌山だけじゃなく、北海道もやってたんですよ。北海道も同じ感じだった。キャッチャーボートが上がれば(北に向かえば)人間のほうも上がっていく。人間は陸路移動する。和歌山にいたころは東北新幹線なかったんで、とりあえず特急でいって、東京から夜行で、朝に勝浦につく。夕方、たしか東京を七時に(出発する列車が)あったので、二時、三時に出たのかな、こっちを。次の日の朝七時につく。それはそれで楽しみがあるんですよ。夜行でいって、みなさん、一杯飲みながら電車のなかで話をして。寝台車で。

遠藤社長の場合、例えば、太地操業のときには、昼過ぎに鮎川を出発。夕刻、東京から七時の夜行寝台車で西に向かい、翌朝七時に太地につく。車中では一杯やりながら世間話に花が咲く。ひとたび捕鯨が始まれば厳しい労働が待っているのだが、仕事がきつければきついほど、この短い時間が楽しくなった。

若いころの遠藤氏は、何気ない世間話と笑いの中でコミュニティの喜びを味わったに違いない。コミュニティに属しているという感覚は、人間に大きな喜びを与える。このインタビューの間も、休憩時間になると社員たちは休憩所に集まった。天気が良ければ、工場の外の陽だまりで、たばこを燻らせ、コーヒーを飲み、雑談に興じた。集まってはことばを交わすのだ。なんということもない話に花が咲く。

仕事が造り上げるコミュニティは帰属感を強くする。コミュニティが創り出す「一人ではない」という感覚は、こころのなかに原初的で深い解放感や安心感を生み出す。それは、たぶん危険な移動を繰り返した人類を含む生物が、進化の過程で追い求め獲得した安全という環境であり、様々な生物と人類社会の根底をなす生きる力、「それはそれで楽しみがある」生き方だ。

夜の小笠原操業

きつい仕事だったが遠藤氏が青春を謳歌した太地時代。ただ、一九七八年から八七年の期間は、日本捕鯨を含むすべての捕鯨会社にとっては苦渋に満ちた一〇年間だった。モラトリアム実施で一九八七年を最後に商業捕鯨停止が現実になり、その苦渋に〝終止符〟が打たれたのだが、小型捕鯨業者にとってそれは新たな長い苦闘の始まりに過ぎなかった。

すでに述べた通り、この時期に大手三社は南氷洋母船式の独自操業を断念し、母船式は日本捕鯨、日東捕鯨、北洋捕鯨が加わって共同出資する日本共同捕鯨に集約された。同時に、沿岸捕鯨も集約され、大手は沿岸捕鯨から撤退した。一方、日本捕鯨はこの一〇年を生き抜くため果敢にさまざまな手を打つが、一九七八年にはついに、捕鯨船員から希望退職者を募るところまで追い込まれ、二十余名がそれに応じている（日本捕鯨 一九八六）。こうした環境の中、社は一九八一年に、新たに小笠原に事業所を開設する（日本捕鯨 一九八六、近藤 二〇〇一）。

小笠原も行ってますけど。小笠原事業所。小笠原事業が始まる前から和歌山でやっていた。キャッチャー三隻持ってって、ニタリクジラですよね。ニタリクジラはだんだん小笠原のほうが多いよということで、小笠原事業というのが五十六年あたりになるのかな。五十五年か五十六年あたりにはじまった。二年くらい行って来たのかな。そのクジラを和歌山に上げたんですよ。そして太地事業所で処理をして、関西、大阪経由で東京とか出しましたけど。九州とか。というわけで和歌山はちょうど商売するにはちょうど良かった。小笠原で捕って、運搬船で和歌山に運んで、太地事業所でクジラの整形をして。小笠原で荒解剖したやつを運搬船で、氷でサンドイッチにして持ってきた。

それで大阪、名古屋、京都、あとは神戸、岡山、九州、下関、福岡、熊本。一番多かったのは大阪近辺でしょう。大阪でも三箇所くらい出しますから。大阪の本所（中央市場）とか北部、東部とか、神戸も本所とか東部とか明石とか、尼崎とか。京都、名古屋、東京。東北は青森、仙台。東北は和歌山からはめったに出さない。その当時日通さんに船から上げてもらって、日通さんに太地の事業所まで持ってきてもらって。

小笠原捕鯨はニタリクジラ操業で、日東捕鯨との共同事業だった。一九八二年一月には、小笠原に向かった第18勝丸が茨城県波崎沖で座礁事故を起こし船体放棄。急遽、共同捕鯨から第16利丸を購入してニタリクジラ操業に入っている。ちなみに第16利丸は上架されて震災前の牡鹿ホエールランドを飾り、震災後の今も、再建されたホエールランドで雄姿を見せている。変わらぬ鮎川のシンボルだ。

小笠原では現地で荒解剖し、冷蔵して太地まで運ぶ。港からは日通のトラックで解剖場へ運搬して整形した。製品肉を箱詰めにして、関西、九州、中部、東京、そしてまれに仙台や青森など東北へも販売した。トラックで各地の市場や卸売り店に運んでは売って歩いた。遠藤氏は小笠原にも二年間いた。小笠原操業は夜間が中心だったという。小笠原事業所と荒解剖した肉を受け取る太地事業所の両方を経験した。

おんなじこと毎年繰り返してんですけど。昔の小笠原は夜の仕事ですね。夜十二時だったら十二時からやって朝八時までやって。昼間はそのまま待機ですよ。暑いから、部屋でエアコンつけてずっと待機してて。夜の十二時から、電気ないとこ、細い道を電気（懐中電灯）一人ずつ預けられて、解剖場まで歩いていって。解体場で、一日たとえば五頭なら五頭、ニタリを解体して。相当時間かかりますよ。でも一時間あれば解体できる。四月でも暑いんで、肉とかすぐ腐っていく。だから夜の作業ということで。

船は八時、九時には入ってくる。それで十二時まで置いといて。十二時から作業して朝の八時まで。船の人たちはそのまま漁場へ行って。……油とかない船は給油して。水とか。メインエンジンは止めて流している。漁期はその当時で四月の中ぐらいから八月くらいまでやってたかな。三か月くらいですよね。休みは一か月に一回程度でしたから。捕獲ないときは別ですよ。捕獲なくて、たとえば台風がきたとか、船、時化で休みとか。そのときは休みです。

ニタリクジラの枠は約五〇〇頭で、操業はそれなりの成績をあげた。しかし、不況の波は容赦なく襲ってきた。社では一九八三年に二度目の希望退職者を募り、海上・陸上合わせて二五名が勇退した（日本捕鯨 一九八六）。そしてこの年ついに、イギリスはブライトンで開催されたＩＷＣ総会で、商業捕鯨一時停止（モラトリアム）案が可決され、商業捕鯨は一九八七年限りで停止されることになった。

モラトリアムは捕鯨関係者にとって、産業の基盤そのものがそっくりなくなるという未聞の事態だった。日本捕鯨も一九八七年十二月で捕鯨部門の閉鎖を余儀なくされ、三か所の事業所（鮎川、太地、小笠原）を処分し、残っていたキャッチャー二隻（第16利丸、第15勝丸）を廃船とした。社は二度にわたる希望退職募集をへて残っていた船員四八名、陸上常勤四七名、社員九五名のうち、八二名を解雇、三名が退職、一〇名が他部門に異動した（鯨研 一九九〇）。

遠藤氏は二十歳代でモラトリアムの荒波をもろに被った。ただ、遠藤氏は同じ大洋漁業系列の大洋A＆Fに異動し、捕鯨の仕事を続けた。モラトリアム以降はIWC管理外種のツチクジラやゴンドウクジラを捕獲する小型捕鯨のみが、クジラ肉を供給できた。遠藤氏は大洋A＆Fで小型業者からのクジラ肉買い付け、小型にとっては脅威となった輸入鯨肉の販売も手掛け、同社の副所長を務めるまでになった。こうしてやがて遠藤氏は、鮎川における捕鯨の顔になっていった。

私たちもよく分からないところがあって――小型捕鯨の世界

ここで少し鮎川の小型捕鯨の沿革を整理しておこう。実は小型捕鯨の歴史は複雑で、曖昧なところも多い。いくつかの参考資料も矛盾するところが少なくない。遠藤社長をはじめ鮎川捕鯨の社員たちの証言を頼りに再構成するが、遠藤氏もよく分からないことがあって、と苦笑いする。

さて、鮎川は一九〇六（明治三十九）年の東洋漁業の進出以来、大型沿岸捕鯨が地域社会の中心をなしていた。その存在感は圧倒的だった。日本列島のほとんどの捕鯨会社が鮎川に事業所を開設し始めたころ、地元の漁業者のなかには海面汚染の懸念や心情的な反発があり、当初は村議会でも反対論が噴出した。しかし、捕鯨会社からの多額の寄付や土地賃貸料が反対論を封じていった。一方、外からの捕鯨勢力に対して、地元資本も捕鯨副産物を利用した肥料製造に乗り出し、一九二〇年代には業者三〇人を数えたという。こうした大型捕鯨全盛の陰で小型捕鯨が始まるのだが、多くの資料が一九三三年からその歴史を始めている（牡鹿町誌・上、下）。

一次資料は確認できなかったが、当時、鮎川にいた太地出身の長谷川熊蔵氏が第1勇幸丸で試験操業をしたのが最初の小型操業だという。極洋捕鯨で活躍し、南氷洋へ向かう途中で急死することになる志野徳助氏の指導があった（牡鹿町誌・上、中）。一二年間の極洋時代を除き、自らも小型捕鯨経営に生涯をかけた和歌山県太地町の磯根嵓氏によれば、長谷川熊蔵氏は兵庫県香住町出身。太地女性と結婚して太地に定住していたという。熊蔵氏はすでに述べた一九二五年に地元資本で設立された鮎川捕鯨の船長も務めたことがあった（磯根 二〇〇五）。

ただ、河北新報の記事では、実際に船を出したのはご子息の秀雄氏だったという。父熊蔵氏の要請で太地から回航した秀雄氏の勇幸丸が気仙沼で停泊中に三陸大津波に遭遇した。秀雄氏は被災者の救援活動に従事したあと、金華山沖でミンククジラを捕獲する（東農石 二〇〇三）。河北新報は実際に秀雄氏に話を聞いているので、これが事実なのだろう。鮎川の小型捕鯨の嚆矢だ。一方、太地ではすでに三〇年以上前の一九〇二年、前田兼蔵氏が自ら開発した三連装捕鯨銃でゴンドウクジラを捕獲。一九一三（大正二）年には発動機関付き船でも操業していた。一九〇七年には房総沖でツチ漁も始まっている（磯根 二〇〇五）。鮎川の小型は後発だった。

戦前は大型捕鯨の陰で目立たなかったが、鮎川、寄磯、石巻、釜石など三陸地方で小型捕鯨船の建造が続いた。大手の極洋捕鯨などが、南鯨要員養成もかねて小型を経営したこともあった（近藤 二〇〇二）。大型と小型には常に連続性と補完関係、時には一種の緊張関係があった。大型捕鯨船が徴用され鮎川から姿を消した戦争末期には、小型が補完して地元経済を支えるという構図があった一方で、大型が盛んな時期には、経済的なメリットを求めて小型から大型へ捕鯨船員が移動する人流もあった。

戦後も同じ構図が続き、戦後の南氷洋全盛期には、せっかく育てた人材を大型に奪われることが度々だったという。小型の関係者は愚痴をこぼす。戸羽捕鯨の戸羽養治郎氏は「せっかく一人前に育て上げ、これで楽隠居できると思うと、大型捕鯨会社がスカウトしていく」と河北新報の記者に漏らしていた（東農石 二〇〇三）。

戦後しばらくは、自由漁業で誰でも参入可能だったから、食料難を背景に小型捕鯨船が急増した時期があった。その結果、漁場の調整や乱獲防止の規制が必要となり、一九四七年に許可制漁業とされたとき、小型捕鯨業と呼ばれることになった（前田／寺岡 一九五八）。この年、全国の小型は八七隻に達していたという（粕谷 二〇一一）。

一九五七年には六四の許可数を二五に制限し、削減した許可トン数を、当時大型化要求の出ていた大型捕鯨会社に譲渡して補充トンとすることが可能になった。小型業者のなかには許可トンを集約して、一九五九年に日本小型捕鯨有限会社を設立し、北洋母船式に参入して大型捕鯨への意欲を見せた例もある。ただこれも長続きしなかった（東農石 二〇〇三）。これ以降、水産庁は許可数を減らし続け、一九六四年には一九、六八年には一四、その後、現在の九にまで落ち込んでいく（磯根 二〇〇五）。

鮎川港を基地とする小型捕鯨船は、一九五二年一〇隻、五七年一三隻、五八年には許可数制限を受けて一一隻、八二年には六隻となっている（牡鹿町誌・中）。六隻のうち二隻は千葉、一隻は太地の捕鯨船なので、一九八二年の鮎川の捕鯨船は、戸羽捕鯨（第7幸栄）、星洋漁業（大勝丸）、日進水産（第2大勝丸）の三隻になっていた。

モラトリアム実施前年の一九八七年の全国の小型捕鯨船は許可数九隻。鮎川では戸羽捕鯨（第75幸栄）、星洋漁業（大勝丸）、奥田喜代志他（第2大勝丸）の三隻、あとは網走の三好捕鯨（第8高島丸）と下道吉一（第1安丸）、和歌山太地の磯根嵓（勝丸）と太地漁協（勢進丸）、千葉の外房捕鯨（第31純友、第21純友）だ。全船が最後のミンクを捕獲し、「三好」、「下道」、「外房」、「磯根」はツチも捕獲した。二〇一一年の震災後、阿部船長が一人で最期を見届けた第75幸栄丸が、三陸の海を走り始めた年だ。

鮎川の捕鯨は私たちもよく分からないところがあって、情報が（津波で）流されて何もないんですよ。終焉の六十二年で九社あった。その前はもっとあったと思いますよ。実際そのとき、許可状が。九社というとまず、日本近海、星洋漁業、戸羽捕鯨。三好捕鯨、外房捕鯨、磯根さんがいて、下道さんがいて、太地漁協さんがいて。許可状は外房さんがふたつ持っていたのかな。それで九隻あったのかな。鮎川にあったのは、日本近海、星洋、戸羽。外房さんは事業所だけ。本社は千葉ですよね。

そのとき終焉なって、捕鯨がなくなったので、子会社をつくったんですよね。日本近海つくったんですよね。阿部社長が社長になり、今のうちの2大勝かな。それで始まった。そのときはツチクジラがメインで。ツチとゴンドウがメインでやってました。私はその当時に日本捕鯨が合併して、大洋A&Fですか、そこでクジラの買い付けをしていました。星洋捕鯨というのもありました。そこから、三好さんなどからもクジラを買って商売していました。

遠藤氏がいう子会社の「日本近海」。少し複雑な経緯がある。まず、すでに述べたとおり、一九五〇年創業の「日本近海捕鯨」だが、これは本来大型沿岸捕鯨の会社だった。同社は国際規制が次第に強まった一九六五年に、事業全般を見直し、新規事業として五〇トン型小型捕鯨に注目。それまでは系列会社の「日本水産化学工業」に経営させていた小型捕鯨に本格的に乗り出している（日本捕鯨 一九八六）。一九七〇年の創業二〇周年を契機に本社名を「日本捕鯨」に変更する。そして、一九七七年には「日本水産化学工業」をさらに改組し、「日進水産」と社名を変更して、第2大勝丸で小型捕鯨を継続した（日本捕鯨 一九八六）。

モラトリアム施行前年の一九八七年と、モラトリアムが施行された一九八八年は、第2大勝丸は代表者奥田喜代志名義で操業している。奥田喜代志氏は、日本捕鯨社員で『日本捕鯨35年史』の勤続表彰名簿にも記載がある。そして一九八九年に新たに設立した「日本近海」が第2大勝丸で操業することになる。一九五〇年に「日本近海」でスタートした会社が、小型捕鯨に関しては、「日本水産化学工業」、「日進水産」を経て、元の社名にたどり着いたというわけだ。一九九〇年には「日本近海」として第2大勝を操業させ、翌年の一九九一年には第28大勝丸が登場している。

産業自体が全否定される前代未聞の事態を小型捕鯨業界は何とか生き抜こうとしていた。ここでモラトリアム施行から、苦闘の時代を経て二〇〇八年に鮎川捕鯨設立に至る経緯を、変化のあった年を中心にもう少し追っておこう。

ツチはそう簡単には売れるもんじゃないんですよ

モラトリアムが施行された一九八八年は、小型業界全体で三隻を休漁として六隻まで船数を減らし、二社で共営する体制をとった。鮎川からは戸羽捕鯨（第75幸栄丸。星洋漁業と共営）と代表奥田喜代志（第2大勝丸。三好捕鯨と共営）、千葉からは外房捕鯨（第31純友丸）、和歌山太地の磯根嵓（勝丸）と太地漁協（勢進丸。下道吉一と共営。ゴンドウ）、そして網走の下道吉一（第1安丸、太地漁協と共営。ツチ）の計六隻だ。大洋A＆Fの子会社の星洋漁業は、それまでは大勝丸で操業を続けていたが、モラトリアム後は許可保有のまま大勝丸を休漁させ、戸羽捕鯨と共営体制に入った。

小型捕鯨協会の「事業成績報告」によると、戸羽捕鯨はそれまで対象外だったツチ（一三頭）とゴンドウ（二二頭）を捕獲し、モラトリアム体制に対応しようとしている。日本近海（この年は奥田喜代志）も初めてツチ（一一頭）とゴンドウ（二〇頭）を捕獲した。外房は以前から捕獲実績のあるツチ（二六頭）とゴンドウ（二六頭）、下道吉一はツチ（一一頭）、和歌山の磯根嵓はツチ（六頭）と和歌山伝統のゴンドウ（三〇頭）となっている。

九〇年代はツチ、ゴンドウ（タッパナガ、マゴンドウ、ハナゴンドウ）の体制が継続する。この間、クジラ肉の供給不足からツチクジラの価格が高騰しはじめる。磯根氏によれば、一九九一年ごろから、それまでのミンククジラの代用品としてツチなど小型鯨類価格が高騰して、一種のバブルの様相を呈していたという（磯根 二〇〇四）。遠藤社長もその時期を回想している。

いや、震災前は四、五〇〇万だったけど、どうでしょう。今は半値。厳しいですよ。だから震災後、やるのか、やめるのか、悩んだ。東電の影響（福島のこと）あるのかないのかわかんないけど。買わなくなってきた。まあ、アイスランドからクジラが入ってきていますけど、それにしても売れなくなっていますね。若い人が食べなくなった。食べ方わかんないというか、売る人もいなくなったというか。買ってくる「かごやさん」も少なくなってきているのも事実です。商売ができなくなっている。ゴンドウだともっと安い。一〇〇万というようなもんじゃないでしょう。二、三〇万が相場で。油代にもなんない。

まず初めは七、八〇〇万くらいから始まって。捕鯨の終焉から値段がポンポンあがって行って、最後は一〇〇〇万、千数百万というところまで上がってたんですね。そのときはツチで食べてたんだけど、だんだん食えなくなって。それで調査やらしてくださいと。ミンク売ってなんとか食べていけるけど。ツチが下がっていったのでミンクだけではまだ食べていけなくて。震災前はちょうどプラスになって、いいのかなと思っていたんだけど。震災後はがたがたと下がって。警戒するんですよね。今まで一〇トン買ってた人が、アイスランドから入ってくるので、三トンでいいよとか。私たちから買う人がだんだん少なくなっていった。

九〇年代にはツチクジラの価格が、遠藤社長の感覚では「ポンポン上がって」いった。七〇〇万円くらいで始まったツチブームだが、ピーク時にはその倍にまで達し、当時はそれでなんとか「食べてた」。だが、価格低下にしたがって次第に「食えなくなった」。粕谷俊雄氏は水産庁と小型捕鯨協会の資料を使い、政治生態学の視点から、この間の経緯を分析している（粕谷 二〇一一）。

それによれば、モラトリアム施行によるツチクジラへの移行も、日本政府、IWC、小型捕鯨業界による駆け引きがあり、簡単ではなかったという。また、ゴンドウ漁も科学者側からは資源量への懸念が表明されたほか、太地町の追い込み漁との調整も必要だった。小型捕鯨協会の「事業成績報告」によれば、モラトリアム施行年の一九八八年はツチとゴンドウ（タッパナガ、マゴンドウ、ハナゴンドウ）で、業界全体で三八〇〇万円の赤字が発生している。いっぽう、一九八九年から二〇〇〇年までは黒字化し、一九九六年には最高の一・一五億円の黒字となった。こうしてこの一〇年間はなんとか「食べていけた」。ちなみにモラトリアム前年の一九八七年が二・三八億の黒字だったので、「食べていけた」とはいえ、それでも、五〇％以上の落ち込みだった。理由は複合的だ。まずツチクジラは「売りにくい肉」なのだ。

ツチはそう簡単には売れるもんじゃないんですよ。生食じゃないですから。ある程度加工が必要で。色が黒いですから。若い人が黒い肉を見て、なんでしょうと。食べないです。ミンクだったら見た目おいしく見えますが。商業捕鯨あれば自分たちで捕って売って、何とか商売になると思いますけど。難しいでしょうけどね。アイスランドもノルウェーも商業捕鯨やってますからね。ノルウェーは枠が一二〇〇頭、その半分をとっているのかな。六〇〇、七〇〇程度ですよ。ノルウェーも食べる人がいなくなっている。

確かに、ツチの肉はミンクなどに比べると黒っぽい。基本的には加工用だ。戦前どころか四〇〇年の伝統がある千葉県南房総市和田浦では、截断した肉をタレに漬け込んで天日に干し、炙って食す「タレ」が有名だ。確かにこれは個人で調製は難しいが、美味い。函館のツチ漁のときに肉を分けてもらい、ホテルに頼んで生で食べたこともある。函館では生食用に市場に出されている。これも美味い。だが、たしかに見た目の問題はあるかもしれない。いただいた分け肉で竜田揚げを作ったこともある。これはとびっきり美味い。柔らかくて、クジラ独特の臭みもない。竜田揚げの中でもベストだ。ただ、手間がかかる。美味しいが、難しい肉なのだ。

おまけに一九九〇年代の終わりころには、ノルウェーやアイスランドからの鯨肉輸入が取りざたされていた。インタビュー当時には実際、アイスランドから数千トンのオーダーの輸入が続いていた。ヒゲクジラのナガス。到底、太刀打ちできる競合相手ではない。しかし、遠藤社長は震災前にノルウェーにも出かけ、肉製造の現場をつぶさに見て回っている。あくまでも勝ち抜くことを考えていた。

飯、食わせなきゃなんないですから……

遠藤社長はこの間のクジラ肉相場の動きを、みんなが飯を「食っていけるかどうか」の視点から見続けていた。

食っていく。

これは、食肉の生産者であり販売者の遠藤社長の人生を端的に表現することばだ。社長の話を何時間もうかがっているうちに、私の中で一種の混乱が起こった。

鮎川の捕鯨者の話を何とか聞けるようになっても、例の一九八八年の鮎川に関する人類学的研究がわたしの念頭を去らなかった（フリーマン 一九八八）。その研究が明らかにしたのは、年間五頭分にもあたるミンククジラ肉が無償で地域に分配され、それが、地域の文化社会的ネットワークとパラレルになっているということや、捕鯨の細部にまで張り巡らされた儀礼や儀式の存在だった。つまり、鮎川の捕鯨は、純粋の商業捕鯨というわけではなく、いわゆる生存捕鯨の要素を兼ね備えているというものだった。キーワードは「非商業的」。わたしはこれに縛られていた。

研究の当初、モラトリアムの苦境を乗り越え、さらに東日本大震災を生き抜いた鮎川の捕鯨に、こうした非商業的要素が生き残っているとしたら、それは「発見」だ、わたしの「業績」ともなると考えていた。クジラ祭りやクジラ慰霊祭もそうだった。津波を生き残った「非商業的」捕鯨。やがて書くことになる著作のタイトルすら思い浮かべていた。しかし、遠藤社長の口から出るのはクジラ肉の品質であり、値段であり、そのライバルの調製法や加工業者の需要などの市場の動きだった。

六十二年か三年、大型捕鯨がなくなって小型と南氷洋でやってたとき、そのときは生産量少ないんで、右肩上がりで値が上がって、それで私たちも飯食えてたんですけど。それが平成の十三年あたりかな。調査でニタリ捕る、イワシとる。そうなってから私たちは下がってきて。最後にアイスランドのナガスで。(ツチは)昔の五分の一くらいじゃないですか。そのくらいの値段になってきている。どうしても飯食えない。その分、調査、年二回でもやってもらって、どうにか首がつながってるんですけど。まだ値段が下がってきてる。売れないクジラになってきて、換金するのが大変なクジラになってきている。

たとえばナガスクジラのいい製品が、美味しいほうのクジラが、加工屋さんにも安く売られる。(ツチは)売れなくなってくる。ツチとナガスでは土俵が違うんですよ。取ってる部位が違いますからね。肉類でも、相手は尾肉から赤肉、赤特がありますけど、私たちの場合だと、ただ赤肉のみで。後は胸肉、後は三種類か四種類で。あっちは脂乗った肉で色もいい。後はウネス類とか、皮類ですか。そういうの、ぜんぜん味が違いますから。昔からアイスランドからは輸入してたんですよ。それが商業捕鯨が終焉になってからできなくなって。それがいつからかな、輸入できるようになったのは。

アイスランドの人たちは、私たちが言うシロテモノ、ウネスとか皮とかは食べない。捨ててるって感じですね。ノルウェーもそうです。昔から、商業捕鯨時代から日本は輸入してましたから。裁割して、パンダテ（パン＝容器に、裁割した肉を入れること）したやつ。ダンボールに入った程度なんです。後は加工屋さんが、肉だと刺身用に作ったり。加工屋さんは、一番多いのは九州じゃないかな。南氷洋では一頭四〇〇キロにしたって、八〇〇トン、まあ一〇〇〇トン。一〇〇〇トンクラスじゃないですか。それ以上持ってきている。

十代から二十代にかけて、各地の捕鯨事業所を巡りながら、捕鯨を学び、働く楽しみや辛さを味わい、人を知り、恋愛も経験して、「それはそれで楽しみな生活」を享受してきた。安心して会社の事業に全身をゆだねて、日々の小さな労苦以外は屈託もなく生きてきた。やがて会社どころか産業自体が傾き始め、反比例して、自分の責任がだんだん重くなっていった。指示された通り肉製品を造る段階から、売れる製品を調製し、それを営業する、そして次には、会社と社員のために利益を出すことを第一の目的とする段階へと立場が変わっていくにつれ、全てが自分の肩にかかっているという苦しみと悦びを実感するようになった。

おそらくは遠藤社長はA&Fの所長時代にすでに、自分の後ろには、もう誰もいないという立場を自覚した。現場が唯一の現実であり、逃げて駆け込む場所もなければ、安らぎをくれる別の現実などあるはずもない。苦しみも、楽しみも、安らぎも、そして生きがいも、絶望も、希望も、この現実にしかない。遠藤社長の力とタフさはこの認識にある。社員には「飯、食わせなきゃなんないですから」、自分も社も食べていかなければならない。さもなければ「首がつながらなくなる」。鯨肉の値段は決定的なのだ。それでは「非商業的捕鯨」とはなにか。

草創期のマルセル・モース以来、人類学は、経済活動には贈与や交換など市場以外の要素があることを明らかにしてきた。あらゆる経済活動はいわば社会に埋め込まれている。埋め込まれる深度や幅はそれぞれだろうが、そこには必ず非商業的な要素が紛れ込んでいる。現代の経済学はそのことを利用して、利益を増大させる方法を提唱したりすることもある。最先端のＩＣＴ企業にも非商業的要素が入っているのはまちがいない。こうしたケースでは、経済活動にスポットライトが当てられ、それ以外の非商業的要素は見過ごされがちだ。ではなぜ小型捕鯨の「非商業的要素」だけがスポットライトを浴びたのだろう。

もちろんそこには、非商業的であれば国際的に捕鯨が認められる可能性があるという政治的配慮もあった。しかし、捕鯨の核心は経済活動にある。肉を生産し販売するという営みのなかに、捕鯨のすべてがあるのではないか。そこに栄光も挫折もあったのではないだろうか。遠藤社長の口癖、「飯、食わせなきゃなんないですから……」は、彼が生きた人生の本質だったのではないか。

生産者であればだれもが第一に考える、いわば当たり前の「商品の価格」だが、そこには何百、何千、何万の、ことばにされなかった記憶や事実が埋もれている。高校を出てすぐの新人時代から見てきた数限りないクジラ。巨大だった捕鯨船。社長の世界に現れては消えていった大勢の捕鯨者や解剖作業員たち。全国に散らばった仲買人や、地元鮎川で活躍したいさば屋（魚屋）など卸業者や加工業者。それらの人々が生活や人生をかけて駆け引きしたのが「価格」であり、時々刻々変化する無数の変数と、それに従って判断していく行動の流れである。価格変動をグラフにすれば、その動きは錯綜した何本もの直線や曲線であらわされることになるのだろう。その錯綜した動きは、遠藤社長の人生のひたむきな航跡を造りあげた。

当たり前を生き抜いた人生（田口 二〇一四）。この当たり前の次元が、小型捕鯨の世界なのだろう。遠藤社長はいつも市場の動きを注視して語る。そして、その語りの「外側に、社会が円滑に営まれるために必要な何らかの現実があるのではないのか」（ゴドリエ 二〇一一）。クジラ肉を売る。それがアルファでありオメガなのだが、そこに、語られることもなく過ごされた当たり前の、豊かで大きな世界が潜んでいる。商業的か非商業的かという単純な二項対立を超えた、人間の存在の核に触れる何か。その謎を知りたいと考え続けている。

小型捕鯨は何よりもまず、商業活動だ。これが第一。しかし、遠藤社長たちには、豊かな選択肢から利用資源を選ぶ自由はない。それどころか様々な制限の中で限られた資源利用を、いわば強要される。地域にはそれ以外の資源が潤沢にあるわけではないからだ。だからこそ資源利用は地域の環境のお陰だという思いが染みついている。地域資源を利用できることへの感謝。一方で、利用せざるを得ないという現実への心情的な憤懣。それらが混じりあう複合的感情。クジラは無主の資源というより、地域の唯一の資源なのだ。宇沢弘文氏が言うところの「社会的共通資本」なのである（宇沢 二〇〇〇）。このことは後ほどあらためて考えることにしよう。

諦念ではない。それは地域の資源を利用するという当たり前の事実を受け入れるタフな生き方だ。そしてその資源を大切に、十全に活かしていく。社長も、当時の課長もそれを「恩返し」と表現する。鮎川とクジラは、ピタリ、同じ大きさだ。それは、鮎川が小型捕鯨の世界だという意味だ。

世間話といったほうが良いのかもしれない。いつも迷惑をかけた長いインタビューは、遠藤社長の携帯が鳴るたびに中断された。遠藤社長はまさに鮎川捕鯨のハブ。北極星だ。社員も社外の人も、社長にさまざまな相談や報告に来る。そして、話が終わるとまたインタビューが、あるいは世間話が再開される。缶コーヒーがいくつか並んだころ、昼が近づくと遠藤社長はいつもこういうのだ。

あるもんで食べましょう。

闘う相手は……

モラトリアム施行後、小型捕鯨各社は協力を強め、自主休業と共同経営で、業界としての生き残りを図った。捕獲対象はツチクジラとゴンドウ（タッパナガ、マゴンドウ、ハナゴンドウ）だけだったが、一九九〇年代からのツチクジラ肉の高騰で、なんとか採算はとれた。それ以降、小型捕鯨各社は、外部から見ても強い連帯感で結ばれているように見える。この競合関係と連帯感情という相矛盾する関係は、震災後の鮎川捕鯨救援活動を通じてさらに強まることになる。いずれにしても九〇年代は、課題はさまざまあったものの、何とか「食えていた」。

一九九九年には、ツチ五四頭の枠に、函館操業枠の八頭が加わり、総枠が六二頭となった。しかし、九〇年代の「バブル」が終息し、ノルウェーやアイスランドから良質でよく売れるヒゲクジラ肉が流入してくると、経営が急変。一気に赤字化し、二〇〇二年には全社が赤字を計上している。このタイミングでいわゆる調査捕鯨が始まる。しかし、実は調査捕鯨自体が小型捕鯨会社の苦境を生みだす構造があった。この間の経緯は粕谷氏の著作に詳しい（粕谷 二〇一一）。

一九八五年、IWCによるモラトリアムを受け入れた日本政府は、前後して、捕鯨産業の〝処理〟を検討し始めている。その議論の中で調査捕鯨計画が浮上し、粕谷氏は遠洋水産研究所からその立案に参画した。すでに第五章で述べた共同捕鯨株式会社の社員たちの半数は、捕鯨各社が出資した共同船舶株式会社に移り、残りの半数は、これも新たに設立された日本鯨類研究所に移って、八七／八八漁期から南氷洋での調査捕鯨が始まっている（粕谷 二〇一一）。

立案から計画に係った粕谷氏は、この計画には、捕鯨産業の技術と組織を保存するという「経済的目的」があり、「科学調査」がそれをカモフラージュする構造があったと、痛切な反省をこめて認めている。IWCの科学委員会などからは、一貫して「科学的妥当性、合理性」への疑問が呈されてきた。粕谷氏は科学者としての良心から、こうした調査捕鯨の矛盾を率直に明らかにしている（粕谷 二〇一一）。

さらに、調査捕鯨の副産物を販売して、その収益を科学調査に充てるという構造も問題があった。確かに、国際捕鯨条約では調査捕鯨の「副産物」は完全利用することが義務づけられているのだが、この構造は調査の客観性を揺るがしかねないものだった。また、南氷洋の調査捕鯨の「副産物」のクジラ肉は、小型捕鯨業界のツチ市場を脅かした。小型業界は、輸入鯨肉だけでなく、仲間であるはずの政府系調査捕鯨の「副産物」にも苦しめられることになる。

太地の磯根嵓氏の著書によれば、一連の商業捕鯨停止などすべてが大型捕鯨中心で決まっていったことに、小型捕鯨業界は強い不満を募らせていた（磯根 二〇〇四）。当時の小型捕鯨協会会長でもあった磯根氏は、苦悶した結果、自ら主導して沿岸の調査捕鯨を小型業界へ誘導し、二〇〇二年から日本列島沿岸での「調査捕鯨」に傭船参加する道を開いていく。

漁場は釧路。翌年からは鮎川でも実施され、それぞれミンク六〇頭ずつの、計一二〇頭だった。二〇一〇年からは小型業界が設立した一般社団法人地域捕鯨推進協議会が、政府の補助金を得て調査を請け負うかたちをとった。一二〇頭を捕獲し、研究は日本鯨類研究所などに委託している。この体制は、私が鮎川に通い始めた二〇一三年にも、小型捕鯨業界の年間スケジュールに組み込まれていた。

粕谷氏がいみじくも言った通り「小型捕鯨業界は、調査捕鯨に経営を圧迫されたあげく、その調査捕鯨事業に組み込まれ、調査捕鯨なしでは存続できない状況に追い込まれていった」（粕谷 二〇一一）。鮎川にも工場を持つ千葉南房総市の外房捕鯨社長庄司義則氏は、東京海洋大学大学院で小型捕鯨の経営に関する修士論文をものにしているが、その中で、調査捕鯨が小型捕鯨業界を経済的に支えていることを立証している（庄司 二〇〇九）。

鮎川での調査を通じて、調査捕鯨は一種の「タブー」だった。社員たちもその情報には口をつぐんだし、私もあえて聞かなかった。「調査以外のことだったらなんでも話す」というベテランもいた。調査捕鯨では操業時間も決められ、監視員が常駐していた。鮎川でも釧路でも、取材も写真も厳禁だった。やがて遠藤社長のことばには、調査捕鯨の話題が混じるようになった。しかし、突っ込まなかった。

小型捕鯨関係者が聖人君子だとはいわない。過去には途方もない密漁があったことも耳にしたことがある。捕獲頭数のごまかしもあったという。ただ、調査捕鯨では完全に管理された合法性の中で事業は遂行されていた。そして、それをあたかも「違法行為」であるかのように、隠さなければならなかったのだ。関係者全員が調査捕鯨の中に、「違和感」あるいは「距離感」を感じていること、あるいはそう感じることを強いられていた。

クジラ捕りたちは、どこかに、命がけの事業を話題にできない鬱屈と、鬱屈を晴らせない苛立ちを感じていたように見えた。いや、苛立ちではない。怒りだ。誇り高い捕鯨者が、生き抜くためとはいえ強いられた、この世界の歪みに対する怒り。この歪みと苦痛を強いる水産行政や国際世論とは、いったい何なのだろう。一体全体、だれと闘っているのだ。鮎川捕鯨の人々の中へ入っていけばいくほど、彼らの抱える深い悩みや苦しみを見ることになった。

彼らの悪戦苦闘を見て、奇しくも震災の年に出版されたティム・インゴルドの *Being Alive*（『生きてあること』）で引用された哲学者ホセ・オルテガのことばを考えた。繰り返しになるが、ふたたび掲げよう。

人間性（humanity）は、種の資格として前もって準備されたものではない。特定の文化や社会に生まれたということで身につくものでもない。人間性とは、私たちがつねに取り組まなければならないなにかだ。「私たちに与えられている唯一のもの、人間生活あるところ必ずある唯一のものは、それをなさなければならないということ。すなわち生きるとは取り組む課題なのである」。

（Ingold 2011 : 7）

遠藤社長だけではない。鮎川捕鯨にかかわる人々のすべてが、当たり前なのだが、実は困難極まりない課題と格闘していた。捕鯨は正解のない課題だ。始めから正解が否定されている課題と言ってもよい。しかし同時にそれは、生存をかけた課題だった。生きていくために正解のない難問を腹に落とし込む。その愚直が鮎川の人々を人間にしたのだ。クジラ捕りの喜びは、苦痛と忍耐でできている。

鮎川捕鯨設立、そして東日本大震災

沿岸調査捕鯨でかすかな希望が見えた二〇〇二年だが、従来のツチ・ゴンドウでは全社赤字。二〇〇三年以降も赤字が続いた。複雑な思いで取り組んだ調査捕鯨だが、それでも、これで何とか首の皮一枚でつながった。とはいっても、未来は全く見えなかった。そこで鮎川を基地にする捕鯨五社は、経営統合する道を選んだ。二〇〇八年三月二〇日、三陸河北新報は、「石巻大手系列撤退―捕鯨文化守る「鮎川捕鯨」を設立――」の記事で、経営統合を報じている。

それによれば、①鮎川浜を基地とする捕鯨五社（戸羽捕鯨、日本近海、星洋捕鯨、大洋A＆F鮎川事業所、三好捕鯨）が経営統合すること、②名称は一九二五年に地元資本が設立した「鮎川捕鯨」を使用すること、③日本近海と星洋捕鯨が解散し捕獲枠を譲ること、大洋A＆Fが事業所を廃止して、その敷地を鮎川捕鯨が購入し使用すること。これが大きなストーリーだ。設立は二月一日、資本金三千万円、従業員二六名。使用船は、第75幸栄丸と第28大勝丸。会長には戸羽捕鯨社長の伊藤稔氏、社長には大洋A＆Fの所長、遠藤恵一氏が就任した。二〇一一年三月十一日にすべてを流されたのは、この会社だった。遠藤社長はこんな風に教えてくれた。

鮎川捕鯨は日本近海と星洋捕鯨が一緒になって、戸羽捕鯨とタッグ組んでるような感じです。三好捕鯨ともタッグを組んでいる。これ全体で鮎川捕鯨という。鮎川捕鯨は近海と星洋の許可しかないんですよ。だから、共同事業みたいな。戸羽さんとか三好さんとか。そんな感じで。許可とか皆さん半分半分になっているんで、分けるに分けられない。戸羽捕鯨も会議のときには戸羽捕鯨で。平成二十年二月に鮎川捕鯨を立ち上げて、二十、二十一、二十二、二十三。四年目ですよね。三年やって四年目に震災あったんだからね。二月立ち上げで、四月から営業が始まった。

業界挙げての、まさに乾坤一擲の統合だった。ただ、小型捕鯨協会の「事業成績報告」によれば、経営統合から震災までの三年間も「本業」のツチ漁では依然として赤字を計上している。それでも、遠藤社長によれば、調査捕鯨で何とか食いつないでいけるようになった。

苦痛も屈辱も飲みこんで、正解のない道を手さぐりで進んできた。光が見えたわけではない。闇がほんのわずかな明るみを帯びる場所へ向かっただけかもしれない。明るみが続くのか、一時的なものなのかもわからない。しかし鯨肉生産という生業のなかで、人であり続けるために、この道を探りだし、船出をした。そして大津波が襲ってきた。

すべてが終わった日

震災当日、遠藤社長は石巻市内のSK運送にいた。携帯が緊急メールで激しく振動した。激しい揺れが収まるとすぐさま車を出し、鮎川へ向かった。半島への入り口の渡波で、女川に津波到来のニュースがラジオから流れてきた。二号線を何とか走って、大原浜までたどり着いたが、それ以上は無理だった。そこで車を断念し、しばらくは高みから海を見つめていた。やがて第28大勝丸がたどり着くことになる給分浜や狐崎浜の半島が見えた。三〇分ほどすると、半島の突端に浮かぶ兎島あたりで、津波が波しぶきをあげて陸に向かうのが目に入った。予感通り大津波が来ると、遠藤社長は覚悟した。そして津波が襲ってきた。

津波が収まったころ、社長は鮎川に向かった。大原浜からは山越えだが、冠水していないところは道路を歩いた。小渕浜の山道を越えると、自宅のある十八成の海岸線が見えた。五時ころだったと記憶している。十八成の集落もすっかり流され、風景は一変していた。二〇〇軒ほどあった住宅はほとんどが流されていた。自宅は鮎川寄りの高台にあったので、幸い流出は免れた。それでも浸水は一メートルにもなり、床上まで達していた。ただそれは町のヘドロ水ではなく、透明な美しい水の跡だったという。

自宅の無事を確認した後、すぐに鮎川浜へ急いだ。鬼形山を越えれば会社のある向田まではすぐだ。牡鹿中学を横目に見て、カーブを曲がる。鮎川の町に着いた時には午後七時を回っていた。鮎川の町、正確には、町だった場所が、暗闇に沈み込んでいた。会社の敷地には、白いポールだけが暗闇にうかんで見えた。遠藤社長はすべてが流されたのをすぐに確認する。悪戦に次ぐ悪戦、苦闘に次ぐ苦闘を重ねてきた向島。日本捕鯨、戸羽捕鯨、日本近海、星洋捕鯨、大洋A&F。ツチ漁、ゴンドウ漁、調査捕鯨、そして鮎川捕鯨。すべてがここで起こり、そして消えた。ここにあった何もかもが流され、すべてが終わった。

震災でガラッと変わりましたよ。会社の経営でもずいぶんやられましたからね。在庫もやられたし、なんだかんだやられて。こういう建物が建ったってそれはべつですからね。やられて。財産全部持ってかれたような感じですから。かなり補助金もらってやってるけど、実際は四分の一は手出ししなきゃなんないし。クジラの値段はぐんぐん下がってますね。肉の値段が下がってるから、クジラも下がってる。経営的には震災前とまるっきり違う。帳面見てもだいぶ悪くなっていますからね。

10　震災直前の鮎川の街並。2011 年 1 月 23 日。撮影：大澤泰紀

11　被災 1 年後の鮎川。瓦礫撤去が済んでいる。2012 年 2 月 6 日。撮影：同上

借金は別として、やるしかないでしょうね。従業員いるんだから。鮎川はクジラで仕事してる連中多かったでしょう。今はもうだいぶ減りましたけどね。クジラで飯食ってきた人がいっぱいいた。クジラに対する熱い思いがあったと思います。自分たちが引退しても、次の世代にがんばってくれという人たちが多かったんじゃないかな。だから、鮎川からクジラとったら、他に商店とかないしね。普通の漁師町になってしまいます。

突っ走って始まった——震災後復興へ

被災後、いったんは捕鯨廃業を考えた伊藤会長と遠藤社長だったが、あり得ないと思われた捕鯨再開が現実のものとなったことはすでに述べた。

被災から一〇日前後たったころ、モラトリアムを契機に絆を強めていた小型捕鯨協会の仲間たちが救援の手を差し伸べてくれた。当時の小型捕鯨協会会長で、網走の下道水産社長下道吉一氏もその一人だ。苦闘の時代を引っ張ってきた小型捕鯨のリーダーで、捕鯨への深く断固とした熱い思いをもつ人物だ。小型捕鯨業界のなかでもその存在感はひときわ目立つ。鋭敏なアイデアマンで、もう動きようがないと思えた環境に、つねに変化をもたらし新しい価値を生み出す、そんな人だ。彼が奥さんと、小型捕鯨協会の事務局長の木村親生氏とともに、網走から鮎川に来てくれたのだ。下道氏は何もない鮎川を見て、ことばを失った。

私たちが最初に水産庁から呼ばれていく前に、あの人たち（下道さんたち）が来たんですね。震災から一週間、一〇日後あたりかな。まず飛行機で山形空港まできて、タクシーでここまで乗ってきて、見ていったんですけどね。その時はびっくりしたでしょう。何もないから。一週、一〇日くらいしてからじゃないですか。来てくれたの。

下道氏は鮎川捕鯨の被災を、業界の損失、業界への打撃と深刻にとらえていた。長年、競い合ってきたライバルの同業者。近年は打ち続く逆境のなか、同業者という関係を越えた絆を造り出してきた。以前は第一安丸でクジラを追い、今は解剖現場で大包丁も振るう。大柄で豪胆。ずば抜けた思いやりと優しさをあわせ持つ。鮎川捕鯨再開に向けて格闘する人々を見て、下道氏は執念を感じたと漏らしたことがある。それはそっくりそのまま、下道氏にも言えることだ。執念の人だ。

おそらくその下道氏や木村氏の働きかけもあったのだろう。遠藤社長や伊藤会長のもとには、すでに、水産庁へ集まれという招集が届いていた。船はまだめどが立たないが、捕鯨を再開させるという水産庁の意向だった。

水産庁に集まれということで三月の後半に東京へ行って、山形まで行くといっても車に油がなくって、どうにか手配したけれども、山形まで行って。東京着いて風呂入ったら、ずっと入っていなかったので、顔は真っ黒、湯船も真っ黒。きれいにして。水産庁からいい話があって。釧路。船がなければ陸上でもなんでもいいから、鮎川でできなければ、釧路で二回やれ、人でもいいから出せっていうことで。

こうして釧路での調査捕鯨と、異例のツチ漁が実施されることになった。

震災の年は、それぞれ大変だったんだ。船の乗組み、あとは陸上のメンバーと、全員行ける人は行ってもらって、行けない人は残した。三人は残した。事情あって行けないというのを。その三人にはこっちの工場の掃除とかやっていてもらう。船が一四名ですが、こっちで一〇名くらい、陸上で二〇名くらい。三〇名くらいですか。船の連中も（船がないから）陸の仕事ですよ。フェリーで仙台港から苫小牧まで行って。

それからは社長にとっても、会社にとっても、目まぐるしい日々が続いた。希望も、絶望も、なかった。あるのは、捕鯨に必要なさまざまなこと、すなわち、捕獲許可や条件を交渉・調整し、道具を調達して人を集め、移動の手段を確保するなど、煩雑な手続きや作業だけだ。二隻の捕鯨船の復帰作業もあった。同時進行で、鮎川の工場や解剖場を再建する課題もあった。その一つ一つをこなしていく。希望か、はたまた絶望か。そんなことを考えている時間はなかった。可能性を測ったり、疑ったり、実効性を信じたり、否定したり。そんな逡巡の余裕はなかった。いったん再建を決意したら、突進して、再建するしかなかった。

第28大勝丸と第8幸栄丸の生還と復帰のことはすでに述べた。船と生活を共にする船長や機関長が、

「実践の感覚」が蘇るのを五感とからだで味わったことをうかがい、いかに生業が人の経験や存在の奥深くにまで浸透して、この世界に生きる意味を生み出すのかを知らされた。また、釧路で初めて捕獲したツチクジラに、たしかな復興への光を見出した伊藤信之氏の思いにも触れた。そうした出来事の背後には、実は、遠藤社長の根回しと、段取りと、総括の眼と事業継続の強い意思があった。

遠藤社長にとって、希望は〝そこにある〟ものではなかった。希望は、まさに、「能動的に取り組まなければ存在しないもの」（ガブリエル 二〇一八）だった。オルテガが言った通り、それは「なさねばならない」もの。「生きるとは取り組む課題なのだ」。あちこちに瓦礫や残骸が残る被災地には、希望らしきものはなかった。そこに希望を生み出す。それがどれほど過酷な作業だったか。被災地にとって希望とは、まさしく取り組むべき課題に他ならなかった。

課題を背負って、社長は走り続けた。劇的な第28大勝丸の復帰、水産庁との交渉、釧路のツチ漁、工場の再建、冬の三陸でのツチ漁。すべての背後には走り回る社長の姿があった。いったん捕鯨再開がきまると、社長には当面の課題を、ひとつひとつ解決していく以外に道はなかった。なぜなら、社員を「食わせなきゃなんない」からだ。立ち止まるという選択肢はない。この間、遠藤社長には休みなどなかった。社長は文字どおり突っ走った。

目まぐるしかった震災の一年。遠藤社長はその間の出来事を淡々と語った。メモもなく手帳を見るでもなく、それでも日付や具体的な数値をちりばめながら、飄々と話してくれた。彼のナラティブでは、出来事は社長の外で起こることではなく、社長とともにそこに生起するように思えた。

でかいクレーン船は入ってこれないので、そしたら陸上を神戸から来たクレーンでつりあげて海に浮かべてもらって。ドックがないので前の会社（大洋A&F）の関係で「Tドック」にたのんで。六月に二週間で二隻やってもらって、七月に間に合った。

釧路でツチを二十何頭捕ったのかな。五つ残ったんですよ。二八頭のうち五つ残った。（小型捕鯨協会の「事業成績報告」の数値とくい違いがある。記憶違いか？）鮎川に帰って来て。ここの工場直っていたんで。鯨体処理場の許可を水産庁に頼んで。ここで十一月に操業したんですよ。それで五頭とって。セシウム検査をうけて、不検出だったんですよ。クジラも汚染されてない、来年からできるなって。工場造ったからミンクもできるな。水産庁にもお願いして。水産庁のほうもセシウム心配だった。私たちも心配だったけども。実際やってみたらクジラそんな影響なかった。一頭か二頭微々たるもんがあったかもしれないけど大したことはなかった。一二年の四月に初めて、震災から初めてやりましたね。

二〇一四年の年末、十二月二十五日のインタビューで、まだ社長の思いを十分理解できないまま、これからも社長を続けるのかと聞いたことがある。今考えると、冷や汗が出る。それ以外のどんな道があるのかと、よく叱られなかったものだ。

これからも社長としてやっていくと思っている。伊藤会長のほうは船担当で、私は陸上で。二人でそういうやり方でやってます。今回も地震で、やるって決めたら従業員は飯食わせなきゃなんないし、何とかやんなきゃなんない。あたり関係なく動いてるから、自分たちで。建て物建てて事業できるように。こういう建物はあとから付いてきたんだけど。自分たちの工場も残ったの、直してやりましょう。一年目、震災のとき、釧路借りて、帰ってきて残ったクジラ、間に合ってそこで処理しましたけどね。あたりは関係なく自分たちでやることだけはやるって突っ走って始まったような感じですね。

頑張っても頑張りようなくなってしまう

遠藤社長は震災直後、被災した町内の人を何人か雇っている。調査の間、漁期以外にも、その人たちにあれこれ仕事を作ってやっているところを見た。ちょっとした大工仕事やクジラ肉の調製など、何気ない口調で仕事を造って歩くのだ。それに対して何かと批判めいた意見を聞くこともあったが、社長は意に介さなかった。社長はいつも鮎川という地域を気にかけていた。会社、社員、そして鮎川と十八成の人々。この人たちのために仕事を拾って歩く。悲壮も、気負いも、衒いもない。社長は淡々と責任と運命を受け入れる。「ここにはこれしかありませんから」。

社長とは何時間も何時間も話した。何百、何千の情報を教えてもらった。録音をしながらメモを取り、ICレコーダーの記録も自分で起こして、ノートも取って、何度も読み返した。でもそのなかで、やはりこのことばが一番鮮明に耳の奥底に残っている。どんどんひどくなる状況で、それでも、捕鯨で生き抜こうとしている人びと。なぜなのか。

実は、この日、初めて鮎川捕鯨の中核を担ってきたメンバーが会社を辞めるということを聞かされた。家族を抱えた社員がついに勤務を断念した。衝撃だった。しかし社長は何もコメントしなかった。淡々と、事実だけを伝えてくれた。この事実の背後には、いったいどれくらいの事実があったのだろう。辞めていく人が悪いとか、裏切ったとか、恩知らずだとか、そんな紋切り型の非難など一切なかった。

苦痛に満ちた事実を呑み込む。痛みを鮮やかに受け止め、その決心に納得し、思いを軽々と捨てる潔さ。遠藤社長はその後この件について一切口にしなかった。一切何も言わなかったのだ。

辞める人も、見送る人も、おそらくは青黒い深々とした淵を越えなければならなかったはずだ。辞めるほうも、見送るほうも、数限りないことを飲み込んで、目をつむってその淵を飛び越える。痛みだけが二人を繋ぐ。痛みはそこに絆があった証拠だ。すでに紹介した阿部船長の言った「頑張っても頑張りようがなくなってしまう」状況が迫ってきていた。

国際司法裁判所の衝撃

よく知られている通り、二〇一四年の三月三十一日に捕鯨業界に衝撃が走った。南氷洋調査捕鯨の可否について国際司法裁判所が、「科学的ではない」との判断を出したのだ。

調査捕鯨そのものは国際捕鯨条約上認められている正当な権利だが、当初から、疑似商業捕鯨ではないのかという見方があった。今回は国際司法裁判所が日本による南氷洋での調査捕鯨（いわゆる

ＪＡＲＰＡⅡ）に関して、その「科学性」に疑義があるとの裁定を下したのだ。ここでこの裁定には立ち入らないが、鮎川捕鯨の側の対応を追っておこう。

二〇一四年春。ドックを終えて出漁の日を待つ穏やかな季節だったが、鮎川にもその衝撃が伝わった。すでに述べたように、小型捕鯨協会の苦渋の決断で、二〇〇二年、沿岸域での調査捕鯨を請け負うかたちを受け入れていた。小型捕鯨業界の中でも様々な議論を尽くしてはじまった沿岸域の調査捕鯨は、経済苦境を若干緩和するメリットと裏腹に、屈辱と忍耐を強いる仕組みだったが、すでに小型捕鯨業界の年間スケジュールに組み込まれていた。

二〇一四年の春も、調査捕鯨の許可書がすでに発行され、開始の日付は四月十八日となっていた。その段階での裁定だ。これをどのように受け止めればいいのか。遥か遠くのオランダのハーグで、国際的な構成の一六名の裁判官たちが下した結論に、小型業界が手掛ける沿岸の調査捕鯨が含まれるのか。この小型業界が請け負う調査も含まれるのか。会長も社長も、小型捕鯨協会も地域捕鯨推進協議会も、確信が持てなかった。

会長と社長は石巻、仙台、東京と関係省庁を回って、陳情し、掛け合った。各政党の捕鯨に関心のある議員たちも集まった。モラトリアムと同じだ。様々な決定や条件が、雲の上から降ってくる。この二〇年間、同じことが繰り返された。そして鮎川の捕鯨者は我慢するだけだった。今回も小型沿岸捕鯨は、国際的な議論や国策のはざまで翻弄された。様々な矛盾や問題点が、沿岸の業者にしわ寄せされた。結局、二〇一四、一五年は、少し時期を遅らせ、捕獲頭数を制限したうえで調査は行われることになった。しかし、問題は未解決のまま残った。

津波で被災した直後に満身創痍で立ち上がり、震災前と同じ矛盾に満ちた調査捕鯨に、生きるためにまた飛び込んだ。やがて故郷の海でのつつましい商業捕鯨が認められるようになる日のために、震災後も鮎川捕鯨はじめ地推協のメンバーは、調査捕鯨の厳格なルールを確実に遵守し、大学・研究機関と連携しながら生態に関するデータを収集し続けていた。

確かに、震災の年の五月に復帰を後押ししてくれたのは、部分的には、調査捕鯨だった。地推協の他のメンバー会社にとっても、会社存続のために、経済的にも調査が必要だ。科学性も大切だが、経済的な死活問題でもある。このジレンマを強いる体制。誇り高い捕鯨者たちが、自らの生業を公言することをためらう、屈辱的な抑制を強いる制度。ささやかな人生を生きるために、捕鯨者たちはいくつの矛盾を飲みこんだか。

今回の国際司法裁判所の裁定は南氷洋の調査捕鯨が対象だったが、やはり振り回された。反論も何もできない。ただ振り回された。屈辱と憤懣。これは人間の尊厳の問題だ。皆がそう思った。そして我慢したのだ。そして、翌二〇一五年の状況はさらに悪く、調査もツチ漁も最低のシーズンとなった。どん底だった。

何かいいことあればいいんですけど

ここで、震災の翌年以降の経緯を纏めておこう。

二〇一二年は、震災前とほぼ同様のスケジュールが復活した。新工場も竣工し驚異的なスピードでの復興が現実のものと思えた。復興には政府からの補助金もあった。しかし、当然、自己資金も必要で、多額の借財も発生した。おまけにツチクジラの価格が暴落し、震災前に実現した何とか「食っていける」状態も帳消しになった。二〇一一年からは震災前比で三〇〜四〇%の減収が続いた。

この状況は二〇一三年も二〇一四年も変わらなかった。給与も削減され、一時金の支給もなく、会社としての宴会や食事会もなかった。徹底した経費節減が実施され、その結果、生活に不安を抱く社員もでてきた。辞めることを口にする人もいた。実際、辞めていく社員もいた。すべての社員が、家族や復興という課題を抱えていた。それぞれの復興があったのだ。遠藤社長はインタビューではいつもと変わらぬ笑顔で接してくれたのだが、強い危機感と不安を抱いていたはずだ。二〇一五年には社長が漁の不況を口にすることが頻繁になった。

二〇一五年十月二十日。遠藤社長は珍しく弱音を吐いた。この年は調査もツチ漁も極端な不良が続いていた。このときまで三陸など東日本は三つの大型台風に見舞われ、海況が悪く出漁できない日々が続いていた。社長の口からは「最低」ということばが漏れた。

四月調査から始まりまして、四〇日プラス延長かけてさっぱりクジラ取れなかったんですよ。天候もあるんですが、クジラが見えなかったとか、船の人たちの意見でした。普段よりだいぶ少なかったですね。今までで最低の漁でしたね。だんだん、調子が悪いっていうか……そういうことで四月、五月、調子悪くて大変なシーズンだった。うちのツチクジラが六月二十日からだったんですが、八月ぎりぎりまでやったんですけど、これも調子悪いんですね。今までの最低で。ここの枠で二八頭あるなかで、今何頭ですか。残りが九頭。例年は捕り終わってますね。今調査やっているんで、終わったらすぐ、一週間ぐらい休ませたらすぐ操業しようかなと思っている。異例ですね。震災のときはあったんですけど。初めてだし。今までやったことないんですね。

ことしはダブルの台風が多かったですね。七月、八月の一番クジラが多いときに、台風多くて。三週間くらい漁止めになった。それもあったんですけど。福島沖はやめろっていってるんで。捕っても売れないので。今茨城沖までやっているんだけど。これが小名浜ラインですね。ほんとうは昔からこの辺、いるんですけどね。ですから今この辺で。六月もこのあたりで。ここで九〇マイルですから。

この年は列島に接近あるいは上陸した台風が例年より多く、一三を数えた。調査捕鯨もツチ漁も、低気圧や台風による海況の悪化に苦しめられた。船からはクジラそのものが見えないという報告もあった。遠藤社長の口からは「最低の漁」、「大変なシーズン」、「今までで最低」といったことばが漏れた。自然の生き物を狩る産業はかくも難しい。条件がそろわなければ、手も足も出ない。人事を尽くして〝天命〟をまつ。しかも〝天命〟がほとんどだ。

夏のツチクジラのクオータが残った。例年、九月、十月の釧路調査が終了すると、長い休止期間となる。ただこの年は例外だった。食べていくために、社長と会長は十月末からの、三陸沖でのツチ漁を決めた。調査から一週開けるのが規則だから、早ければ十月末からできるかもしれない。

三陸沖はもう十一月になると、だんだん時化、多くなります。風強くなって、北西風が強くなって。十月中に終われば一番いい。今週中に終わって帰ってきて、水産庁のほうも、インターバル置かなきゃいけないんですよ。調査切り上げてから一週間とか。十一月になっちゃいますね。まあ、ぎりぎりですよね。調査のほうも二回くらい台風が行ってるんで。十月入ってからなんぼもとってない。十月前半。九月はよかったけどね。今になってぽろぽろ見えてきたけど、時化なければね。凪さえよければ（凪になれば）ということなんでしょうけど。今年は頭痛いですね。何かいいことあればいいんですけど。

天命を手繰り寄せるために捕鯨者たちは陸の施設を調え、船を整備し、空を見つめ、風を感じ、潮を読み、波を見つめ、匂いを嗅ぎ、黒く偉大な生き物の気配に全身で身構える。そして、あらゆることをなしたあとは、祈る。遠藤社長の、苦闘を語る静かなことばは祈り。三〇名の社員、家族や友人、鮎川や十八成の町、牡鹿半島のための祈りだ。「何かいいことあればいいんですけど」。トップはいつも、どこでも、人事を尽くして、最後は祈るのが仕事だ。

秋の夕暮れ、社の敷地内に停めた車まで送ってくれた。この年、十一月に網走で小型捕鯨関係者が一堂に集まる地域捕鯨サミットが予定されていた。社長も参加することになっており、空港での待ち合わせを確認した。別れ際、社長は初めてのことばを口にした。

頑張ってください。

遠くからのこのこやって来て、仕事の邪魔をして、長々と、執拗に訊き続ける。それを認めてくれたのか。少しだけだが、何かほっとした。「頑張ってください」と言わなければならないのは私のほうだ。空港に向かう車で考えた。

遠藤社長は、ますます状況が悪化する捕鯨会社を切り盛りし、社員に飯を食わせながら、地域の資源を守り続けようとしている。苦しみの会社経営。それが津波で流された。苦しみをわざわざ呼び戻すために、社長は捕鯨会社再建に東奔西走した。手がかりになるものなら何でも試した。不可能と思えた大勝丸も海に戻した。借金に借金を重ねて社屋を再建し、工場を建て、海の恵みを待ち受ける体制を整えた。なぜわざわざ苦しみばかりだった捕鯨会社を再建するのか。もうやめればいいのではないか。

でもそれは違うのだろう。苦しかろうが、辛かろうが、仕事が人生なのだ。そして人生だけが、わたしたちの唯一の希望だ。遠藤社長は最後までその思いをつらぬいた。被災地に苦しみばかりの捕鯨会社を再建することが、今作れる唯一の、人生という希望なのだ。

訃報が届いたのはその週の後半だった。下道会長からだった。私のインタビューの数日後、寒い、寒いと言いながら、遠藤社長は急逝した。くも膜下出血だったという。こうして〝あるもんで食べる〟人生がさらりと消えた。捕鯨にかけた一人の人が、三陸の生まれ故郷で、その一生を終えた。後には、震災後も悪戦苦闘を続ける捕鯨会社と、走り続けた社長の記憶、そして彼の祈りが残った。

何かいいことあればいいんですけど。

第八章　クジラを配る

震災後、クジラの肉や地元で入手できる「海のめぐみ」の注文を受け、半島全体へ宅配するシステムを構築したのが及川伸太郎氏だ。昭和二十年の生まれで震災当時は六十五歳だった。第四章でも少し触れたが、彼が中心になって震災の年の秋に結成した組織が「海のめぐみ協会」。後に一般社団法人の資格を取得している。十八成、鮎川そして石巻の有志九名でスタートした団体だ。メンバーには、急逝した鮎川捕鯨遠藤社長も名を連ねていた。遠藤社長も協会をずいぶん気にかけていた。彼との「雑談」では、何度となく「海のめぐみ協会」が話題にのぼった。

ここ駄目になってしまう……なんとか働く場所を作ってやりたい

及川氏に話をうかがったのは震災から五年経った二〇一六年。十八成の協会施設には「一般社団法人牡鹿半島海のめぐみ協会」の立派な表札が掲げられていた。及川氏は、十八成出身で震災前も現在も十八成に居住。石巻市内と十八成に自宅を構える。高台にある十八成の自宅は、幸い津波でも無事だった。遠藤社長の自宅とはすぐ目と鼻の先。近所だった。本業は専門的な無線機器を扱う会社の社長で、震災当時は十八成の行政区長も務めていた。社屋は石巻市内。その関係で石巻にも自宅がある。二〇年ほど前に故郷の十八成の高台に家を新築しようとしたとき、さんざん揶揄された。

馬鹿みてえなところに家建てて、馬鹿じゃねえのか、おまえ！

牡鹿半島では、生活は海と一体になっている。海は高台から眺めるだけのものではない。海から生活の糧を得て、海に抱かれて暮らす。牡鹿半島の人々の地勢感覚は、陸から海へ滑らかに途切れることなく連続している。高台は「馬鹿みてぇなところ」なのだ。

高台だが、及川氏にとって十八成の自宅は「終の棲家」だ。ガレージスペースもとれたし、好きな十八成の海も眺められる。釣りボートもすぐ前の海に係留してある。石巻の自宅と会社を行ったり来たりする生活だったが、定年後はふるさとの十八成でいわゆる悠々自適、釣り三昧の生活を夢見ていた。しかし、現実は違った。とりわけ震災後は、週日は石巻で会社経営、土日は十八成で行政区長と協会の理事長。「私なんか三六五日、あっちさいて、土日はここでやっている」。休む暇がない生活だ。

津波は二〇〇世帯の十八成をほとんどそっくりさらって消えた。残ったのは数軒だけだった。自宅をなくす衝撃は大きい。生活の具体的なあれやこれやが、それらを支えた無数のものとともに消える。家屋だけではない。そこで営まれた生活が消えるのだ。さまざまな出来事や、現れては消え、消えては現れた数限りない感情、具体的なものとともに、そこで営まれた日常生活が消えたのである。更地にすればいくらもない狭い空間だが、単なる空間ではない。その人の歴史と、かぎりなく広がる世界。それが消えた。

震災後、結局家を流された状態で、いる場所もない、働く場所もないという状態で、ただぽつんとしていては駄目だと。私も他に仕事を持ってまして。石巻の会社ですが、そっちのほうはおかげさまで忙しいのですけど、なんとかしないと、ここ駄目になってしまうと。まず、クジラのことよりも地域のためにという。地域で何とか働く場所を作ってやりたいという風な気持ちで立ち上げて。立ち上げるについては地域の、この十八成の、有志の方々に声をかけて、いくらかずつでも出資していただいて。九人ほど集まりまして。まずやろうと。そのなかで何をやろうかというふうなことからスタートしました。

ちょうど遠藤社長もその中に入っていましたので、今クジラこういう状況なんで、クジラを売ったらどうだいという風な話で。じゃクジラをメインに「海のめぐみ協会」というのを作ってですね、活動していこうという風な立ち上げなんですね。

この人（理事で工場長の木村武雄氏）、結局、家なくなって、仮設暮らししてんですけど。ばあさんと二人で。うちから出ないで。この人は生来明るい性格なんですけど。だんだん暗くなってしまって。そういうの、何とか、「やんなきゃない」ということで。そういう方が結構いるんでね。仲間のなかにも家流された人もいるんですけども。一応お金出し合って、こういうクジラやるんだけれども、みんなで金出してくれないか。いいよ、いいよということで。

「海のめぐみ協会」の立ち上げを語る及川氏のことばは心地よい。深刻な話をしながら、感情が積み重なると、うっちゃりを打ってくる。彼の語りの陰にはいつも笑いが潜んでいて、ことばの陰からひょいと顔をだしては、にっと笑う。押し寄せてくる恐怖や悲惨、怒りや悲しみの圧倒的な力を、その笑いでうっちゃる。インタビューを終始包み込む及川氏のこのタフな笑いが、耐え難い悲劇を、何とか受容できる人間サイズのものに変え、希望を生み出す。

しかし、それにしても、津波の破壊力、ただただ啞然とするばかりの宇宙的恐怖はすさまじい。意表を突く衝撃。予想や期待を粉みじんに砕いてしまう無機質の、人知を超えた暴力。絶対に壊れない、壊せないと考えていたもの、壊れてはいけないもの、私たちが信じきっている世界のかたちや秩序や理性の限界を、やすやすと突き破り、轟音を立てて押し寄せ、破壊して、激流になって引いていった。

意識することすら忘れてしまうほどの当たり前の世界が消える。その代わり、当たり前の世界が隠していた、おそらくはずっと古い、人間の記憶よりもはるかに古い世界の基層が姿を現す。そのショックは簡単には受け入れがたい。あり得ないことなのだ。受け入れられたとしても、それは自然の忘却システムが働いただけで、それもずいぶん時間がかかる。家と家族と仕事を奪われた地域の住民たちは、避難所や仮設住宅で、その衝撃に耐えた。そしてその耐え難い、受け入れがたい、あり得ない状況のインパクトを人間サイズにするという、気の遠くなるような重苦しい試練に耐えていた。

みんな地震でうちがなくなったという凄いショックというか。皆さん最初は持っていたんで、それを和らげるのもわれわれの仕事のうちかな、ある程度。それをいつまでもぐずぐず言ってたら、いつまでもそのままになってしまいますんで。どっかで切り替えていただいて、前向きの姿勢で進んでもらう。私、ここの行政区長もしてますし、いろんな意味であれするようなことでしたね。いろいろすることがあるかどうか。いろいろ考えて。クジラのかかわりというのはそのときが初めだったですね。私も一所懸命になって教えていただいて。クジラを勉強して。今、鮎川捕鯨よりは詳しいよな！　やるからには徹底してやるんですが。

津波の直後、石巻市内にパチンコ屋が林立したことが話題になった。業界の大手がすべて進出してきたという。何よりも、どこよりも早い〝復興〟だった。震災後のパチンコ屋は批判にさらされながら、繁盛した。被災者はそこで、震災の苦しみや衝撃に苛まれるこころを、一時、解放した。でも、パチンコの楽しみは津波のインパクトを一層耐え難いものにする逆効果もあった。受け皿からあふれるパチンコ玉は、束の間、震災を忘れさせたかもしれないが、パチンコ屋を一歩出れば、恐ろしい別世界が広がった。

そんなこころの重みや苦しみを根本的に和らげ癒すのは仕事だろう。仕事しかない。及川氏はそう考えた。避難所や仮設でブラブラしている人も相当数いた。なによりもその人たちのために、仕事を創り出そう。仕事には癒しの力がある。レジリエンスがある。仕事は、人にやりがいを与える。それは生きるための最大のエネルギーだ。

なんとかしないと、ここ駄目になってしまう……地域でなんとか働く場所を作ってやりたい。

限りない暴力をむき出しにした恐怖の海から、めぐみの海へ。何があっても三陸は、海と生きる以外にない。恐怖も、恵みも、海からくる。生も死も海からくる。破壊しつくされた十八成で集まった人たちは、うなりをあげて襲い掛かった海から、今度は恵みを見つけ出そうとした。三陸の人々は記憶さえ途絶えてしまう太古から、何度も何度もそれを繰り返してきた。及川氏たちは、まずはクジラを勉強して、おそらくは半島で需要が大きいクジラ肉を頒布する。それが恵みの海を取り戻す道だ。及川氏は、おかげで、クジラに関しては「鮎川捕鯨より詳しいよな！」と豪語する。思いをカチッと切り替える。及川氏のうっちゃりだ。

それにしても「仕事」は、人間にとってごく当たり前の活動だ。人は通常、なんらかの仕事をしていると考えられている。仕事がその人のアイデンティティを示す一番の看板。名刺には仕事が書き込まれ、その人の最大の属性として認知される。人は仕事なしでは社会に存在しないも同然だ。さまざまな仕事があり、仕事1、仕事2、仕事3……。無職の人は指標がゼロ、仕事0というだけ。やはり仕事は指標なのだ。仕事のことを考え続けたカール・マルクスは、こう言ったそうだ。

労働者は自然的なものの形態変化を引き起こすだけではない。彼は自然的なもののうちに、同時に彼の目的を実現する。（佐々木 二〇一八）

労働者は自然に働きかけ、形を変えて商品を造ると同時に、自分自身を実現するのだという。自分を造っている。それが仕事。ハンナ・アレントが『人間の条件』で労働と区別した仕事だ（アレン

ト 一九七三)。

人間の目的が、この星に生きる意味を生み出す生活世界を創り出し、生きてあることの輝きを維持することだとすれば、それを可能にするのは仕事だ。仕事だけだ。仕事は果たさなければならない義務ではない。金に縛られて、追いまくられる課題でもない。苦役でも、苦行でも、いわんや刑罰でもない。仕事は、被災した人々が、傷ついた三陸の大地や浜に、再び生活世界を創り上げる活動だ。生存の喜びに満ちた活動だ。自分を取り戻し希望を生み出す活動なのだ。

いや、おそらく、仕事が生活世界を創り出すというのは正確ではない。仕事そのものが生活世界なのだ。何度か指摘したように、「仕事をする」というのは、何か品物や商品を生み出す活動(マルクスなら物質代謝と呼ぶかもしれない)のような、いわば他動詞的活動ではなく、生きることそのもの、まさに自動詞な存在の仕方なのではないのか(Ingold 2000)。それはまさに、詩人長田弘氏が言った「人生という仕事」なのだろう(長田 一九九三)。

被災地に立ってみると、仕事が経済システムや労働市場といった要素をすべてはぎ取られ、生きる活動そのものとして立ち上がってくるのを感じる。仕事をするとは、こころのなかの泥を掻き出し、ぺんぺん草の生えた被災地の大地に人間を戻してやること、この世界に再び人間の魂を刻み付けること、消え去った当たり前の世界を思い出すことだ。その土地に自分を立たせることだ。それは豊かだった半島の片隅に生きてあることの証に他ならない。

こうして九人のメンバーが「海のめぐみ協会」を立ち上げた。震災の年の十一月。復活した鮎川捕鯨が、異例のツチ漁を冬の三陸沖で試みた、あの十一月だ。

「海のめぐみ協会」が動き始める

震災の二〇一一年は、異例の捕鯨スケジュールだったことはすでに述べたが、もう一度おさらいしておこう。

震災から一か月経つかたたないうちの四月下旬から、釧路での調査捕鯨が実施された。鮎川にはまだ使用できる船がない。陸上部隊に海上部隊が合流する異例の体制で、釧路での活動を始めた。七月には復活を遂げた鮎川捕鯨の船二隻が、釧路に到着。初めての釧路でのツチ漁が始まり、捕獲のニュースに鮎川の仮設が沸き立った。鮎川捕鯨復活の象徴的シーンだった。

ただツチ漁のほうはその後成績が芳しくなく、それを補うために十一月七日から三陸でのツチ漁を敢行した。北西の強風が吹く危険な季節の漁だった。「海のめぐみ協会」が立ち上がったのはこの十一月だった。

（立ち上げは）十一月ですね。二〇一一年十一月中旬くらいですね。ツチが始まった時点で、遠藤社長と話しまして、ツチを何とか売ってくれということで、注文取りまして。私、ここの行政区長しているもんで、これ、いいのか悪いのかわかんないですけど、各区長さんがたに地域の、回覧板を回していただくようなかたちで、最初は注文取りから。区は十いくつあるんですけど、

その区長さんたちに、協力してもらって応援してもらったような。配達だけだったらいいよ。こ
れがいまだに続いているんですけど。

ミンクの調査捕鯨については、国でやってるもんですから、行政が入って、我々が入ることが
できないんですね。ツチクジラはあくまでも商業捕鯨ですから、自分で売らなきゃならない。鮎
川捕鯨では一時期、商工会でやってたんですけど。要するにわれわれのサービスというのは、玄
関先まできて、配達するという考え方。で、島でも行きますし。そういうサービスを踏まえたか
たちで。

十一月には鮎川復興のシンボルである第28大勝丸と第8幸栄丸が凱旋してきた。鮎川港まだ使えな
かったので、町の人たちの前に船が姿を見せることはなかったが、みんなに〝知らせ〟は届いた。
〝おらほのクジラ船〟が帰ってきたのだ。まだ復興への手がかりも、足がかりも見つけられない時期
に伝えられた福音だった。これで鮎川は復活するかもしれない。みんなが希望を託した。

町の期待を感じながら、二隻の捕鯨船は休む間もなく、北西風が吹き荒れる厳しい冬の大平洋へ船
首を向けた。鮎川の誇りと未来がかかっていた。当時の課長伊藤信之氏はその時の海況の厳しさと、
捕鯨者の勇敢をこう語る。

八月いっぱいで釧路のツチを終えて。今度は網走へ行きました、みんなで。網走操業。ツチク
ジラ二本あったんで。三好さんとこいって。網走やってからまた釧路戻って、釧路の秋の操業。

ミンクです。これが十一月くらいまでかかったんですかね。十月いっぱい。それ終わって、ここへ戻ってきて。社長戻って、会長戻って。工場直して、要は捕り残したツチクジラを、三陸沖で捕ろうという段取りを全部やってたんですね。

そうして戻ってきてすぐ、船も戻ってきて、すぐツチクジラ。初めてやったんです。ツチクジラ、冬場の。十一月から十二月十五まで操業の期間あったんで、やりました。何頭捕ったのかは忘れましたけども、初漁のときは、二杯で二頭。同時にとってきましたね。この時期でも捕れるんだなって。

沖のほうは、当時は（放射能への懸念で）福島沖では取れませんから。もっとずっと遠いところ。茨城のところで捕って。二頭引っ張って来ましたね。海況も悪いと思います。風も強いと思います。よくそんなかで捕ってきたと思います。二頭は時間ずらして捕ってきましたけど。

生き延びるために、復活を現実のものとするために、危険なシーズンの漁に賭けた。クオータが残っていたため、期間ぎりぎりまで粘った。捕鯨船は舷側にツチの巨体を抱いて、荒れる海を茨城沖から鮎川へ向かった。その肉は、会社と社員とを養い、地域の折れた心を慰め、町の人々に自分たちのありようを思い出させてくれた。まさに恵みだった。鮎川を破壊した海がもたらした恵みだった。

遠藤社長との話し合いで、ツチクジラを販売するスキームが出来上がったのはこのころだ。

「海のめぐみ協会」の仕組み

さて、その仕組みはこうだ。まずは注文。事前に注文を取っておくのだが、その注文の確認には、区長という地位を「ちょっと使わせてもらった」と、及川氏は笑う。牡鹿半島の旧牡鹿町だけで一五区あり、網地島など島嶼部も含まれていた。各区に呼び掛けて回覧板のようにして「公報」し、各地区の各家庭からの注文を受けた。そして、集めた注文を鮎川捕鯨に回しておくのだ。

鮎川捕鯨では捕獲したクジラを解剖し肉に整形する。協会はその肉を注文に従って軽トラックに乗せて玄関まで「宅配」する。島へは船を使う。配達は、十八成や鮎川の仮設で所在ない日常を過ごしている人たちが引き受けた。一種のアルバイト要員だ。ただ、このアルバイト仕事こそがめぐみ協会の最大の目的だった。遠藤社長もインタビューでたびたびこのアルバイトのことを口にした。「あの人たちに仕事を造ってやる」。こうしてめぐみ協会の基本的な構造が出来上がった。

鯨肉の価格はどの地域でも同じに設定した。配達料金は取らない。島でも半島内でも同じ価格だ。網地島などには及川氏所有の船を使うこともある。注文が多い場合は船をチャーターする。ただ、賃料はそれほど安くはない。海でも陸でも〝油代〟は馬鹿にならない。経営者の及川氏は、商売にならないことをすぐ見抜いていた。それでも、被災後、やり場のない虚脱感や展望の見えない無力感に苦しめられている地域の人たちが、一時的にもせよ、その苦しみを忘れるための仕事だ。配達要員へのアルバイト料やパートの給与だけは、なんとしても捻出しなければならない。ただ、大きな利益は期待できなかったものの、仮設でくすぶっている人々にとって、配達自体、久しぶりに心躍る仕事となった。

配達も自分たちでやる。車で。軽トラ二台あるから。トラックに積んで、山盛り積んで、それで一軒ずつ廻って歩く。それが終わったらまた鮎川捕鯨に行って積んで。配達はひとグループ二人か三人。それが三パーティか、四パーティで。地域別に、あんたはこっち、あんたはこっちねという具合。この人たちはアルバイト的なかたちで。そんときだけ応援してもらう。皆さん定年後の人たちなんで。何もしていない人たちを集めて。あと、その辺のおばちゃんたちとか。かえっておばちゃんのほうが力あるんで。こういうふうな力持ち探して、手伝えって。手伝ってもらってます。

小型トラックには、ツチクジラ肉が入った発泡スチロールケースが積み込まれる。鮎川捕鯨で調製・梱包したものだ。そして注文書片手に各家庭を回り、肉を配達して代金を受けとる。

配達の現場を見ることはできなかったが、幸い、二〇一四年に東日本テレビが取材放映した番組で、配達風景を見る機会があった。すでに少しずつだが、住宅の再建も進んできた時期だ。

狭隘な路地や地域の道。クジラ肉を山積みして、軽トラックが走っていく。各家庭では玄関先から、クジラ肉の到着を待ちわびる人々の顔がのぞく。注文の多い家庭では、発泡スチロール製の箱がいくつも積み上がる。親戚や知人に分けるという人もいれば、少し手を加えて加工して食べるという人、ただ塩を振って干してから保存し自家で消費するという人もいる。そのまま竜田揚げという家もある。

配達人は牡鹿半島の家々に肉を配る。地元鮎川の船が海から授かった恵み。配る人は、被災者。サプライズのプレゼントを手に家路を急ぐ人のように、配達人のこころは、与える喜びと、不思議な誇らしい気持ちに満たされる。家々で驚く顔を見たい。喜びの声を聴きたい。恵みを運ぶ人は、被災の悲惨や空虚を忘れていく。及川氏が描いた復興だ。

確かに、クジラはものすごい売れるんですよ――殺到する注文

注文書を回覧すると、反応は凄かった。「この地域で確かに、クジラはものすごい売れるんですよ」と及川氏。伊藤課長から提供いただいた二〇一二年度のツチ鯨住民頒布表では、二キログラムが六六〇件、五キログラムが三九七件、一〇キログラムでも七三件。その他、福祉施設、学校、市役所などの公共施設や団体名義の注文もある。二キロが七三件、五キロ一五件、一〇キロが二件。これらを合計すると、四二七六キログラムにのぼる。地域も、鮎川の何か所かの仮設はもちろん、十八成、新山浜、泊浜、小渕浜、給分浜、大原浜、谷川浜、鮫浦浜、小網倉浜、前網浜、寄磯島、さらに島では長渡《ふたわたり》浜、網地浜と、牡鹿半島全域をカバーしている。四トンの売り上げだ。網走の下道氏もどうしてこんなに売れるのか、不思議がったくらいだが、津波でモノも心も流されて茫然自失の牡鹿半島に、同じ海から恵みがやってきたのだ。人々はむさぼるようにクジラ肉を買って食べた。そして、親戚、知人、世話になった人々へクジラ肉を送ったのである。

最初は遠藤社長と話して、いくらで売ったらいいのということからスタートして。ただ向こうもやったことがない。民間に売るということをやったことがないんで、その辺のところも難しかったですね。この地域で確かに、クジラはものすごい売れるんですよ。これみんな注文書なんですよ。お歳暮セールで注文もらってるんですよ。

二〇一一年冬のツチクジラから始まった事業は、当初は圧倒的な注文で順調に見えた。やがてクジラ肉の販売や流通のやり方が少しわかり始めると、他の鯨種も視野に入ってきた。小型捕鯨業界を苦しめている輸入物のクジラ肉にも範囲を広げ、次第に製品を充実させていった。独自の加工品も作るようになった。

今（二〇一六年現在）はツチだけじゃなくて、ミンクの皮であったりとか、ナガスクジラの、アイスランドから輸入して鮎川捕鯨で買ったやつとか。商品がツチだけだと売れない。そのツチについては基本的には、ツチでも買う人いるんですけど。生のときにほしいという人も、年末にほしいという人もいるので。そういうときには冷凍して売るようにしている。そういうんは、我々が買っておいてやってるんです。

ただ、年々減ってくる

それにしても当初の反応は凄かった。人々はクジラに飢えていたのだ。それにやはり地元では唯一、最高の産品なのだ。前出の伊藤課長の資料によれば、二〇一二年の一回分で、注文は一一三〇件。おそらくほとんどの世帯で購入したと思われる。及川氏と話したのは二〇一六年。その当時、人口流出が続き旧牡鹿町で一二〇〇戸ほどになっていたが、それでも、そのうち半数が注文してくるという。当初は直接配達するだけだったが、やがて業者を介して地方発送も引き受けることにした。

旧牡鹿町の全地区から。今一二〇〇戸。買う人、買わない人いるので、今は六〇〇人。半分ですかね。贈り物として皆さん買うから量が多くなる。昨日なんか一人で一〇万くらい。この人(同席していた方)も九万円分。それ全部送りです。お客さんから言われて、そこに発送かける。クジラに対する愛着がすごくありますね。毎年同じように送ってんですね。いただくほうもなんとなく期待してるというか。

昨日の方は青森出身でこの地区に暮らしている人なんですけど。もう六〇年も暮らしているんですけど。いつも青森からりんごが来るよとか。ホタテ、来たりとか。青森産のものがくるから、そのお返しで。ここからはクジラ行くもんだと思ってますから。われわれもそうなんですね。山形だとか岩手の知り合いの人にクジラを送って。そうするとお米送ってもらったり、りんご送ってもらったり。こういう関係はあったんですけど、だんだん薄れてきました。

牡鹿半島と他の地域をつなぐ贈答のネットワークがある。いや、あったといったほうが正確かもしれないが、そのネットワーク上をそれぞれの地場産品が往き来した。旧牡鹿半島でクジラ肉を購入する人の多くは、「送り」で発注をかけ、「海のめぐみ協会」が代わって発送する。津波を生き残ったネットワークもあれば、津波後に新たに生成したネットワークもある。こうして鮎川発の鯨肉がネットワーク上を駆け巡った。でも震災から五年。そうした関係にも翳りがみえる。及川氏と「海のめぐみ協会」には辛い現実だ。

ただ、年々減ってくる。人口が年々減ってくる。亡くなった人も多いから。みんな石巻のほうに行っちゃって。ここに残る人がだんだん少なくなってきた。この地域でも一五〇あったんですけど、今、七〇。半分ですね。たぶん出て行った七〇の人も（クジラ肉が）要るんでしょうけど。今、秘密保護法（個人情報保護法のこと）で、住所とか教えてくれない。役所にいっても教えてくれないし。教えたら叱られるでしょうし。石巻に行って売っても、売る分にはかまわないのかな。そういうことも含めてわれわれも模索しながらやってるんですけど。難しいですね。

どの地域も減ってます。今一五地区くらいあるのかな。その辺の人たちでも（津波で）ひどいのは六軒しかなくなった。谷川浜《やがわ》とか、全部、全滅して。あすこ五〇軒くらいあった。そいつが六軒ですよ。全滅です。あすこは。漁業している人が養殖で、ホタテとかホヤとかやってる人が、石巻から通って従事しておるというのが現状です。

震災前の牡鹿にも影が忍び寄っていた。過疎化の波が容赦なく襲い掛かっていたのだ。捕鯨全盛の時代には多くの人々が全国から鮎川に集まった。賑やかだった。だが、昭和三十年代の捕鯨景気がピークアウトするとともに、人口減が始まった。過疎化は捕鯨産業の動きとパラレルになり、国際的な反捕鯨の波、大型捕鯨の縮小と撤退、モラトリアム、沿岸商業捕鯨の停止が追い打ちをかけた。その都度、過疎化にも拍車がかかった。そしてその過疎の町を津波がさらっていった。

牡鹿を離れる人、牡鹿に残る人。何百、何千の気持ちが揺れ動き、渦巻く。いくつもの経験が積み重なり出来上がっている懐かしい土地を離れる寂しさと、とりとめのない浮遊感。土地から離れた人の魂を支えるのは記憶であり、その記憶にスイッチを入れるのがクジラ肉だ。クジラ肉は流出した人々の記憶に火をつけるソウルフードなのだ。震災後、途切れそうになる記憶を、辛うじて、クジラ肉が維持してきた。でも、そのクジラの需要も次第に縮小していく。及川氏たちはその時の流れを見つめ続ける。

鮎川から石巻まで車だと小一時間。石巻は宮城では仙台に次ぐ都市だ。家を失った人々は吸い寄せられるように石巻や仙台へ向かう。鮎川の漁場へ石巻から「通勤する」ことも珍しくなくなった。都会の家から職場の漁場へ通勤する。昼間人口と夜間人口の差が、地域の現状を物語る。それでも十八成は、及川氏にとって特別の場所だ。ふるさとなのだ。

この地域はもともと過疎的な傾向があった。ここだけじゃなくて牡鹿半島全体がそうですね。過疎というのは拍車かかってる状態だった。唯一、他から永住するというのはここなんですよね。他の浜には永住する人はいないんですけど、ここには三軒くらい、来てるんですよ。十八成。景色がいいのと、温暖なのと。雪も降んない。積もんないですから。天候は、太平洋側はすごいですからね。同じ東北であってもね。日本海側は豪雪ですよ。関西の人は宮城も牡鹿も一緒だから。雪は年に何回降るかですよね。

牡鹿半島は典型的な三陸の漁業集落が点在する地域だ。人と自然がまじりあって、つつましい人生が営まれている気がして、車窓から眺めては、あんなところで暮らしたいと妄想すること度々だった。牡鹿の集落は、閉じた〝こじんまり感〟を発散している。

でも集落は決して孤立しているわけではない。捕鯨や漁業を介して、お互い同士がつながり、さらには日本列島の海岸の町々とつながっている。リアス式の海岸線に山塊が迫り、ひとつひとつの集落は閉ざされているように見える。しかし、すぐ前は海。豊かな恵みをもたらす海であり、半島の集落や世界につながる海でもある。他方、集落のこじんまりしたたたずまいは、安定した解放感を生み出す仕組みでもある。

石巻、仙台、小名浜、函館、釧路、網走、和歌山、長崎、そして東京、大阪。捕鯨という生業を通じて、人々は、物理的にも心理的にも、なんなく各地を行き来する。都市生活と田舎生活が融合する牡鹿半島。十八成。牡鹿半島の人々の可動性と定住性は特有の明るい文化を生み出した。それは行く人、来る人という双方向の人流を基盤とする文化だったが、捕鯨と地域経済の縮小は、流入人口を止め、流出人口を増大させた。及川氏はそんな牡鹿半島、十八成をひたすらいとおしむ。離れる気など全くない。そして十八成に人が戻ってくることを思い描いている。

北洋は、辛いです

紹介が遅れたが、及川氏の右腕であり、鮎川捕鯨でも勤務経験がある木村武雄氏のことを述べておこう。めぐみ協会の加工場でクジラ肉の加工調製を担当する人物。工場長だ。名刺には、一般社団法人牡鹿半島海のめぐみ協会、理事・工場長とある。及川氏の流暢な話しぶりと変幻自在の笑いに、木村氏は黙ってうなずく。及川氏の辛辣で温かい揶揄に、訥々と答える実直な海の男。海の生活が長く、船員年金を受給していて、裕福なのだとか。

この人（木村氏）には給料払いたいなというところまでは、思ってるんだけど。事務員さんのほうはなんとか、日常売ってるなかで、何とかやれるですけど。何とか工場長さんにはやりたいな。この人船に乗っていたので船員保険で、年金は他の人よりいいんですよね。何もしなくても一応はお金持ちなんで。独り者なので、使うところもないんですよ。奥さんもいない。生涯一人なんで。お金使うとこないから。宝くじ買いに行こうつうと、当たったらひどいから行かない（笑い）。冗談ですけど。

ただ働いてる意義というか、仮設から高台に移転して、ここにいるんですけど。毎日ここに通ってきてクジラ作りとか何とか、してもらってるんですけど、楽しくてしょうがないというか、働くことに生きがいを見出してるんで。前はずっと休みなしでやっていて、三年前は。今は余裕出てきて、日曜日は休みましょうとか。日曜日と水曜日を休みにして。休ませないと気持ちの余裕がなくなりますんで。いくら休んでても、ここにくると休んだ感じしないでしょう。ここは仕事場なんで。私もよくわかってるんで。

木村氏は仕事の喜びを満喫するため、毎日協会へ通ってくる。働いている意義を噛みしめるためにやってくる。その木村氏には給与が出せないでいるという。「でも、まあいいか。一応はお金持ちなんで」。及川氏はいつも木村氏を気遣う。その気遣いは漫才の突込みの精神そのもの。及川氏は、〈現実〉とおぼしきものが纏っている薄皮をはがして、ほら見ろと笑ってくる。木村氏はそれを笑って受け流す。そのやり取りが、二人のきずなを確かなものにする。

年齢は聞きそびれたが、及川氏とそう変わらない。鮎川捕鯨に勤務した経験も持つ木村氏は、めぐみ協会のクジラ肉調製を一手に引き受けている。鮎川捕鯨ではどんな仕事だったのか、たずねた。

何でもかんでも。肉作ったり。皮の上のほう払ったり。たまに解剖したり。出荷手伝ったり。なんでも屋さんだね。夜中とか入ってくんだよね。そうなると嫌なんだよ。あんまり飲めないですよ。夜ばって、帰ってきてから、朝がた飲むんだ。風呂はいって。次の日、出荷に間に合えばいいから。(鮎川捕鯨は)人足りないから、昔のOBの連中頼んでんだね。七十過ぎ、八十近い人でも。今度新しい(社員が)はいった。来年もまた入れる。少しずつ入れていかねえと、うまくねえから。

こうして身につけた技術で、今はめぐみ協会の製造リーダー、工場長だ。及川氏の信頼も厚い。でも、実は、捕鯨は木村氏のキャリアの一端に過ぎない。「この人は中学卒業してからずっと船」という及川氏に、木村氏が話し始めた。彼の口からは意外な地名が飛び出してきた。

いやちょっと、缶詰工場で働いて。大洋、気仙沼工場で。それから、募集したんだっちゃ。丸良の鈴木さん。船造ったっちゃ。極洋と共同して。大型船。五〇〇トン型と一〇〇〇トン型。それで募集が来た。あと、会社面接行って。すぐ、アイ、アイ、アイ。とにかく人いねえから。入って。新潟まで行って。

新潟で艤装してたから、そこへ泊まり込んで。今度は新潟から。最初行ったのは、スペイン、ラスパルマス。カナリア諸島。船で行って。あと、飛行機交代。一年間の乗船だったら。行くときは船で行って、あと交代は飛行機で。一年間。でも二か月に一回は入るから。入港するからね。荷を下ろすから。北洋は一番辛いですよ。海と空だけだから。北洋は長かったね。

木村氏は中学卒業後、しばらくは缶詰工場に勤めていたが、十代の後半から、極洋捕鯨株式会社の遠洋漁業部門で、日本とアフリカ沿岸を行き来するトロール船での仕事を始めた。おそらくはほとんど何の情報も持たずに着いたのが、アフリカ西岸カナリア諸島のラスパルマス。一年間アフリカ沖で魚を相手に格闘し、交代要員が来たら航空機で帰国する。そんな生活を続けてきた。

鮎川とも縁の深い極洋捕鯨株式会社は、南氷洋捕鯨以外にも事業を展開し、北洋サケマス漁業でも大きな収益を上げていた。一九六〇年代にはさらにアフリカトロール漁業にも進出。一九六二年当時は、ラスパルマスを基地に操業していた。操業は地球半周を視野に入れたタイムラインで行われ、一年間の操業後はいったん帰国し、船体修理、検査、乗員の交代を行った。南氷洋捕鯨も一年を周期として動く巨大な漁業だが、トロール船も同様だ。しかしやがて、時間のロスをなくすため、修理などは現地ラスパルマスで済ませ、交代要員の船員は航空機で送り込むようになった。休暇をもらった船員は航空機で帰国するシステムとした（極洋 一九六八）。

極洋は、操業を開始するや、短期間で次々と大型船を建造しアフリカ海域へ投入した。社史によれば一九六八年当時で、一〇〇〇トン級、五〇〇トン級など一〇隻が稼働していた。木村氏によれば、鮎川地元の漁業資本家で、小型捕鯨船も経営していた丸良丸の鈴木良吉氏も、極洋と共同で船を仕立て、アフリカ沿海トロール漁業に乗り出した。木村氏はその時の船員募集に応じたのだ。

一九六八年の記録によると、牡鹿丸二〇〇〇トンと第二牡鹿丸五〇〇トンの鮎川関係の船が操業していたことになっている（極洋 一九六八）。そのうち第二牡鹿丸が新潟鉄工所での造船なので、木村氏が乗り組むことになったのは鮎川ゆかりのこの船だと思われる。

面接試験では「アイ、アイ、アイ」。二つ返事で乗船を決めた。すぐさま、船を艤装中の新潟へ向かった木村氏。そしてそのまま、中学の社会科で習っただけのアフリカへ向かった。重大な決断だったはずだが、それをいとも簡単に、軽々と決めた。その飄然とした覚悟。「自分という荷物を軽々とのっけるというふうに」船に乗った木村氏に、人間のこころの深さを感じた。これを皮切りに木村氏は、世界中の海域で魚を捕る仕事を続けた。

遠洋漁業では海と空と魚だけの日々が続く。でも二か月に一回は港に入る。それが楽しみだった。北洋も行った。北洋は寄港地がない。出航したら戻るまでの半年、見えるのは海と空と魚。「北洋は一番辛いですよ。海と空だけだから。北洋は長かったね」。今も思い出すのか、短いことばに辛さがにじむ。木村氏の経験にもう少し耳を傾けてみよう。

あと、南氷洋もいったし。オキアミで。釣りの餌。北洋はいろいろ魚なんでも。ギンタラとかオヒョウとか、赤魚とか。そこはいろんな魚はいるんだけっども。レイキャビックさも行ったし。赤魚取りに。大西洋から真っすぐ上がってって。六二度線だ。北は空と海。

やっぱ南は楽しいですよ。グーと回ってってから、アルゼンチンから。アルゼンチンは、昼はアミやって夜はイカ釣る。機械積んでって。プンタアレナスというところで。モンテビデオというのですか。もうちょっと上のほうね。休暇一〇日くらいとか。結構行ってんですよ。

サンフランシスコも行った。あのメルルッサというのかな。深海魚。試験操業したりして。あと、機械壊れて。トロールウィンチが壊れてしまって。いろいろだな。ニュージーランドから。外国は面白いね。入港近いから。(航海が)何年になっても。北洋は半年。半年操業。陸地に寄らない。辛いです。

楽しみなのが食料来るのが楽しみ。家から。運搬船で持ってきてもらって。酒なくなれば酒、ウイスキーなくなればウイスキー、送って来いって。買うところないからね。あと、足りないときは、会社に連絡してもらって、運搬船で持ってきてもらう。運搬船は、結構、頻繁にくるね。うちのだけじゃなく、みな積んでくるから。運搬船はそこの会社だけど、ほかのものを積み合わせて持っていくっちゃ。積み合わせして持っていく。


故国からはるか離れた北洋で、来る日も、来る日も、海と空と魚の銀鱗だけをみつめて過ごす。人間にとって単調な生活ほど辛いものはない。昔よく読んだ帆船時代の海洋小説には、いろんな船乗りが出てくる。そんな彼らには好きな言葉が二つあるという。ひとつは世界の果ての遥かな海域で、突然、甲板に響く「ホームワード・バウンド！（港へ帰るぞ！）」。もうひとつは「ランド・ホウ！（陸地が見えるぞ！）」。二か月に一度とはいえ、陸に立ち寄った南の航海にくらべ、北洋には何もない。木村氏はそこで、いくつの一日を重ねたのだろう。陸に帰り着かない日々の辛さは、思って余りある。

詩人の長田弘氏は、ケンタッキー州に一〇〇年の日々を刻んだシェーカーの人たちの生活を描きながら、「一個の人生といえるものにとって必要なのは、達成や完成という人生の時間ではなくて、良い一日という人生の時間だ」といったことがある（長田 一九九三）。木村氏は海と空と銀鱗だけの北洋で、必死で「良い一日」を探し続けたのだろう。

二十代の青年にとって、耐え難い人生だっただろうが、それが人生をいきるということだった。ときおり届くウイスキーを待ちながら、単調な日々に耐え続ける。海と空を見つめて、良い一日を数え続ける。良い一日だったと感じる瞬間を、もがきながら探した苦痛はやがて、木村氏の心の奥底に「美しい線」を描いた。その線はこころの奥深く、こころの何マイルも奥の小さな光源から生まれるのだ。木村氏だけではない。世界の海へ出かけ、クジラや魚を捕り続けた鮎川や十八成の人たちのこころの奥底には、木村氏と同じ模様の線が描かれている。

クジラ食べさせるお店があると面白いのかな

二〇一六年の冬、十二月。約束した十八成のめぐみ協会へ車を走らせた。震災からずいぶん経ったのに、まだ十八成の集落は影も形もない。暗い空からは珍しく小雪が舞っていた。協会の工場の隣にある事務所で、炬燵に足を突っ込んで、及川氏の話をきいた。明るい三陸の空に、ときに現れる暗い影を、及川氏は笑いとばす。

及川氏に十八成の写真を見せてもらった。砂浜が広がり、海水浴場には人々の笑顔がはじける。男たちは白い祭り着を身にまとい、山からご神体を運び出す。遠藤社長が話していた地元の祭りだろう。ご神体は男たちに担がれて海に入っていく。

集落の人々は三々五々、県道に停めた車の廻りに集まったり、岸壁のコンクリートに寄りかかりながら、ことばと笑顔を交わす。みんなが顔なじみの地域だ。そして柔らかな三陸の陽の光が照らす。

人々が語るのは、とどまることのない毎日の、他愛ない出来ごと。でも、これ以上に深く美しい話題があるだろうか。〝今、ここ〟を生きる人間のたましいのことばなのだ。

大好きな十八成、美しかった十八成に、再び海水浴場をつくりたい。海の家を建てて、クジラ肉を食べさせるレストランを開店する。及川氏の夢は広がる。

ほんとから言うと、ここにクジラ食べさせるお店があると面白いのかなって思って。今、なにしろお金がないもんで（笑い）。土地はあるんだけど。道路の状況もあるんですよね。道路ができてそういうものがあれば、もっと人が集まるのかな。今、おいしいところだと、結構、遠くても来るんですよね。それをやろうかなと思ってる。食べさせて消費させるしかないのかな。この人（木村氏）金あるから出してくれって言ってるんだけど（笑い）。生きているうちに生きた金使えって言ってるんだけど（笑い）。ひとの金だから私も強く言えない（笑い）。

こんな調子だ。会社を切り盛りしながら、金策に走った日もあっただろう。人間関係のいざこざや商売上の駆け引きもあったにちがいない。誰にもあるように、家族の問題で苦労したこともうかがった。過疎を嘆きながら、それに拍車をかけるように自分も石巻にもう一軒の家を持った。大好きなふるさと十八成にも家を建てたが、そこに津波が来たのだ。

震災直後にめぐみ協会を立ち上げて、次第に事業としてのかたちを整えた。事務所をつくり、やがて、鮎川捕鯨のツチ以外にも、各種製品の製造販売にも手を伸ばした。製品づくりのために保健所と掛け合い、加工場を建て、製造技術も習い覚えた。津波で流された事業ならば、例えばグループ補助金のように、再建のための補助金が出るが、新規事業は対象外だ。及川氏はすでに一〇〇〇万円以上を投資したという。

誰にも教えてもらわないで、このシステムを作ったんです。震災後。何をしたら売れるのかというところから始めて。クジラの加工についても保健所に行ってご指導願って、どういう許可が必要なのかということもご相談させていただいて。加工場も作って。売れるものを作ってやっとかないということで。やっと五年目に入ったんですけど、なかなか厳しい。いまいち。満足するようなことはない。私がほとんど金出したんですけど、みんな冷凍庫作ったりするのも。

五年くらいで元取るのかなと思ったけど。五年どころじゃない、生涯取れないかなと。あきらめましょう。女房と、もうあきらめましょうということで、あきらめたんですけど。もういいよ。何とか地域の皆さんが、クジラないのといわれたら、ありますよ。渡すだけでもいいのかな。それが結果的にクジラの食文化の継承にもつながると思うんですね。そういう意味では五年目にはいって儲からないからやめるとか何とかじゃなくて。そういうことは一切思いませんね。存続できればいいなと。

上機嫌で、鼻歌交じりで仕事をこなしているふうにみえる及川氏だが、悩みは尽きない。所在ない生活を余儀なくされ、仕事がないという地獄の苦しみを味わっている牡鹿の人々に、ちょっとしたアルバイトを創出する。そして、一日でも、生きてある喜びを共に味わう。そんな及川氏の夢は、少しは叶った。そして、この小さな夢は鮎川には大きな一歩だった。

五キロ入りの発砲スチロール製トロ箱が生み出す夢。あの箱は鮎川の未来を詰め込んで、町のひとびとのもとへ運ばれたのだ。元が取れれば、また夢を配って歩ける。チャリティやボランティアなどではない。牡鹿に生きてあることの幸せを、五キロ入りのトロ箱が運ぶ。でも、この夢には費用が発生した。

社長業がしみ込んだ及川氏は、夢のコストも知っている。社長という人種は計算機を叩きながら夢を追っかける。及川氏も、五年の経営戦略を立て、バランスシートを黒字化する腹づもりだった。でもそれも、もうあきらめた。いや、めぐみ協会をやめるわけではない。儲からなくてもやめる気はさらさらない。これは鮎川や十八成の地域のバランスシートなのだ。十八成に生きて鮎川捕鯨と共にある、自分の人生のバランスシート、人生の課題というバランスシートなのだ。

第九章　社長たるべく

第七章で述べたが、長い捕鯨の斜陽時代を先頭で闘い続けた遠藤社長が、二〇一五（平成二十七）年十月、急逝した。その衝撃は計り知れない。震災直後の混乱のなかで、だれにも廃業が最も合理的な判断だと思えたが、社長と会長は再建を決断。悪戦苦闘でようやく動き始めた鮎川捕鯨だった。

いつも笑顔で、会社の舵取りをしてきた社長は、たくさんの引き出しを持ち、うしろだてもあると、みんなが思っていた。しかし、社長の後ろには何もなかった。遠藤恵一社長は、自らを壁とし、堡塁となって会社を護っていたのだ。捕鯨会社という船のトップマストの上で一人、目を見開き、耳をそばだて、全身で舵を切ってきた。多くのトップと同様、彼の後ろには、何もなかったのだ。その壮絶な覚悟と忍耐に、社員たちはことばを失った。社員たちの多くが心の支えをなくし、うろたえた。

石巻で営まれた葬儀には参列はかなわなかったが、供花と弔電をお送りした。十一月には遠藤社長と約束していた網走での会議が控えていた。この衝撃の時期の社員たちの動きを、私は遠巻きに見る以外にはなかった。「いかがですか」などと尋ねて回るのも気が咎めた。どうしてもそれはできなかった。それでも、ぽつぽつと漏れ伝わることがあった。

会社が混乱している。社員たちの不満や不安が表面化している。混乱のなか、第28大勝丸に替わる新船建造の話が進んでいるというニュースもあった。そのなかで、二〇一六年一月、伊藤信之課長が社長に就任した。鮎川捕鯨前身の一つ、戸羽捕鯨創業者の戸羽養治郎、その息子の伊藤稔とつながって三代目の直系だ。どん底で鮎川捕鯨の未来が動き始めていた。伊藤新社長は、この間の経緯を話してくれた。

遺言の十一月

遠藤社長が世を去った二〇一五年は鮎川捕鯨にとって大きな転機だったといっても過言ではない。もう一度整理しておこう。

社長は亡くなる数日前のインタビューで、この年の成績を「最低の漁」、「大変なシーズン」、「今までの最低」と表現した。この状況のなか遠藤社長は異例の年末計画を決めていた。例年九月か十月に、釧路調査が終了すると、長い休漁期間にはいる。だが、この年は「食べていく」ために、社長と会長は十月末からの三陸沖ツチ漁決行を決めた。調査捕鯨からは一週間開けるのが規則だから、早ければ十月末からできるかもしれない。取り残したツチの枠が一〇頭あった。生前、遠藤社長は十月中旬のインタビューで見通しを教えてくれた。

震災のときは十一月七日から捕って五頭捕りましたからね。それよりまあ一週間早いから。今年、十一月。時化られると大変ですね。時化だけですね。（台風なんかで）温かい風が吹くと、逆に北から吹いてくるのが多いと思いますよ。操業は一応十二月半ばまで延長かけられる。一〇日に一回（船が）出れば。そんな感じですね。

震災の年、会社再建の願いを込めて、異例の冬の三陸沖操業に賭けたのだったが、四年後にまた、「最悪のシーズン」を締めくくるため、遠藤社長は再び十一月の三陸沖操業に打って出た。会社の命運をかけた決断だ。法的にはぎりぎりの十二月半ばまで、漁期延長も覚悟した。漁場は茨城沖。石巻からは遠いので小名浜に船を置いて、ツチ漁を敢行する。小名浜に泊まりながら出漁し、捕獲があればクジラを抱いて鮎川へ戻る。その漁を目の前にして、社長は逝ったのだった。十一月のツチ操業。それは遠藤社長の遺言だ。

二〇一五年十一月。石巻で営まれた遠藤社長の社葬を終えると、鮎川捕鯨は二隻をツチ漁に向かわせた。遠藤社長が出席予定だった網走の会議には、鮎川からは誰も出席しないことになった。小型捕鯨の関係者が集まったサミット。網走湖畔のホテルで賑やかな前夜祭が催された十一月十四日にも、全国から関係者が集まった会議当日の十一月十五日にも、鮎川の関係者は一人も姿を見せなかった。その間、鮎川捕鯨の第28大勝丸と第8幸栄丸は、寒風の三陸沖でクジラを追い続けていたのだ。そして、すでに十五日までには五頭を捕っていた。「何かいいこと」といった社長の思いを叶えるために、真冬の海にクジラを追い続けた。私は会議に出席していたが、彼らの執念と祈りに、背筋がしゃんと伸びる思いだった。

会社全体で冬の漁と格闘していた時期、力ある社長を失って途方に暮れていた時期、それまで会社のなかに澱んでいた不安や不満も表面化してきた。それまで給与をぎりぎりに抑えてきた。ボーナスは当然なし。新年や年末の飲み会もなし。絞れるところは限界まで絞った経営だった。ゼロからの再建だからそれが当然といえば当然だった。それ以外にいったいどんな道があったというのか。ただ、不満もでる。それも当然だ。社員には、家族もいる。被災した家の再建を計画する人もいた。ささやかな贅沢だって、たまにはしたい。ごたごたは外にも漏れ出てきた。離反する人々のうわさは、会議の会場となった網走までも聞こえてきた。

このことはめぐみ協会でも話題になった。及川氏は「やっぱ、金銭問題だ」と残念そうにつぶやいた。

地元の人たちが辞めたからね。いっぺんに三、四人辞めたから。若い野郎どもが辞めたから。やっぱ、金銭問題だ。言ってやった。企業はやっぱり。利益でねえと給料払えないし。いたちごっこなんですよね。もらえばもらうで、これでいいってことはないので。当たり前だと思ってるところがあるんで。難しいところがあるんです。年がら年中仕事あればいいけどね。

経済学や他の学問が貨幣やマネーをいくら分析したところで、生活世界の「金の問題」はなくなりはしない。「金」との格闘で露わになる人間の悲惨と栄光を語る文学作品は、枚挙にいとまがない。生活世界の「金の問題」は、人間の本質にまで達する。この問題と格闘して奔走する人間を、軽蔑し笑い飛ばすわけにはいかない。会長と伊藤課長はそれぞれの思惑のなかで、人間を理解し、この問題を解決しようとした。それは誠実で壮絶な闘いだった。信之氏は言う。

確かに会社自体の給与とか、水が合わないとか、人というのはいろんな人がいますから。遠藤社長が亡くなってから踵をかえす人もいましたし、え、こんなことだったのかという人もいました。現実は。人間模様というんですか。ある人からオレ言われたんですけども。よく人観察していろよって。今に本性出てくるかな。ま、そういう人も中にはいたんですけど。最終的には今まてない不満が出てきたんです。

それに対しても会長も……オレに言うより会長のほうにだいぶ、風当たりが強かったみたいで、あの、最終的には給与を上げたような感じなんです。そうすれば引き止めた部分もありますし。人って、やっぱり飯食べるわけですから、給料低ければ、周り高いとこいっぱいありますから、そういうとこ行きますし。うちの会社に魅力あるかないか。魅力あるような会社にしていかなきゃなんないですよね。

小規模の会社の中で人間の関係がぎくしゃくし始める。なにがあったのか。どんなことばが交わされたのか。どんな表情で、どんな態度を取ったのか。小さい空間の中で起こる軋轢や摩擦のストレスは、距離に反比例する。クジラを捕り解剖して調製する、いつも顔を突き合わせて作業する仲間だ。協力しなければならない人たちが、憤りや不満を抱えて近距離で仕事する。そのストレスの強さは容易に想像できる。人間の苦しみだ。でもこれが初めてではない。小型捕鯨に従事する人々は半世紀もの間、食うために、仕事で積み上げてきたかけがえのない信頼や親密さを投げうたざるをえない局面に、何度も遭遇した。

人間の悲しみはこれに尽きる。辞めていったこの人たち、あの人たちも、「いい辞め方」をどれほど望んだだろう。古典的な悲劇は山ほどある。壮大な背景を舞台に繰り広げられる驚天動地のプロットで、人間の感情を最大限まで膨張させ、世界の破滅を描き、再生を謳いあげる。それに対して、鮎川で起こった悲劇は徹底的に日常的な環境のなかで、プロットは単純明快だ。しかし、内向きに募る感情の厚みや重量は計り知れない。複雑なプロットはなかったが、こころに渦巻いた感情の航跡は、どれほど複雑だったろう。その感情の矢面に立たされた伊藤課長も会長も、そして社員達もみんな苦しみの中で耐えていた。みんながひたすら耐えたのだ。そしてそれは人間の偉大な苦しみだった。

会長と課長は耐えながら、今までの事業そのものを、全面的に見直すところにまで問題を追い詰めた。そもそも何のための捕鯨なのか、会社の存在理由は何なのか。


それはなにかというと、本当に従業員のことを思って、してんのかって。そういうとこに立ち返らざるを得ない状況だったんです。年末から今年の初めにかけて。それで給料をベースアップして。出来るだけベースアップして。会長は自分の腹切ってますから。オレの給料減らしても従業員に飯食わせてくれって。それで給料落とした。そこまでして。そういうの、いちいち従業員に言いませんけどね。

あと、責任もたせて一人ひとり呼んで、こういう思いでやるから、頼むからって。自覚させました。会長が話してくれましてね。オレがするからいいって。会長が話しました。でも、いろんなものが出てきて良かったと思います。ここ半年、いろんなことがありまして。遥か前の話のような。社長には申し訳ないですけど。亡くなってまだ半年にもならないんですけど。こういう感じしますね。

社員たちの反目や異議申し立てに、伊藤会長と課長は、まどいながらも逃げることなく向き合った。社員たちの要望や要求は、突き詰めれば、生きるため。理解できなくはない。「最低のシーズン」の年末に、給与のベースアップを決断した。詳細は尋ねなかったが、会長は自分の給与をカットしてでも、社員に「飯食わせてやってくれ」と告げて、伊藤課長にことをゆだねた。その代わり会長は、社員一人ひとりと腹を割って話し合った。

会社のこと、捕鯨のこと、社員たちのこと、そして、おそらくは鮎川で捕鯨を続ける意味や意義、自分の覚悟などを話したのだろう。会長は、ここだけは「オレがするから」と譲らなかった。伊藤課長は複雑な思いの中で、父であり会長である稔氏にあらためて敬意を抱いた。これは想像するしかないのだが、おそらく伊藤課長は、長い年月を捕鯨に従事してきた父の真情に触れたと感じたに違いない。腹蔵のない話し合いの時間から、「いろんなものが出てきて良かったと思います」とつぶやくまで、そう時間はかからなかった。

二〇一六年一月、社長になる

二〇一六年秋、シーズン終了間近の日曜日。社長以外は誰もいない社の事務所で、伊藤新社長の話を聞いていた。彼の語りは、遠藤前社長への深い思いと、社長たるべく、抱え込むことになった孤独を引き受ける覚悟に溢れていた。遠藤前社長の急逝からみずから社長に就任するまで、伊藤信之氏の中では大きな何かが動いた。

十一月操業と社員との葛藤に明け暮れた前年末、混乱の中で伊藤信之氏の社長就任が現実味を帯びてきた。遠藤社長時代には営業課長で、調査捕鯨の団長もまかされていた信之氏。戸羽氏から直系の三代目でもある彼が、どう見ても最適の社長候補だった。しかし、信之氏は迷った。

ホテル業を辞め、周囲から押されるように捕鯨の世界に飛び込んだ。二〇〇八年の鮎川捕鯨設立のときは、祖父である戸羽養治郎の墓前で、遠藤社長とともに捕鯨を続ける決意を新たにした。震災、絶望、執念の再建、繰り返される不漁シーズン、遠藤社長の死。信之氏はつねに、何か得体の知れない力に押されて、動いてきたという思いがあったのだろう。本当に、自分で覚悟して決断したのか。それは、おまえのこころが決めたのか。信之氏は問い続けた。

三代目になりますね。でもまったく畑違いの商売やってたもんですから。自分としては、クジラは覚えている最中だった。クジラは残したいと自分でも強い思いありましたから。震災のときのクジラに対する気持ちですか。それはもう自分なりに感じていましたから。それを会社として持っていくというまでは、気持ちの整理がなかなかつかなくてですね。私以上にうちの家内が。後はもう家族ですね。家族の応援。家族の一押しでしょうね。みんなでやっぱり。私よりも家族が腹決まったというか。

自分の意思とは関係なく、周りが見えてきてましたから。何やるにしても自分の人生そうだったんですよ。またかって思いは、一瞬頭かすめたんですけども。今回はまたかじゃなくって、いよいよ来たなって。私の人生の総仕上げじゃないですか。その総仕上げのときに自分が鮎川捕鯨の社長になるということは意味がある。これやっぱり受けなきゃ。使命感ですよ。家族もやっぱり覚悟。それで、鮎川捕鯨の社長になろうって、決めたんです。

どんなことでも決断するためには前提条件がある。あれこれ条件を比較したり、仮定を進めて推論したり、見えない未来に目を凝らして光を得ようとしたり、決断までにはたくさんの考えと試行錯誤が必要だ。ただ、考えを展開していけば、考えを連ねていけば、その連続の果てに切れ目なく決断が生まれるわけではない。

条件をいくつ重ねても、可能性をいくつ検討してみても、最後の決断には至らない。決断はいつもジャンプだ。直感なのだ。成功の確率をいくつ重ねても決断には届かない。決断は連続ではなく、不連続への跳躍だ。信之氏はその飛躍を、「家族の一押し」、「使命感」、「覚悟」ということばで語った。

どこかにひとをあてにしようという思いがあったんですが、頑張っていこう。それで、鮎川捕鯨の社長になろうって、決めたんです。

意を決した。遠藤前社長の背後に広がっていた虚空を、引き受ける。こうして伊藤信之新社長が誕生した。信之氏は社長に推されたわけではない。自分の魂の声に従って、社長になった。魂の声がジャンプさせたのだ。

血の小便

この節目で信之氏は一人の人物と出会っている。遠藤社長が初めて捕鯨に足を踏み入れたとき入社した日本捕鯨の先輩にあたる、K氏だ。捕鯨会社の経営全般、総務、経理全部に精通している。このありがたい人が鮎川捕鯨に入社してくれた。K氏だけでなく、鮎川には捕鯨に精通する人が大勢いる。その人たちはいつも鮎川捕鯨を見つめ、ときに、手を差し伸べる。

新米の社長はなんでも自分でやろうとする。他人に任せる勇気がない。あるいは組織というものを理解できていない。すべてやるのが社長だと、誤解する。「わたしたちの仕事」が理解できないのだ。

全部自分がやろうとしたら、オレがやるから。いいから。営業にしてもなんにしても回ってくれますし。

信之氏は素直にK氏への感謝を口にする。他人に頼んで、感謝して、そして支えてもらう。社長業は、〝支えてもらってなんぼ〟の世界だ。

やっぱり現場の人とはそういう思いでやってくれていると思いますけど。ここで会社潰すわけにいかないですよね。絶対に。今が正念場。ここ何年か。夢は大きく持って、ちゃんと目標立ててやっていこうと決意してます。

凄いいいこと教えてくれたんです。経営者というのは血の小便しながらやんなきゃなんない。凄い激務なんだ。そういうことを私に言ってくれる人なんですよ。自分の甘さというか。もう六十なんですね。定年ですから。自分の甘さをちゃんと切ってくれる人なんです。

よかったな、本当、有難い人が入ってくれたな。うちの家内もそう言ってますし。正面きって私のことを切ってくれますから。自分が一人でやろうとしたとき、さっと手を差し伸べてくれると、有難さがわかる。でもそれは当てにしちゃいけない。全部自分でやる思いで。こういう気持ちになったのは、年明けてからですね。年明けてから決意しました。誕生日が一月四日なんです。一月四日に社長ということでやっていただいて。年明けてから気持ち切り替えてやるということで。

信之氏は、時に厳しく自分を「切ってくれる」K氏に厚い信頼を寄せる。以前とは違って、まずは自分でやることが基本だ。率先垂範。先頭に立って、ひとり会社のトップマストで舵を指示する。ただ、そのとき咄嗟に手を差し伸べてくれるK氏がいる。信之氏は「有難い」ということばを何度も口にした。社員を信頼し感謝するのが社長の仕事だ。

企業理念を創る

鮎川には多くの捕鯨経験者がいる。この人たちは捕鯨を、郷愁と矜持を抱いて見つめている。町の人々も捕鯨関係者を憧れにも似た特別の思いで見ている。株式会社鮎川捕鯨は私企業だ。ただ、その活動は地域社会に広がり、やがて、切れ目なく地域の公共へと溶け込んでいく。そこはいわゆる「コモンズ」の世界。共有する資源を、適切に利用して、経済的、社会的、文化的な安定を創り出す。前述のように捕鯨は、宇沢弘文氏のいう「社会的共通資本」といって過言ではない（宇沢 二〇〇〇）。

震災直後、地域のある女性が奥海氏に「クジラ止めないで！」と叫んだのは、鮎川の公共を支える骨格を、確かなまま残してもらいたいという地域の思いだ。鮎川捕鯨は、周囲にいる捕鯨関係者や地域住民に、精神の骨格とプロフィールを与える。関係者たちは鮎川捕鯨にこころを寄せ、その苦闘を自分たちの問題のように語り、時に、実際に会社を支える。K氏もその一人だ。信之氏を支えながら、社長を育てる。それがK氏の役回りだったし、信之氏もそれをわかっていた。K氏以外にも、この時期、社を支える人が現れ、社員となった。

員長は今のところいないんです。工場長としてはK・Tさん。工場長なんです。員長は、クジラ始まったら、指揮とるのは奥海さんです。膝が悪かったんです。去年の夏は一回も来なかったです。ツチ（漁）のとき、膝悪くて。一回か二回来たような気がしましたけど。でも社長亡くなって、非常事態じゃないですか。鉢巻巻いてきましたよ。やるぞって。七十一、二、三くらいですね。

K・Tさんは六十五歳くらいですね。震災後ですね。遠藤社長とも友人でもあるし。あと仕事関係の仲間でもあるし。もともと自動車屋さんで、一人でやってて。あの方を上に上げたんです。工場長という感じで。若い人を育てってくださいって。彼は震災前から（クジラ関係を）いろいろやってますね。もともと器用な人なんですね。器用な人で、考えてやってますし。なにより、お客さんが評価してくれてます。それが一番じゃないですかね。（遠藤社長の時代から）変わったといわないですから。遠藤社長が培った技術というのが、滔々と流れてます。それはうれしいことですね。今は万全のかたちで動いてます。

第一章で述べた元自動車修理工場のK・T氏は、今や、鮎川捕鯨の技術の中核を担う。しばらく膝を悪化させて現場を離れていた伝説の員長、奥海良悦氏も、「やるぞっ」と、駆けつけてくれた。津波もそうだったが、遠藤社長の逝去も非常事態だ。奥海氏はそれに答えてくれた。

新たに入社する人も増えた。品質管理、生産管理部長としてさらにS氏が加わった。K氏が声をかけてくれた人物だ。その他、新人が数名、船にも若い新人が入った。第一、二章で紹介した平塚航也氏は、解剖長となった。あの一本気で優しい「ワルガキ」だった青年が、いまや解剖長だ。津波を生き抜き、時が流れ、それぞれに生きたのだ。

給与も出すことができた。ボーナスさえ支給できた。翌年にはさらに一名の入社が決まっている。信之社長は、新たな人たちを迎えて、会社が活気づいていると嬉しそうに言う。すべてを流してしまったあの津波から五年がたっていた。

様々な出来事が猛烈なスピードで生起した年月。「血の小便」を流しながら、ようやくたどり着いた安らぎすら感じる日々。K氏のアドバイスで、信之社長は株式会社鮎川捕鯨の「企業理念」を制定した。


鯨食文化を継承し、従業員の幸福と地域の発展を追求する。

お客様が満足を実感できる企業を追求する。

誠実に良品を生産、加工し、美味しい食品を提供する。


会社は、顧客、従業員、そして地域社会の関係の中で活動を展開する。三方向のステークホルダーのニーズを満たし、満足感と幸福を生み出す。それが企業活動の使命。いわゆる「三方良し」の精神だ。その中心には高品質の商品、クジラ肉製品の生産がある。さらにそれは時代を越えて受け継がれる「鯨食文化」へとつながっている。

モラトリアムからの悪戦苦闘、低迷と津波による壊滅的打撃、そして執念の復活と社長の死、噴き出す金銭をめぐる人間ドラマ。こうしたものを越えてようやくたどり着いた新しい鮎川捕鯨の姿だ。

単なる営利企業ではない。

社会的共通資本が、「特定の地域に住むすべての人々が、豊かな経済生活を営み、優れた文化を展開し、人間的に魅力ある社会を持続的、安定的に維持することを可能にするような社会的装置」（宇沢 二〇〇〇）だとすれば、鮎川捕鯨と信之社長は、そのような装置たるべく決意を固めた。自らのポジションを社会に位置づける。この五年の歳月は鮎川捕鯨を、高い志に支えられた社会企業へ飛翔させた。

第3大勝丸

伊藤信之社長就任の前後で、大きなプロジェクトが進んでいた。第28大勝丸に替わる新船建造だ。前述のように第28大勝丸は、震災の当日、ドックで係留中の石巻市内の北上川河畔から、母港鮎川のすぐ近くの給分浜に乗り上げた船だ。その後の救出劇と修理、そして釧路ツチ漁に投入された経緯はすでに記した。老朽化した鉄製の船で油を食うが、皆に愛された船。半ば伝説となった名物船。鮎川捕鯨の象徴。震災後の鮎川捕鯨の復活をけん引し続けた船だ。しかし、震災から五年。さすがに、限界だった。

遠藤前社長と会長は、新造を決意。莫大な費用負担も覚悟して、北海道厚岸の造船所に建造を依頼していた。危険な十一月操業と並行して開催された網走の捕鯨サミットでも、その計画が話題になっていた。後に教えてもらったことだが、造船所はアルミ船造船にかけては最高技術を持っていること

12　鮎川捕鯨を支えてきた第28大勝丸と第8幸栄丸。2016年4月9日。撮影：大澤泰紀

で有名な会社だ。ただ、捕鯨船建造の経験がなかったので、第8幸栄丸を手本にしたという。新しい船は第3大勝丸。伊藤社長によると、一九トンだが大きさは第28大勝丸と変わらない。最新のアルミ製の快速船だ。信之氏は「遠藤社長と伊藤会長の宿願」と強調した。

新造船建造が進む一方で、二〇一六年の漁が始まった。四月は三陸沖での調査捕鯨。だが海況の加減で不調だった。二〇一四年の南極海調査捕鯨に対する国際司法裁判所の裁定の影響で、鮎川沿岸域の調査捕鯨目標捕獲数は前年から五一頭に抑えられたが、結局一六頭に終わった。海水温の影響でクジラの餌が減少したのだという推定がもっぱらだった。

一転して六月からのツチ漁は、快調だった。六月初旬は、いつもの福島・茨城沖のかわりに、三陸の東方沖でも操業した。伊藤社長によれば、

「良い漁場を発見した。昔、ツチ漁の初期に使った漁場だ」という。ただ、やがて、当初の調子は影を潜め、次第に勢いがなくなった。八月には台風や低気圧など、時化が続き不漁に苦しんだ。

一方、鮎川捕鯨のみんなが心待ちにしていた第3大勝丸は、まだ捕鯨砲を装備しない状態で、まず、厚岸で神事を執り行い、海に浮かべた。鮎川では新しい捕鯨砲を装備して、船おろしの神事を催した。神事には伊藤稔会長、第3大勝丸の船長となる阿部孝喜氏、K執行役員、そして故遠藤社長の奥様が参列した。奥様の胸では故遠藤社長の遺影がほほ笑んでいた。伊藤会長のたってのはからいだった。伊藤社長は、自分は参列できなかったものの、会長のはからいが嬉しかったと呟いた。こうして嵐のような半年が過ぎ、伊藤会長と遠藤社長の魂の船が、三陸の海に、真新しい美しい船体を浮かべた。

第3大勝丸は九月の調査捕鯨から投入予定だったが、漁は相変わらず苦しい状況が続いていた。見かねた伊藤会長は水産庁に掛け合い、第3大勝丸の八月投入の許可を得た。八月二十四日、午後三時、台風接近が懸念されるなかを第3大勝丸は初出航した。乗組みは六名。船長はもちろん阿部氏。乗組みの一人は新人の若者だ。

この台風一〇号は奇妙な台風だった。発生後に西向きに南下をはじめ、日本列島の南海域で迷走を繰り返した。通常の台風とは全く逆だった。八月二十四日は、台風が東北の遥か南海上から、西南に向かったタイミング。すかさず第3大勝丸は出航し、八月二十五日にツチを完捕。そのままツチを舷側に抱いて鮎川へ向かった。第3大勝丸の初めてのクジラだった。一晩走行して二十六日の早朝四時十五分には鮎川港に入港。スタンバイしていた陸上班は、鯨体を受け取ると、すぐさま解剖を開始した。全長九・二メートルの立派なオスだった。

不思議な台風一〇号は二十六日の午後、九州の南の海上でUターンして、北東へ向かった。そして、初上陸地が東北地方となる初めての台風となった。私は二十四日に初出漁祝いの御神酒を送っていた。その返礼にと、ツチ一〇キログラムの分け肉が届いた。とれたての肉は鮮紅色できめが細かく、とにかく美味い。第3大勝丸がくれた恵みだった。

新たな体制

二〇一六年シーズンはツチ漁と調査捕鯨という体制が維持された。ただ、水産庁は今までとは違う将来計画の実施に踏み切ったように見える。これまで一二か年にわたった調査捕鯨計画は九月をもっていったん終了。新たな調査計画New REP計画を策定することになった。伊藤社長は計画策定のために、ほぼ月一回の東京出張を繰り返した。

翌二〇一七年三月、忙しい中、時間を割いてもらい、伊藤社長と石巻のホテルで会って話を聞いた。

今年の、本来は四月から鮎川調査なんですが、五月に科学委員会があるんです。その科学委員会を受けて新しい計画に臨もうというので。今年の六月から新調査が始まるんです。六月は、しょっぱな、網走行きます。網走から始まって、次が三陸沖。北部の捕獲調査。それ終わって釧路調査。網走が四七頭、三陸沖北部と釧路で一〇〇頭、という話から始まったんです。

この前の話ですと一〇〇が八〇になる可能性があるんですね。いずれにしても一二七頭。一二年間捕り続けていくと。来年からは四月から十月までフルに捕獲調査。ただ、どの時期に、どこをやるかちゅうのは、まずここ六年間は網走が初めてなもんですから、網走の季節を変えながら、その中に、ほかの三陸沖とか釧路を組み込んでいくと。そういう流れになっています。それで一二七頭。あくまで太平洋側では八〇頭。あとオホーツクで四七頭というかたちになってます。お役所としては、年間と通してこういうかたちです。

従来は三陸と釧路だけだった調査捕鯨が、網走と三陸北部を加えて、四月から十月までフル稼働という計画だ。捕獲頭数は一二七頭。この新計画に伊藤社長は希望の光を見たのだろうか、その口調は軽く明るい。複雑な体制を、資料も見ないで立て板に水で話すことばには、沸き立つような躍動が感じられた。でも忘れてはいけないものがある。

ただ我々は今までやってきたツチ、本来の商業捕鯨があります。うちの会社だけ言えば。後の会社はゴンドウクジラとかありますけど。長年、遠藤社長がずっとご苦労されて、そのマーケットを開拓してきたわけじゃないですか。それがなくなるというのはまずい話であって。調査捕鯨だけだったら、鮎川捕鯨、外房捕鯨の存在価値がなくなっちゃうんで。この商業捕鯨はやるんだと。夏場六月から八月なんですけど。この間に商業捕鯨はやらしてくれと。じゃ、調査捕鯨と同時にできますかと。できますと。その場合は、調査捕鯨に何杯かいって、商業捕鯨に何杯かいって。別れて、やるような形で。

うちの場合ですと、網走によるんですけど。網走が六月から始まればいいんですが。これが遅れる可能性もあるんですよ。いずれにしても、網走は初めてなんで。うちが二杯、外房が一杯、太地が一杯、あと、下道水産の正和丸が入る。全部で五杯体制で。一気に網走、行く。これで四七頭。六月頭から始まれば一か月プラス延長の一週間。もしずれれば、後に控えているツチの関係もあるんで、あと一か月、時間をいただいて枠を取る、と。うちの場合ですと二杯ありますから、一杯は網走終わったら、三陸北部のミンクのほうに回ってもらう。一杯のほうは、ツチ、茨城沖になるんでしょうかね。解体場は、ツチの解体場は鮎川ですから。

調査と商業捕鯨。社長はきちんと使い分ける。ツチの商業捕鯨は、突き詰めれば、遠藤社長の遺産だ。それを手放すわけにはいかない。だから、鮎川捕鯨の二隻は分かれて操業する。第8幸栄丸は、網走が終わると三陸北部の調査。第3大勝丸は、一転して商業捕鯨のツチ漁だ。漁場は茨城沖で解体は鮎川になる。ミンクとツチが同時に進行する時期、会社は大わらわだ。

うちの会社は総動員で。会長からK氏から、事務員の女の子まで。カッパ着る思いで。現場に出る。会長もやりますよ。

伊藤社長のことばが弾む。ツチ以外にも、しばらく離れていたゴンドウ漁も視野に入れているという。試練の時代を越えて、会社がグイグイと前進し始めた。プラン説明の社長のことばにも力が漲る。
新生鮎川捕鯨の勢いに、奥海氏も負けてはいない。奥海氏は二〇一四年以来、膝に不安を抱え、だましだまし、解体現場で仕事をしながら次世代を教育してきた。金の問題ではない。五〇年、激しい仕事に耐えてきた膝は、悲鳴を上げていた。痛みは日常になった。ただ、そんなことは言っていられない。「クジラやめないで！」という鮎川の人たちの応援が聞こえるのだ。鮎川捕鯨という会社のためだけではない。それはふるさとの牡鹿、鮎川を再生させるためでもある。鮎川にとってほとんど唯一の社会的共通資本の捕鯨を存続させるためだ。鮎川の魂の問題なのだ。それに応えるために、奥海氏はトレーニングを始めたという。

（奥海さんは）網走もちろん行くし、三陸北部は出荷側と解剖側と分かれますけど。その解剖側のかしらとして行ってもらいます。八戸になるのか、山田になるのか。多分、八戸になると思いますけど。それ終われば釧路行ってもらいます。だから（トレーニングで）毎日歩いていますよ。（膝は）どうなのかな。昨日も歩いています。毎日歩いています。多分、七十七歳と聞いてましたから。（現場に）いて、口だけでも出してもらえばいいですけど。でも、いたら、包丁持ちますから。

現場で指示してくれるだけでもと、社長は奥海氏の膝を気遣う。しかし奥海氏の気性だ。現場に立てば、例のノルウェー製砥石を腰に、大包丁をもってクジラと対峙するに決まっている。社長は気遣いと感謝の念で胸がいっぱいになる。

船はドック終わった船もあるし。半島行けば、桃浦には純友さんが停泊します。今日午前中、仕事、行ってたんですが、第8幸栄丸の船員が鉄砲（捕鯨砲）の、銛の準備とかしていました。第3大勝丸は、今、厚岸です。造ってもらったところでドックです。今年も、（豊漁祈願に）金華山へ行くと思います。四月三日に新入社員が入ってきます。後は同じです。辞めてもいません（笑い）。

（新人を）いきなり網走へ連れていきます。なにもわかんないでしょうから。おじさんたちに騒がれて。それで折れるようでしたらだめでしょうから。四月、五月ある程度期間ありますから、それで慣らしてもらって。陸上部隊。船は六名。船長は、大勝は阿部。幸栄も阿部です。

三月は向田の鮎川捕鯨が最も華やぐ季節だ。海に出る喜びと豊漁の期待。大型捕鯨全盛期とはくらべものにならないが、津波の爪痕が残る荒野のような向田が、沖合に遊弋するクジラの気や海面の波立ちに応えて、緊張まえの静かな呼吸を繰り返す。社長はすべてがそこから始まる二隻の捕鯨船の乗組みの名前を、慈しむように反芻する。捕鯨砲が三陸の明るい陽光を浴びて輝く。心が躍るのだ。でも懸念もある。

今年から、この初めから、西行ったり、北行ったり。躍動してきます。収益はまだまだ厳しいものがあります。今回、ミンクも増えますし、外国からも、もの入ってきますし。沖合の船も（調査）やってますし。結構、市場にはものが氾濫して。氾濫するのはいいんですけども。値段的にもそうなんですけど。安くすれば売れるちゅうもんでもないですし。窓口は狭くなっていますね。クジラを扱う業者さんもごくわずかで、そこにわっと行きますから。結構、各社、在庫持ってる方多いじゃないですか。うちもそうですけど。売れにくいちゅうか。あるとこでは生食が。魚捕れてないから、結構、冷凍ものが売れているよってとこもありますし。なかなか厳しいものがありますね。

たしかに、調査捕鯨の枠は、少しは拡大された。ただ、政府系の共同船舶も調査捕鯨に従事し、市場にはその肉も出回る。市場にはクジラ肉が「氾濫」している。遠藤社長を苦しめたアイスランドからの輸入も続いている（ただし、この輸入は二〇二二年現在は、なくなっている）。一方、クジラ肉を扱う業者そのものが減ってきている。そもそも、クジラ肉の需要が圧倒的に減少している。伊藤社長が言うように、「安くすれば売れる」というものでもない。

業者や扱ってくれる店を開拓するために各地を走り回る毎日だ。範囲は東北だけではない。全国にわたる。関西地区を開拓しているときには、社長が神戸の私のオフィスを訪ねてくれたこともあった。遠藤前社長が歩んだ道を、伊藤社長も歩み始めたのだ。覚悟を決めてなった社長。伊藤信之氏は社長たるべく、食肉生産者の誇りと苦悩を噛みしめる。

亡くなった遠藤社長が信用で築いてくれたとこで、それに今お願いしているような感じです。遠藤社長は高校卒業してからこの世界に飛び込んだ方ですから。解剖もするし、事務もするし、販路、それも前の所長から受け継いでやっているし。すごい人ですね。その方の信用あるから売れるという話ですが。

道の駅とか、ここんとこ、行ったんです。宮城は、結構、温泉宿多いですから、そこの料理長と会って、素材を出して、どうですかって。一歩一歩やらせてもらっています。鳴子とか秋保とか。私が行っているのは鳴子です。

及川氏が指摘していたように、鮎川捕鯨は肉の生産者だが、加工すること、販売することが少し苦手だ。一次産業に徹してやってきたところがあった。遠藤社長の時代にも少しは加工を手掛けていたが、食品開発は苦手な部門であることには変わりなかった。

それを拡大するためには、今まで行ったこともないとこもしかりなんですが。すそ野をやはり広げるというか、食品開発のほうに新しく足を踏み入れて。設備投資もしたし、新しくそれに長けた人も入れたし。去年入りました。そういうスキル持っている方なんですね。ただ、その人が実力を発揮する環境がなかったもんですから。一つ一つ整えながら、今、やってます。

外房さんはやってますね。千葉とかでも、そういう商品開発。いろんなもの出してますから。それを、悔しいですけど、見習わなきゃならない。それはそれで凄いなと思います。いいとこ、謙虚に学んでいかなきゃない。（新しく雇った）その方はクジラ関係ではない。食品関係ですね。（若い子たちがクジラ食べなくなっているが）食べ方工夫すれば、と思うんですけど。クジラは生で食うという感覚しかないですからね。でも現実はハンバーグとかカレーとか。独自性を出したい。

社長就任話が進む中、会社は新しい方向性を模索していた。それは苦手な食品加工と販売の強化だ。食品開発のためには設備投資をして、開発部門の社員も雇用した。これにはモデルがあった。千葉の外房捕鯨。信之社長は「悔しいけど、見習わなきゃない」と正直に認める。

小型捕鯨業の仲間であり、ライバルでもある外房捕鯨は、南房総市和田浦に解剖場、工場、販売店を持ち、鮎川浜にも加工場を構えている。競いながら協力し合う仲間でもある。震災の時には、外房の船が鮎川捕鯨救援の物資を運んでくれたこともあった。

社長は庄司義則氏。前述のように、多忙ななか大学院への進学を果たし、修士論文をものしている。陽気で気さく。小型捕鯨の知性派だ。捕鯨に熱い情熱を持ち、鮎川への思いも深い。震災の年の三月二十三日には、支援物資をトラックに積んで千葉を出発。鮎川捕鯨を励ますため現地に入っている。

その庄司氏によれば、会社は捕鯨解剖部門、食品加工部門、営業販売部門から成っている。一次産業部門、二次産業部門、三次産業部門を持つ典型的な六次産業型企業だ（庄司 二〇〇九）。

外房捕鯨は解剖作業を公開し、ネットも駆使して販売を推進する。休漁の期間が長く、取扱店も減少、若い人たちのクジラ離れなどの困難を、捕鯨を六次産業化することで乗り切っていこうとする。信之社長はこの外房をモデルに、新しい方向へ舵を切ろうとしていた。こうして震災から六年、鮎川捕鯨は震災前の自分たちを越えていった。
鮎川捕鯨のブランドを出して。まあ足で稼がなきゃと思います。

終章

牡鹿半島の鮎川を訪れるようになってから、鮎川捕鯨ゆかりの方々の話を伺っては、次の訪問までそれを反芻する日々が続いた。訪れては話を聞き、しばらくは繰り返し繰り返しそのことを考える。それがルーティーンになって、出張を繰り返すうちに、鮎川のクジラ捕りとの距離が狭まっていくように思えた。次第に姿を変えていく牡鹿半島の県道二号線の風景がなじみのものになるにつれ、鮎川や牡鹿半島の人々の、捕鯨やクジラにいだく圧倒的な感情の厚みが、日常的な具体性を帯びて感じられるようになった。

鮎川では、クジラは単に哺乳類クジラ目の生物を意味するだけではない。鮎川にとってクジラがどういう意味を持つのか、地場産業の典型である捕鯨会社がどういう役割を果たしてきたのか。震災のあと、クジラがどのような復興力（レジリエンス）を発揮して地域社会を再統合してきたのか。

一〇〇年前、突然現れた巨大な船が、鮎川湾の奥にある向田に捕鯨をもたらした。捕鯨会社が村役場に提示した「寄付金」の三〇〇円は、歳入が三八〇〇円程度の鮎川村にとって大きな金額だった。海岸には全国の捕鯨会社が事業所を開設し、小さな漁村がいきなり都会に変身した。一九〇九（明治四十二）年、捕鯨からの漁業税を中心にした県税雑種税は歳入の二九・六パーセントを占めるまでになった（牡鹿町誌・中）。

鮎川村には全国から人々が集まり、数限りない人生の物語が生まれた。向田は、大火の熱風や戦争の圧倒的な暴力もくぐりぬけ、モラトリアムの衝撃にも耐えてきた。そして震災であらゆるものが流された後、泥まみれの道具を拾い集めるところから復興が始まったのもこの象徴的な場所、向田だった。

震災直後に、殺風景な更地が広がる被災地で経済活動を始めていたのは、震災前に鮎川の町の中心街をなしていた食堂や商店が入った「牡鹿のれん街」、漁協と鮎川捕鯨だけだった。更地に、真っ先に自らの足で立ち上がったのは、捕鯨会社とクジラ製品を扱う商店だったのだ。

クジラは強靭な復元力を発揮し、鮎川にエネルギーを吹き込んできた。被災後の鮎川でもクジラや捕鯨会社がどれほどの希望を作り出したか、計り知れない。多くのものがクジラをめぐって動き、立ち上がってきたように思えた。最後にあらためて、鮎川にとっての「クジラ」の意味を考えてみる。

クジラ、やめませんから

震災後数日して鮎川現地に入りレポートを発信したニューヨーク・タイムズの記者のことは第二章で取り上げた。そのときに取材を受けた奥海良悦氏のことばをもう一度思い出してみよう。

数日後に、何日かなってから、外国の記者が取材にきたんだよな。早い時期にね。クジラやれんのか、やれないのかって。やれない方向に話すのさ、この連中は。ニューヨーク・タイムズね。

記者は日本語、話してきた。必ず復興させるっと。ただ老人と子ども助けてください。クジラ、やめませんから。老人とこども助けてください。世界にアピールしてくださいって言ったもの。フランスの人も来たったな。その記者も来たし。この外人の連中も来たんだよな。

「必ず復興させる……クジラ、やめませんから」と強い口調で反論した奥海氏。彼にとって「クジラ」は、もちろん生物名ではあるが、同時に、五〇年間たずさわってきた仕事であり、無数の出来事に彩られた人生の物語だ。

「クジラ」はさらに、地域にとっては長い歴史と大きな経済力を維持してきた重要資源であり遺産でもある。クジラを捕ることは地域の特色を強く発散する地場産業であり、地域のアイデンティティを生み出している特別な産業、牡鹿半島のこころのよりどころとなる生業活動だ。クジラは、すでにリタイアした老人の青春を彩る光背であり、仕事に生涯をささげた人々が誇る勲章なのである。クジラは、子どもたちの未来を育てる栄養であり、それがなければ地域社会が立ち行かなくなる「こころのインフラ」、地域社会を出現させる原子であり、素粒子なのだ。

すでに述べたとおり、ニューヨーク・タイムズの辣腕記者は、半世紀以上になる反捕鯨の国際世論（国際世論の実態は極めてあいまいだが）を常識として知っていた。一方で、鮎川にとってクジラは、地域統合の核であり生存権や基本的人権の基盤とすらいえることも理解していた。クジラという、目には見えない地域の資源が、魂が、鮎川や牡鹿半島を守ってきた。奥海氏が言いたかったのは、津波は、捕鯨会社の解剖場や加工場、無数の道具や倉庫や事務所、そして捕鯨船までも流したが、この魂は流せないということだった。

奥海氏は、この魂を地域の人々とともに共有しているということを、震災後あらためて実感した。地域の人たちから様々な声がかかるのだ。同窓会で再開した同窓生のひとりが「クジラやめないで。クジラ再興させて」と、酒の勢いを借りて奥海氏に懇願した。奥海氏はそれを受け止めた。奥海氏はこのときおそらく、自分が携わってきたクジラという仕事の意味と責任を、あらためて感じたのかもしれない。この同窓生にとってもクジラは、クジラ目の生物や一産業としての捕鯨以上のものだった。それは鮎川という町の人々の、クジラに対する「特別の思い」なのだ。ここには鮎川のクジラに関わってきた人々のこころの世界が表現されている。だから「やめませんから」なのだ。

おらほのクジラ

第四章で述べたが、震災の年の七月、復帰した第28大勝丸と第8幸栄丸が、釧路沖合の海でツチクジラを捕獲したという知らせが届いたとき、鮎川の仮設住宅は湧きかえった。仮設が「おらほのクジラ（オレたちのクジラ）」という声で満たされ、伊藤信之氏の仮設のドアをたたく音が絶えなかった。仮設の生活で、明日からの予定も、計画も、希望も組み立てられない人々が、喜びを実感してそれを口にした。「おらほさ一〇キロ」、「おらほさ五キロ」。支援物資ではない、自分たちの地域が生み出した地域の産品。自分たちの胃に収まり、世話になった人たちへの返礼にもなる、鮎川のクジラ。「おらほのクジラ」だ。クジラは単なる一次産品ではない。地域が共有する地域資源であり、地域の人々がともに享受するめぐみだ。

「おらほのクジラ」。この短いことばには、鮎川が歩んできた歴史と被った苦難、それしかないという希少資源へ未来を託す懸命な願いと、その資源の大きな可能性に期待する希望の声が反響している。遠藤恵一社長は、信頼する中堅社員が生活の苦しさから辞職したとき、怒りはもちろん、恨みや泣き言も一切口にせず、クジラにすべてをかける決意をこう表現していた。

ここには、これしかありませんから。

遠藤氏とともに、地域の人たちへクジラ肉を送り届ける仕組みを造りあげ、雇用を生み出した及川伸太郎氏も、復興には何よりも仕事の創出が大切なことを繰り返し述べ、端的にこう語った。

なんとかしないと、ここ駄目になってしまう。

経済学者宇沢弘文氏は、「社会主義の弊害と資本主義の幻想」を越える新しい世界（レールム・ノヴァルム＝新しいこと）を描きながら、「社会的共通資本」という考え方を提唱した。それは「市民的自由が最大限保証され、人間の尊厳と職業倫理が守られ、安定的で持続的な経済発展が可能な新たな経済制度を構想する中で、特定地域に住むすべての人々が豊かな生活を営み、優れた文化を展開し、人間的に魅力ある社会を安定的に維持するような社会的装置」のことだとする。宇沢氏は、各種の社会制度、インフラ、環境、さらには平和までも社会的共通資本に含める（宇沢 二〇〇〇）。

宇沢氏はさらに、社会的共通資本の管理と運営は、フィデュシアリ（信託）の原則によるという重要な指摘をしている（宇沢 二〇一六）。奥海氏をつかまえて、「クジラやめないで。クジラ再興させて」と言った同窓生は、自分たちが捕鯨という社会的共通資本を共有していることを前提に、クジラ資源の管理・利用を奥海氏に信託したということを言いたかったのではないだろうか。

鮎川には他の地域にはない何かがある。五年間の経験でようやく理解できたのは、この同級生をふくむ鮎川の人々の多くが捕鯨関係者に対して、こうした一種のフィデュシアリの感情を抱いているということだ。クジラ捕りたちが「おらほのクジラ」を、代わりに管理して捕り、分配してくれる。鮎川のクジラ捕りたちは、その信託に応える責任を感じている。奥海氏もその信託に躊躇なく応えるのだ。そこには人間にとって原初的な感情、つまり「わたしたちの生存」を享受し確認する心性、利己とも利他ともいえない衝動が息づいている。それが地域を統合する力となる一方で、クジラ捕りたちに掛け替えのない喜びと誇りを与える。

〈クジラびと〉だなって感じ

クジラ資源の管理と利用の仕事をしながら、地域住民の期待や信託を肌身に感じているクジラ捕りたちは、仕事にたいして、賃金の代価としての労役、「労働者に苦しみとして現れる……疎外された労働」（佐々木 二〇一二）以上の感情を抱いている。もちろん個人により程度の差はあるが、ある種の自己実現の喜びさえ抱いているように見える。第一章で紹介した中堅事業員の父親も、うるさいほど「クジラ、クジラ」と言い続けたという。

それだけ仕事が好きだったんでしょうね。

東日本テレビが制作した鮎川捕鯨のドキュメンタリーの中で、ツチクジラを捕獲して港に帰る途中の船で、阿部孝喜船長が「鮎川生まれの船長として誇りに思う」と言ったとき、信託にこたえる社会的責任を果たした喜びを、全身で表現していた。遠藤社長も、伊藤社長も、及川氏も、ことばの端々に、責任を全うするという厳しい人間の喜びを滲ませていた。

もともと、クジラは関係者に、ほとんど例外なく強い誘因力を及ぼすように思える。捕鯨は牡鹿半島では高校の求人票にもあがってくる普通の仕事だが、同時に、捕鯨には他の仕事にはない、離れがたい誘因力と仕事への自意識がつきまとう。その理由は奥海氏のような人にもわからないという。

アメリカのマサチューセッツ州ボストン近郊の森に、小さな捕鯨博物館があった（ケンダル捕鯨博物館）。館長は友人のスチュアート・フランク。一九九五年秋に、その博物館主催のシンポジウムで、スコットランドの伝説的捕鯨会社サルヴェッソン（Salvesson）の支配人を紹介してもらった。彼が見せてくれた古い映像に登場した捕鯨者は、クジラの魅力を、“terrible fascination”と呼んでいた。「恐ろしい魅力」。彼らもクジラの魅力に憑りつかれていたのだ。

高齢化率の極端に高い鮎川で出会った人たちのなかでも、元気なのはクジラに魅せられたベテランたちだった。彼らの脳裏にはいつも、「恐ろしいまでの魅力」を発散するクジラが棲みついているようだ。そして鮎川の場合、その感情は、フィデュシアリをうけた社会的責任を全うするという精神の高まりによって、さらに強められているように思える。奥海氏もそのことを人一倍強く感じている。

震災後に松島で開催した中学の同窓会では、「クジラやめないで」という応援に交じって、震災後も痛む膝を抱えながら夢中になって働く奥海氏を揶揄する声もあった。ただ、奥海氏にとって捕鯨は「お金だけの問題ではない」、「仕事だけじゃない」のだ。義務、拘束、強制でもない。奥海氏はその説明の難しさに、ことばを重ねた。趣味に近いもの。人間としての楽しみや深い喜びであり、「生きてあること」の核心、自分や町の人々やこの社会が、息をして、思いを噛みしめながら、生きていくことを担保する事業、その信託に応えることそのものだ。

奥海氏にとって、仕事は「体に染みついてしまっている」という。しんどいけど、痛みはあるけど、「死ぬまでやるよ、杖ついてまでやるよ」。その理由を奥海氏は次のように表現した。「クジラってのは、どうしてこんなにやろうとするのか、私にも分からないですよ」。そして自分は「人と違った〈クジラびと〉だなって感じ」だともいう。

〈クジラびと〉とは、奥海氏が激しい重労働と、膨大な手仕事と、たくさんの人々との関わりのなかで、たどり着いた彼の存在の核だと思えた。ハンナ・アレントは『人間の条件』で、哲学における人間学的問題、つまり人間とは何かという課題を最初に提起したアウグスティヌスを引いて、人間の本性を、「人間そのものである〈大きな深淵〉の中にある、〈人間の精神が知らない人間に関するなにか〉」と言った（アレント 一九七三）。奥海氏の〈クジラびと〉は、そのまま鮎川のクジラ捕りたちの精神の奥深くに潜む何かであり、「お前は何者?」という究極の人間学的問いへの答えだ。

大包丁を手に解剖場に立ち続ける〈クジラびと〉にとって、仕事をすることと生きることは分ち難く連続している。仕事は身体とこころが満たされる実践であり、悦びであり、祈りでもある。長田弘氏がいったとおり「ひとが働く。それはそのまま祈り」であり、奥海氏も「毎日の生活を人生という仕事として生きた」ひとりだ（長田 一九九三）。

奥海氏はインタビューをこう結んだ。

　私の場合は死ぬまでやるよって、いってんの。杖ついてまでやるよ。

ささやかな「調査」の記録はここでいったん終了する。

「調査」の間、壊滅的被害を受けすべてを流された鮎川捕鯨と社員たちは、驚異的な復元力を発揮して、捕鯨再開にこぎつけている。このなかで鮎川捕鯨や捕鯨に携わる人々に何が起こったのかを、できるだけ現地で話を聞きながら、その意味を考えようとしてきた。ティム・インゴルドの人類学の原則、「他者を真剣に受け取る」を唯一の指針にして、「生きてあること」を探るために、五年間、牡鹿半島の人々のことばに耳を傾けた。

はたしてそれができたか。本当に真剣に受け取ることができたか。心もとないこともあった。しかし時には、突然、人のこころの声が、深く、遠い雷のように届いたと感じることもあった。人の生きた時間が三陸の風景のように浸潤してくるのを感じ、「生きてあること」を感じることもあった。そしてこの本が津波が流した人々の、充満した生活世界が再び姿を現してくる現場の一端を伝えることができれば、それにまさる喜びはない。

あとがき

二〇一二年の予備活動から始まった「調査」は二〇一六年まで続いた。それ以降も今日まで、鮎川捕鯨の関係者とは連絡を取り合ってきた。こうして、大きな思いを秘めた、たくさんの普通の人たちに出会った。そして、鮎川の人々の声を通して、新たな小型捕鯨が姿を現してくるのを目のあたりにした。彼らが、どのようにして仕事を生み出していったのか。普通の人々の、つぶやき、独白。様々な物語に彩られた人生の説明。過ぎ去った昔と手の届かない未来。クジラ捕りには彼らでなければ語り得ないことばがある。声がある。語られた鮎川のことばは、牡鹿半島同様に美しかった。

スヴェトラーナ・アレクシエーヴィチはインタビューを重ねながらこう言った。「苦悩の中で人間は大きくなる。……人間は戦争よりはるかに大きい」。被災の苦しみの中で大きくなり、捕鯨という仕事の難しさ、労働の厳しさ、生産への祈り、人生の苦悩、鮎川に生きる希望や喜び、そして何より「生きてあること」の神秘と栄光を語り続けてくれた鮎川のクジラ捕りたちや町の人々に、こころからの敬意と、深い感謝をこめてこう伝えたい。

みなさんは津波よりはるかに大きい。

「調査」では、多くの人々に出会い、さまざまな情報やことばをいただいた。この本は皆さんのことばでできている。これは「われわれの本……われわれの物語なのだ」（パスカル　一九七三）。伊藤稔氏、遠藤恵一氏、伊藤信之氏、奥海良悦氏、阿部孝喜氏、平塚航也氏、阿部拓氏、平塚洋輔氏、下道吉一氏、庄司義則氏、川村成美氏、木村親生氏、及川伸太郎氏、木村武雄氏、武田恵美子氏、千々松正行氏、鈴木昭敏氏、高橋祐一氏、富士智之氏、大壁孝之氏、岡本勤氏、その他、多数の方に「生きてあること」を語っていただいた。あらためて感謝したい。

鮎川を記録した多くの写真を提供いただいた大澤泰紀氏には、さまざまなところでお世話になった。大澤氏は鮎川生まれのプロカメラマンで、スポーツがご専門だ。故郷への深い思いから鮎川と牡鹿半島を撮り続け、震災直後には『ふるさとは　今日も　夢の中』（二〇一二年）という写真集を刊行している。大澤氏は震災後、毎週のように茨城の鉾田から鮎川に通い、さまざまな物資を届けて、被災者を支援してきた。鮎川中学校での講演会のために、仙台空港で合流し、大澤氏、ノブコ夫人の三人で今は震災遺構となっている石巻市門脇小学校で復興を祈ったこと、おしかのれん街で食事したことなど、旧知の友のように接していただいた。本書の写真の多くは大澤氏の手になる。

なお、この「調査」には科研費基盤研究C（課題番号 25516021）の研究費の交付を受けた。

最後に、鮎川捕鯨再興のためにひたすら駆け抜けて逝去された、遠藤恵一氏にあらためて感謝し、ご冥福を祈ります。

二〇二二年六月

著　者

インタビューリスト

音声史料があるものは，音声データ番号（*）で示した。敬称は略した。

1. 2012年08月30日：遠藤恵一（鮎川捕鯨社長）
2. 2013年04月29日：遠藤恵一（鮎川捕鯨社長）
3. 2013年04月30日：大壁孝之（外房捕鯨鮎川事業所長）
4. 2013年08月21日：蛯名博人（鮎川小学校教頭） *03
5. 2013年08月22日：遠藤恵一（鮎川捕鯨社長） *04
6. 2013年08月22日：遠藤恵一（鮎川捕鯨社長） *05
7. 2013年08月22日：O.（鮎川捕鯨従業員） *05
8. 2013年08月22日：K.（鮎川捕鯨従業員） *05
9. 2013年08月22日：平塚航也（鮎川捕鯨従業員） *05
10. 2013年08月22日：遠藤恵一（鮎川捕鯨社長） *06
11. 2013年08月22日：遠藤恵一（鮎川捕鯨社長） *07
12. 2013年08月23日：鮎川観光協会職員
13. 2013年08月23日：I. I.（クジラ産品商店主）
14. 2013年08月23日：武田美恵子（東洋館「ざっか屋さん」）
15. 2013年09月21日：下道吉一（下道水産社長・小型捕鯨協会長） *08
16. 2013年09月21日：下道吉一（下道水産社長・小型捕鯨協会長） *09
17. 2013年10月12日：武田美恵子（東洋館「ざっか屋さん」） *10
18. 2013年10月12日：武田美恵子（東洋館「ざっか屋さん」） *11
19. 2013年10月12日：武田美恵子（東洋館「ざっか屋さん」） *12
20. 2013年10月13日：S. T.（牡鹿稲井商工会長）
21. 2013年11月30日：奥海良悦（鮎川捕鯨員長） *13
22. 2013年11月30日：奥海良悦（鮎川捕鯨員長） *14
23. 2013年11月30日：奥海良悦（鮎川捕鯨員長） *15
24. 2013年12月01日：鈴木昭敏（鮎川捕鯨機関長）
25. 2013年12月01日：高橋裕一（海産物販売・元女川原子力発電所員）
26. 2014年03月06日：遠藤恵一（鮎川捕鯨社長） *16
27. 2014年03月06日：遠藤恵一（鮎川捕鯨社長） *17
28. 2014年03月07日：K. Y.（鮎川捕鯨従業員） *18
29. 2014年03月07日：平塚航也（鮎川捕鯨従業員） *20
30. 2014年03月07日：阿部拓（鮎川捕鯨従業員） *21
31. 2014年03月07日：平塚洋輔（鮎川捕鯨従業員） *22

32. 2014 年 03 月 07 日：伊藤信之（鮎川捕鯨課長） *23
33. 2014 年 03 月 07 日：伊藤稔（鮎川捕鯨会長） *24
34. 2014 年 05 月 17 日：遠藤恵一（鮎川捕鯨社長）
35. 2014 年 05 月 18 日：武田美恵子（東洋館「ざっか屋さん」）
36. 2014 年 08 月 06 日：遠藤恵一（鮎川捕鯨社長） *25
37. 2014 年 08 月 06 日：遠藤恵一（鮎川捕鯨社長） *26
38. 2014 年 09 月 18 日：川村成美和尚（観音寺住職） *27
39. 2014 年 12 月 25 日：遠藤恵一（鮎川捕鯨社長）
40. 2015 年 01 月 20 日：大澤泰紀（写真家）
41. 2015 年 02 月 27 日：阿部孝喜（鮎川捕鯨船長） *28
42. 2015 年 03 月 20 日：Y.（T. ドック）
43. 2015 年 03 月 30 日：遠藤恵一（鮎川捕鯨社長）
44. 2015 年 06 月 16 日：遠藤恵一（鮎川捕鯨社長）
45. 2015 年 10 月 20 日：遠藤恵一（鮎川捕鯨社長） *029
46. 2015 年 11 月 14 日：下道水産社員
47. 2016 年 03 月 25 日：千々松正行（鯨細工商） *30
48. 2016 年 03 月 26 日：伊藤信之（鮎川捕鯨新社長） *31
49. 2016 年 10 月 01 日：伊藤信之（鮎川捕鯨新社長）
50. 2016 年 12 月 11 日：及川伸太郎（海のめぐみ協会理事長） *32
51. 2016 年 12 月 11 日：及川伸太郎（海のめぐみ協会理事長） *33
52. 2016 年 12 月 11 日：木村武雄（海のめぐみ協会理事・工場長） *32
53. 2016 年 12 月 11 日：木村武雄（海のめぐみ協会理事・工場長） *33
54. 2017 年 02 月 26 日：及川伸太郎（海のめぐみ協会理事長）
55. 2017 年 03 月 25 日：伊藤信之（鮎川捕鯨新社長） *34
56. 2018 年 06 月 21 日：伊藤信之（鮎川捕鯨新社長） *35
57. 2021 年 07 月 01 日：岡本勤（ライト建設社長） *37

参考文献

和文文献

アレクシエーヴィチ，スヴェトラーナ　2019『戦争は女の顔をしていない』三浦みどり訳，岩波現代文庫。
―――　2021『チェルノブイリの祈り』松本妙子訳，岩波書店。
アレント，ハンナ　1973『人間の条件』志水速雄訳，ちくま学芸文庫。
石川創　2019「日本の小型捕鯨業の歴史と現状」国立民族学博物館調査報告，国立民族学博物館。
―――　2020「日本とノルウェーの小型捕鯨」岸上伸啓編『捕鯨と反捕鯨の間に―世界の現場と政治・倫理的問題―』臨川書店。
石田好数　1978『日本漁民史―海に生きる人々の生活と歴史―』三一書房。
磯根嵩　2004『群青―クジラとの付き合い半世紀―』P. Press 出版部。
―――　2005「小型捕鯨の昔と今」水産資源管理談話会報，日本鯨類研究所資源管理研究センター。
板橋守邦　1987『南氷洋捕鯨史』中公新書。
今村仁司　1998『近代の労働観』岩波新書。
インゴルド，ティム　2020『人類学とは何か』奥野克己，宮崎幸子訳，亜紀書房。
―――　2021『生きていること―動く，知る，記述する―』柴田崇ほか訳，左右社。
ウィラースレフ，レーン　2018『ソウル・ハンターズ―シベリア・ユカギールのアニミズムの人類学―』奥野克己・近藤祉秋・古川不可知訳。亜紀書房。
宇沢弘文　2000『社会的共通資本』岩波新書。
―――　2016『宇沢弘文傑作論文全ファイル』東洋経済新報社。
エヴァンズ＝プリチャード，E. E. 1978『ヌアー族―ナイル系一民族の生業形態と政治制度の調査記録―』向井元子訳，岩波書店。
大澤泰紀　2012『ふるさとは　今日も　夢の中』スポーツターゲット社。
―――　2021『英傑の奇跡―大僧正川村成美和尚―』私家版。
岡村昌幸　2009『くじらと捕鯨の物語』私家版。
長田弘　1993『詩は友人を数える方法』講談社文芸文庫。
―――　2009『世界は美しいと』みすず書房。
牡鹿郡　1923『牡鹿郡誌』宮城県牡鹿郡。

牡鹿町誌編さん委員会（牡鹿町誌と略記） 1988 『牡鹿町誌』上巻，牡鹿町長安住重彦。
――― 2002 『牡鹿町誌』下巻，牡鹿町長木村富士雄。
――― 2005 『牡鹿町誌』中巻，牡鹿町長木村富士雄。
女川町誌編纂委員会（女川町誌と略記） 1960 『女川町誌』宮城県女川町役場。
粕谷俊雄 2011 『イルカ―小型鯨類の保全生物学―』東京大学出版会。
ガブリエル，マルクス 2018 『なぜ世界は存在しないのか』清水一浩訳，講談社選書メチエ。
――― 2019 『「私」は脳ではない』 姫田多佳子訳，講談社選書メチエ。
極洋捕鯨株式会社（極洋と略記） 1968 『極洋捕鯨 30 年史』極洋捕鯨株式会社。
グリオール，マルセル 1986 『青い狐』酒井信三訳，せりか書房。
ゴドリエ，モーリス 2000 『贈与の謎』山内昶訳，法政大学出版局。
――― 2011 『人類学の再構築―人間社会とは何か―』竹沢尚一郎，桑原知子訳，明石書店。
小型捕鯨協会 1965～2014 「小型捕鯨業事業成績報告書」（資料のタイトルは 6 通りが確認できるが，資料本来の目的を表す「事業成績報告」と略記）。
小島孝夫 2009 『クジラと日本人の物語―沿岸捕鯨再考―』東京書店。
小島敏男 2003 『調査捕鯨船 日新丸よみがえる―火災から生還，南極海へ―』成山堂書店。
近藤勲 2001 『日本沿岸捕鯨の興亡』山洋社。
齋藤史 2000 『風翩翻』不識書院。
榊原哲也 2018 『医療ケアを問いなおす―患者をトータルにみることの現象学―』ちくま新書。
坂口安吾 1988 『安吾新日本地理』河出文庫。
佐々木隆治 2012 『私たちはなぜ働くのか―マルクスと考える資本と労働の経済学―』旬報社。
――― 2018 『マルクス 資本論』角川選書。
庄司義則 2009 「日本の沿岸小型捕鯨の産業構造の研究」東京海洋大学大学院海洋環境保全学専攻博士前期課程修士論文。
鈴木孝也 2013 『牡鹿半島は今―被災の浜，再興へ―』河北選書。
セレニー，ギッタ 2005 『人間の暗闇―ナチ絶滅収容所長との対話―』小俣和一郎訳，岩波書店。
大洋漁業南氷洋捕鯨船団の記録を残す会（残す会と略記） 2005 『捕鯨に生きた』成山堂書店。
大洋漁業 80 年史編纂委員会 1960 『大洋漁業 80 年史』大洋漁業株式会社。
高橋順一 1992 『鯨の日本文化誌―捕鯨文化の航跡をたどる―』淡交社。

田口茂　2014『現象学という思考―〈自明なもの〉の知へ―』筑摩選書。
竹田青嗣　1995『ハイデガー入門』講談社選書メチエ。
―――　2017『はじめてのフッサール『現象学の理念』』講談社現代新書。
田中省吾　1987『鯨物語―南氷洋を翔けた砲手―』柴田書店。
東北農政局石巻統計情報出張所（東農石と略記）2003『みちのく鯨ものがたり』（統計局地方研修テキスト。河北新報の記事をまとめたもの）
東洋捕鯨株式会社（東洋捕鯨と略記）1910『本邦の諾威式捕鯨誌』。1989『明治期日本捕鯨誌』マツノ書店復刻。
西研　2019『哲学は対話する』筑摩選書。
日東捕鯨　1988『日東捕鯨五十年史』日東捕鯨株式会社。
日本鯨類研究所（鯨研と略記）1990『日本の捕鯨業に見られる捕獲枠ゼロの社会的・経済的影響』社会文化人類学的研究叢書，日本鯨類研究所。
日本水産株式会社（日本水産と略記）1961『日本水産50年史』日本水産株式会社。
日本捕鯨株式会社（日本捕鯨と略記）1986『日本捕鯨株式会社35年史』日本捕鯨株式会社。
バーシェイ，アンドリュー　2020『神々は真っ先に逃げ帰った―棄民棄兵とシベリア抑留―』富田武訳，人文書店。
朴九秉　1995『韓半島沿海捕鯨史』図書出版民族文化。
パスカル，ブレーズ　2018『パンセ』前田陽一，由木康訳，中公文庫。
フーコー，ミシェル　1974『言葉と物―人文科学の考古学―』渡辺一民，佐々木明訳，新潮社。
福岡省三　2014『網走の小型捕鯨――追鯨士の記録（1971年～1974）―』粕谷敏男編・註，生物研究社。
フリーマン，ミルトン・M. R.　1988『くじらの文化人類学―日本の小型沿岸捕鯨―』高橋順一ほか訳，海鳴社。
ブルデュ，ピエール　1988『実践感覚』1，今村仁司，港道隆訳，みすず書房。
ポラニー，カール　2009『大転換』野口建彦，栖原学訳，東洋経済新報社。
前田敬治郎，寺岡義郎　1952『捕鯨』イサナ書房。
メイヤロフ，ミルトン　1987『ケアの本質―生きることの意味―』田村真・向野宣之訳，ゆみる出版。
メルロ＝ポンティ，モーリス　1975『知覚の現象学』1，竹内芳郎，小木貞孝訳，みすず書房。
森田勝昭　1994『鯨と捕鯨の文化史』名古屋大学出版会。
―――　2002「捕鯨文化の《伝統》再考」第2回日本伝統捕鯨地域サミット・プロシーディング，日本鯨類研究所。
―――　2009「植民地支配下の韓半島沿岸捕鯨と日本の小型沿岸捕鯨文化の

生成」『異文化としての日本』国際シンポジウム記念論文集，名古屋大学大学院国際言語文化研究科。

柳原紀史，大隅清治　2011　『土佐の鯨男―柳原勝紀伝―』水産タイムズ社。

鷲田清一　2020　『メルロ＝ポンティ　可逆性』講談社学術文庫。

レイヴ，ジーン／ウェンガー，エティエンヌ　1993　『状況に埋め込まれた学習―正統的周辺参加―』佐伯胖訳，産業図書。

レヴィ＝ストロース，クロード　1976　『野生の思考』大橋保夫訳，みすず書房。

―――　1977　『悲しき熱帯』上・下，川田順造訳，中央公論社。

―――　2000　『親族の基本構造』福井和美訳，青弓社。

欧文文献

Andrews, Roy Chapman　1916　*Whale Hunting with Gun and Camera*. New York : D. Appleton & Company.
Birnie, Patricia　1979　*International Regulation of Whaling : From Conservation of Whaling to Conservation of Whales and Regulation of Whale-Watching*. 2 vols. New York : Oceana Publications.
Ingold, Tim　2000　*The Perception of the Environment : Essays on Livelihood, Dwelling and Skill*. London : Routledge.
―――　2011　*Being Alive : Essays on Movement, Knowledge and Description*. London : Routledge.
―――　2018　*Anthropology : Why It Matters*. Cambridge : Polity Press
Kalland, Arne et. al.　1992　*Japanese Whaling : End of an Era ?* Scandinavian Institute of Asian Studies Monograph Series No. 61. Richmond : Curzon Press Ltd..
Morita, Katsuaki　2001　“Japanese Whalers in Korean Waters : 1890–1910”. *Mains'l Haul : A Journal of Pacific Maritime History* Vol. 37 : 3&4. Maritime Museum association of San Diego.
―――　2007　“Whaling ; Japan” in *The Oxford Encyclopedia of Maritime History* Vol. 4. Oxford : Oxford University Press.
Melville, Herman　1851　*Moby-Dick ; or the Whale*. Rpt. Los Angeles : University of California Press 1979.
Tonnessen, J. N. et. al.　1982　*The History of Modern Whaling*. Translated by R. I. Christophersen. Los Angeles : University of California Press.
Willerslev, Rane　2007　*Soul Hunters : Hunting, Animism, and Personhood among the Siberian Yukaghirs*. Los Angeles : University of California Press.

《著者紹介》

森《もり》田《た》　勝《かつ》昭《あき》

1951 年生

1981 年　京都大学大学院文学研究科修士課程修了

名古屋大学助教授，甲南女子大学教授，同学長などを経て

現　在　甲南女子大学名誉教授

主　著　『鯨と捕鯨の文化史』（名古屋大学出版会，1994 年，毎日出版文化賞）

クジラ捕りが津波に遭ったとき

2022 年 11 月 15 日　初版第 1 刷発行

定価はカバーに
表示しています

著　者　森 田 勝 昭

発行者　西 澤 泰 彦

発行所　一般財団法人　名古屋大学出版会

〒 464-0814　名古屋市千種区不老町 1 名古屋大学構内
電話(052)781-5027 / FAX(052)781-0697

印刷・製本 ㈱太洋社　ISBN978-4-8158-1104-4

乱丁・落丁はお取替えいたします。